ABITUR-TRAINING PHYSIK

Horst Lautenschlager

Kernphysik

Leistungskurs

Aufgaben mit Lösungen

STARK

Bildnachweis
Umschlagbild: Photocase.de

ISBN: 3-89449-021-7

D-85318 Freising · Postfach 1852 · Tel. (08161) 1790
v 04-11

Inhalt

Fortsetzung nächste Seite

Lösungen

Autor: Horst Lautenschlager

Vorwort

Liebe Kollegiatin, lieber Kollegiat,

mit diesem Band halten Sie ein **kompaktes Repititorium** in Händen, das den gesamten **prüfungsrelevanten Stoff** aus dem Bereich Kernpysik im Leistungskurs Physik enthält. Sein vorrangiges Anliegen ist es, Sie bei der **Vorbereitung** auf **Klausuren** sowie die schriftliche und mündliche **Abiturprüfung** zu unterstützen und den einmal gehörten Lehrstoff in sicheres abrufbares Wissen zu verwandeln.

Dieses Ansinnen spiegelt sich auch in seinem Aufbau wider:

- Es wendet sich bewußt in **Frage-Antwort-Form** an Sie, denn nur wenn Sie anhand gezielter Fragen Ihr Wissen überprüfen können, merken Sie, wo Ihre individuellen Schwachstellen liegen.
- Alle **175** Aufgaben werden in einem eigenen Teil **ausführlich gelöst**. Im Anschluß an die Lösungen einiger Aufgaben finden Sie Hinweise, die ausschließlich zur Vertiefung einer angeschnittenen Problematik dienen oder Querverbindungen zu weiteren Themenbereichen herstellen, jedoch nicht prüfungsrelevant sind.
- Das ausführliche, strukturierte **Stichwortverzeichnis** ermöglicht Ihnen den raschen und gezielten Zugriff auf Begriffsdefinitionen, Formeln, Herleitungen, Rechentricks usw.

Dieser Band ist die erweiterte und verbesserte Neuauflage einer Fassung, die in den Jahren 1983–1987 am Gabelsberger Gymnasium Mainburg in mehreren Physik-Leistungskursen erprobt worden ist. Über Kritik und Verbesserungsvorschläge vonseiten der Leserschaft würde ich mich freuen.

Viel Erfolg wünscht Ihnen

M. Rentenschlager

Hinweis:
In den Lösungen auftauchende Bezeichnungen wie z. B. "FS S. 40/2.5" verweisen darauf, dass Sie die verwendete Formel in der Formelsammlung "Hammer/Hammer: Physikalische Formeln und Tabellen, Lindauer-Verlag, München ^{6}1994" auf Seite 40 unter der Nummer 2.5 finden.
Dieses Buch wurde nach der neuen Rechtschreibung abgefasst.

Eigenschaften stabiler Atomkerne

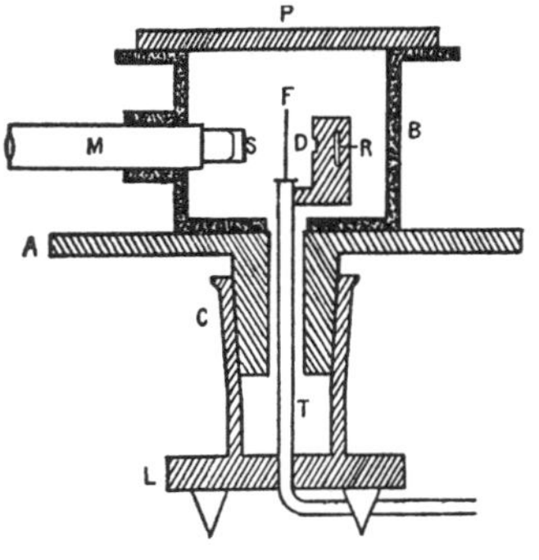

Die Photographie zeigt Ernest Rutherford (1871–1937) im Jahr 1905 an der Mc Gill University in Montreal, wo er 1905 mit der Erforschung der Eigenschaften von Alphateilchen begann. Ernest Marsden (1889–1970) machte Rutherford 1911 darauf aufmerksam, dass diese Teilchen beim Durchtritt durch Materie manchmal um beträchtliche Winkel abgelenkt werden. Im April 1911 hatte Rutherford die Erklärung für dieses Phänomen gefunden – den Atomkern. Mit der in der Schemazeichnung dargestellten Apparatur verifizierten Hans Geiger (1882–1945) und Marsden bis 1913 Rutherfords Theorie.

Grundeigenschaften des Atomkerns

1. Rutherfords Kernradius

Beschreiben Sie, wie man aus den rutherfordschen Streuversuchen numerische Werte für den Kernradius erhalten kann!

2. Formel des Kernradius

a) Geben Sie den Zusammenhang zwischen dem Kernradius r_K und der Massenzahl A an!

b) Zeigen Sie mittels der Beziehung aus Teilaufgabe a, dass die Volumina der Atomkerne proportional zu ihrer Massenzahl A sind!

c) Zeigen Sie mittels der Beziehung aus Teilaufgabe b, dass alle Atomkerne die gleiche Dichte besitzen! Berechnen Sie den numerischen Wert dieser Kerndichte ρ_K!

3. Grundlagen der Hofstadter-Experimente

a) Beschreiben Sie Beugung und Interferenz von Licht an einer kreisförmigen Blende!

b) Erläutern Sie kurz die Analogie der hofstadterschen Streuversuche zu den in Teilaufgabe a geschilderten optischen Phänomenen!

c) Warum werden beim hofstadterschen Versuch hochenergetische Elektronen verwendet?

4. Hofstadters Kernradius

a) Erläutern Sie, wie man bei einem hofstadterschen Streuversuch einen numerischen Wert für den Kernradius bestimmen kann!

b) Bei einer Hofstadter-Streuung von Elektronen der kinetischen Energie 500 MeV an Bleikernen findet man das Interferenzmaximum 1. Ordnung unter einem Winkel von 15,9°. Berechnen Sie den Radius eines Bleikerns!

5. Weitere Ergebnisse der hofstadterschen Streuexperimente

a) Warum verwendete Hofstadter anders als Rutherford keine α-Teilchen sondern Elektronen als „Geschosse“ bei seinen Streuversuchen?

b) Nennen Sie kurz die wesentlichen Ergebnisse der hofstadterschen Streuexperimente!

c) Skizzieren Sie qualitativ die Ladungsverteilungen für 2 Atomkerne mit deutlich verschiedenen Massenzahlen $A_1 < A_2$!

6. Existenz von Kernelektronen

Vor der Entdeckung des Neutrons durch Chadwick überlegte man, ob ein Atomkern der Massenzahl A und der Ordnungszahl Z aus A Protonen und A-Z Elektronen aufgebaut sein kann. Diese Annahme soll mittels der heisenbergschen Unschärferelation für den Kern Th 234 überprüft werden!

a) Berechnen Sie den Kernradius von Th 234!

b) Schätzen Sie die Impulsunschärfe eines fiktiven Kernelektrons von Th 234 rechnerisch ab! Setzen Sie hierfür $\Delta r = r$!

c) Schätzen Sie mittels des Ergebnisses aus Teilaufgabe b die relativistische Energie eines fiktiven Kernelektrons ab! Setzen Sie hierfür $\Delta p = p$!

d) Deuten Sie das Ergebnis aus Teilaufgabe c, wenn die Bindungsenergie für Kernteilchen im Mittel kleiner als 9 MeV ist!

7. Neutronen und Protonen als Kernbausteine

a) Erläutern Sie kurz die Begriffe „Nukleon", „Kernladungszahl", „Massenzahl", „Nuklid"!

b) Was versteht man in der Kernphysik unter „Isotopen"? Welche gegenseitige Lage nehmen Isotope in der Nuklidkarte ein? Geben Sie mit Hilfe der Formelsammlung ein Isotopenpaar an! Beantworten Sie diese Fragen auch für „Isobare" und „Isotone"!

c) Erläutern Sie die Begriffe „gg-", „gu-", „ug-", „uu-Kern"!

8. Isotopentrennung

Die bekanntesten Verfahren zur technischen Trennung größerer Stoffmengen von Isotopen sind das Diffusionsverfahren nach Hertz, das Trennrohrverfahren nach Clusius und die Isotopentrennung in einer Gaszentrifuge. Erläutern Sie kurz, ohne auf technische Details einzugehen, eines dieser Verfahren!

9. Starke Wechselwirkung

a) Was versteht man unter „Kernkraft"?

b) Nennen Sie die wesentlichen Eigenschaften der Kernkraft!

10. Stabilitätslinie

Zeichnen Sie den Verlauf der Stabilitätslinie qualitativ in ein N-Z-Diagramm! Warum liegen stabile Kerne höherer Ordnungszahl nicht auf der Winkelhalbierenden des 1. Quadranten?

Energiestufen im Atomkern

11. Energien gebundener Mikroteilchen

Ein Teilchen der Masse m bewege sich zwischen zwei festen Wänden kräftefrei längs einer Geraden. Mit den Wänden führe es vollständig elastische Stöße aus.

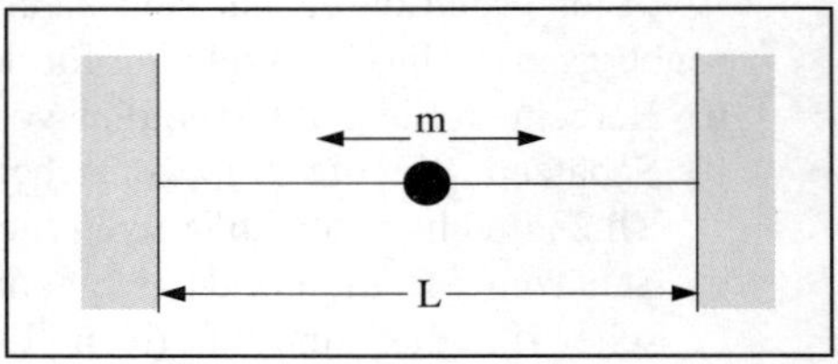

a) Zeigen Sie, dass die kinetische Energie des Teilchens nach den Gesetzen der Quantenmechanik nur die diskreten Werte

$$E_n = \frac{h^2}{8 \cdot m \cdot L^2} \cdot n^2 \quad n = 1, 2, 3, \ldots$$

annehmen kann!

b) Inwiefern legt das Ergebnis aus Teilaufgabe a die Vermutung nahe, dass auch ein Atomkern nur bestimmte diskrete Energiewerte annehmen kann?

12. Einteilchen-Modell des Kerns

a) Beschreiben Sie kurz die Vorstellungen, die man sich im Rahmen des Einteilchen-Modells vom Kern macht! Durch welche Potenzialfunktion versucht man diesen Annahmen gerecht zu werden? Inwiefern sind diese Annahmen gerechtfertigt?

b) Zeigen Sie, dass im Rahmen des Einteilchen-Modells für die Energie eines Nukleons der Masse m in einem Kern vom Durchmesser d nur die diskreten Energiewerte

$$E_{n_x n_y n_z} = \frac{h^2}{8 \cdot m \cdot d^2} \cdot (n_x^2 + n_y^2 + n_z^2) \quad n_x, n_y, n_z \in \mathbb{N}$$

möglich sind!

c) Welche Regeln sind bei der Besetzung der in Teilaufgabe b berechneten Energieniveaus durch die Nukleonen zu beachten?

d) Warum müssen Protonen und Neutronen im Einteilchen-Modell getrennt behandelt werden? Wie trägt das Einteilchen-Modell diesem Sachverhalt Rechnung?

13. Fermigrenze

Berechnen Sie unter Verwendung der Beziehung

$$E_{n_x n_y n_z} = \frac{h^2}{8 \cdot m \cdot d^2} \cdot (n_x^2 + n_y^2 + n_z^2) \quad n_x, n_y, n_z \in \mathbb{N}$$

aus Aufgabe 12 das Energieniveau, das die Neutronen des Nuklids O16 im Grundzustand höchstens besetzen können!

14. Potenzielle Energie von n und p

Erläutern und skizzieren Sie qualitativ den Verlauf der potenziellen Energie E_{pot}

a) eines Protons,

b) eines Neutrons,

als Funktion seines Abstands r vom Mittelpunkt eines Kerns mit Radius r_K! Tragen Sie in den Graph jeweils die Fermigrenze E_F und die Separationsenergie E_S ein!

15. Anregung von Kernen

Erläutern Sie den Begriff „Anregung eines Atomkerns“ im Rahmen des Einteilchen-Modells! Gehen Sie dabei kurz auch auf die wichtigsten Möglichkeiten zur Anregung eines Atomkerns ein!

16. Auffinden eines Energieniveauschemas

1921 fand C.D. Ellis, dass das angeregte Pb214 γ-Quanten der Wellenlänge $\lambda_1 = 5{,}201$ pm; $\lambda_2 = 4{,}875$ pm; $\lambda_3 = 4{,}243$ pm; $\lambda_4 = 3{,}552$ pm; $\lambda_5 = 3{,}396$ pm; $\lambda_6 = 3{,}077$ pm emittiert.

Versuchen Sie, das zugehörige Energieniveauschema zu finden!
Beachten Sie, dass sich die den Wellenlängen zugeordneten Energiewerte in 3 Paare mit konstanten Energiedifferenzen einteilen lassen und dass diese gleich der Differenz zwischen den ersten beiden Energieniveaus sind!

17. Franck-Hertz-Versuch am Kern

Im Folgenden soll eine aus der Atomphysik bekannte Variante des Franck-Hertz-Versuchs (Aufgabe 1) so für die Belange der Kernphysik modifiziert werden (Aufgabe 2), dass damit die diskreten Energieniveaus eines Kerns experimentell nachgewiesen werden können:

Aufgabe 1

In einem kugelförmigen Gefäß (siehe nebenstehende Abb.) befindet sich Heliumgas, das mit Elektronen der kinetischen Energie 50 eV beschossen wird. Durch die starke Verdünnung des Gases kann erreicht werden, dass ein Elektron nicht mehrfach mit einem He-Atom stößt. Mit Hilfe des Geschwindigkeitsfilters, dessen Durchlassbereich kontinuierlich verändert werden kann, stellt man das unten skizzierte Energiespektrum der unter dem Winkel θ gestreuten Elektronen fest.

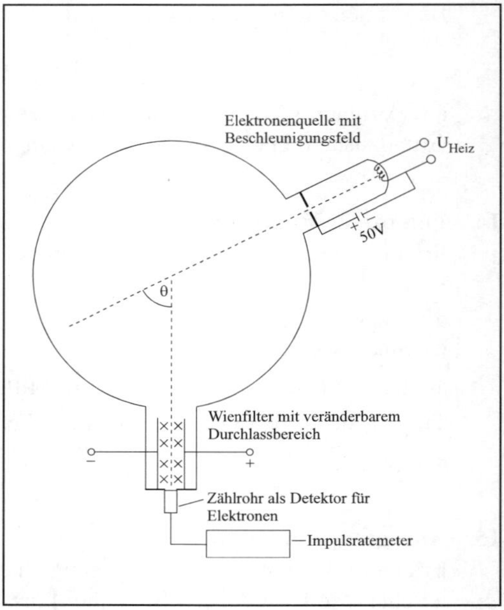

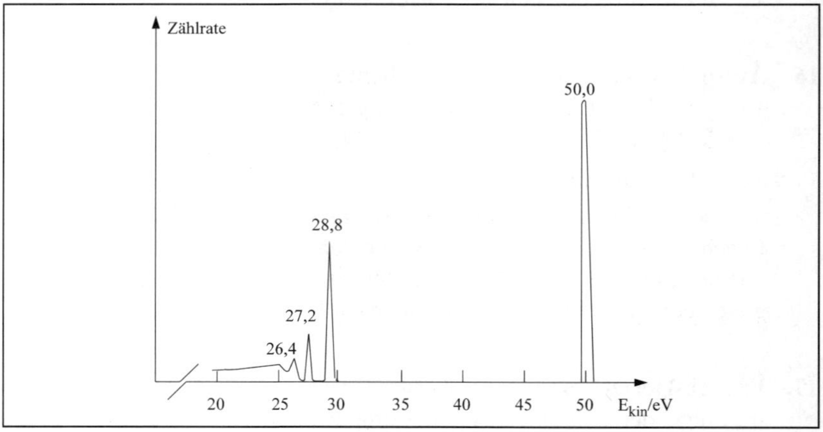

a) Wie lässt sich das Auftreten scharfer Maxima erklären? Deuten Sie das Zustandekommen der Maxima bei 50 eV; 28,8 eV; 27,2 eV; 26,4 eV!

b) Die Grenze der beobachtbaren Maxima liegt etwa bei 25,5 eV. Daran schließt sich ein Kontinuum an. Erklären Sie sein Zustandekommen!

c) Zeichnen Sie mit Hilfe der Ergebnisse aus den Teilaufgaben a und b das Energieniveauschema des Heliumatoms!

Aufgabe 2

Die Grundidee der in Aufgabe 1 geschilderten Franck-Hertz-Versuchsvariante wird nun auf die Streuung von Protonen am Nuklid Fe58 übertragen:

a) Wodurch sind die Elektronenquelle, das verdünnte Heliumgas, das Wienfilter und das Zählrohr zu ersetzen? Skizzieren und beschreiben Sie eine geeignete Versuchsanordnung!

b) Wie berechnet man aus der Energie E_p der eingeschossenen und der Energie E'_p der um den Winkel θ gestreuten Protonen die Anregungsenergien des Fe58-Kerns? (Keine Formeln! Nur qualitative Aussage!) Welcher wesentliche Unterschied besteht zum atomphysikalischen Analogversuch?

c) Beim Franck-Hertz-Versuch werden als Geschosse nur Elektronen verwendet. Wodurch könnte man die Protonen im kernphysikalischen Analogfall ersetzen?

d) Untenstehendes Diagramm gibt vereinfacht und unvollständig die Ergebnisse eines nach 2 a durchgeführten Versuchs wieder. Ermitteln Sie hieraus das zugehörige Energieniveauschema von Fe58, wenn die Rückstoßenergie der Eisenkerne (vereinfacht) stets 0,405 MeV und die kinetische Energie der eingeschossenen Protonen 7,035 MeV beträgt!

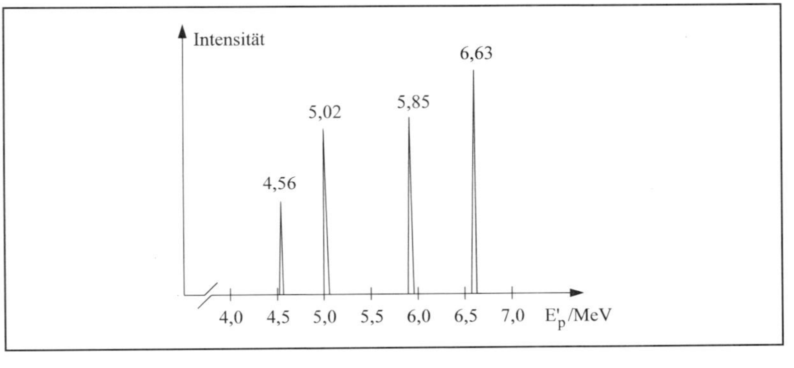

Massendefekt und Kernbindungsenergie

18. Massendefekt

a) Erläutern Sie den Begriff „Massendefekt“!

b) Geben Sie eine Beziehung zur Berechnung des Massendefekts eines Nuklids aus den an seinem Aufbau beteiligten Massen an!

c) Wie lässt sich das Phänomen Massendefekt erklären?

19. Atomare Masseneinheiten

a) Was versteht man unter der atomaren Masseneinheit u?

b) Was versteht man unter der relativen Atommasse A_r?

c) Berechnen Sie das zu 1u gehörende Energieäquivalent!

20. Atommasse, Kernmasse, Nuklidmasse

a) Erläutern Sie kurz, wie die in der Überschrift genannten Massen definiert sind!

b) Stellen Sie für ein Atom der Kernladungszahl Z formelmäßig den Zusammenhang zwischen Kern- und Atommasse bzw. zwischen Nuklid- und Atommasse her!

c) Warum werden in der <u>Kern</u>physik üblicherweise <u>Atom</u>- und nicht Kernmassen verwendet?

21. Massendefekt eines α-Teilchens

Berechnen Sie den Massendefekt $(\Delta m)_\alpha$ eines α-Teilchens aus

a) seiner Kernmasse $m_K = 4{,}0015065u$!

b) seiner Nuklidmasse $m_N = 4{,}0015064u$!

c) seiner Atommasse $m_A = 4{,}0026036u$!

d) Welche Näherung macht man bei den Teilaufgaben b und c? Inwiefern sind sie gerechtfertigt?

22. Bindungsenergie

a) Was versteht man unter der Bindungsenergie B eines Kerns? Geben Sie eine Beziehung zur Berechnung von B aus den am Nuklidaufbau beteiligten Massen an!

b) Was versteht man unter der „mittleren Bindungsenergie pro Nukleon“?

c) Berechnen Sie die Bindungsenergie und die „mittlere Bindungsenergie pro Nukleon“ für ein α-Teilchen!

23. Separationsenergie

a) Berechnen Sie für Ne20 den Betrag der Bindungsenergie E'_B des zuletzt gebundenen Protons und den Betrag $\overline{E}_B$ der mittleren Bindungsenergie pro Nukleon!

b) Warum erwartet man $E'_B < \overline{E}_B$? Wie ist das Ergebnis aus Teilaufgabe a zu erklären?

24. Kernradius aus Spiegelkernen

Um Z Protonen aus dem Unendlichen heranzubringen und gleichmäßig in einem kugelförmigen Kern vom Radius r zu verteilen, ist die Arbeit W

$$W = \frac{3}{5} \cdot \frac{e^2 \cdot (Z-1) \cdot Z}{4 \cdot \pi \cdot \varepsilon_o \cdot r}$$

aufzubringen. Sie ist als elektrostatische Eigenenergie im Kern gespeichert.

a) Warum bezeichnet man B11 und C11 als Spiegelkerne?

b) Warum ist die Annahme sinnvoll, dass bei Spiegelkernen die Differenz der Bindungsenergien auf den unterschiedlichen elektrostatischen Eigenenergien beruht?

c) Berechnen Sie unter Verwendung der Informationen aus den Teilaufgaben a und b die Radien der Kerne B11 und C11!

Atommassen: $m_A(B11) = 11{,}0093051u$

$m_A(C11) = 11{,}0114334u$

25. Diskussion der $A - \left|\frac{B}{A}\right|$ -Kurve

Unten stehendes Diagramm stellt den Betrag $\left|\frac{B}{A}\right|$ der mittleren Bindungsenergie pro Nukleon in Abhängigkeit von der Massenzahl A dar.

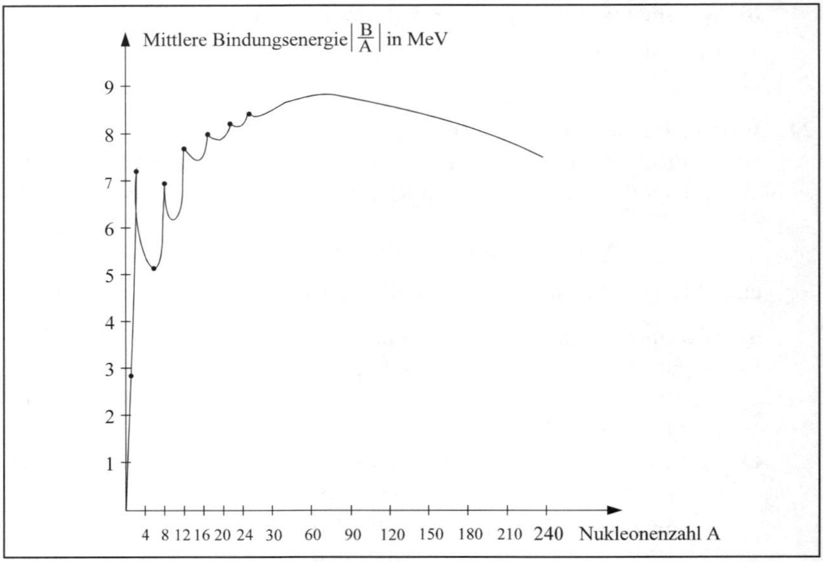

a) Erklären Sie, warum $\left|\frac{B}{A}\right|$ – von Zacken abgesehen – für kleine Massenzahlen bis zu einem flachen Maximum bei $A \approx 60$ zu- und dann wieder abnimmt!

b) Wie lassen sich die deutlich ausgeprägten lokalen Maxima z. B. bei $A = 4$ erklären?

c) Erläutern Sie mit Hilfe des Diagramms, warum bei folgenden Prozessen (R_1) und (R_2) Energie frei wird! Schätzen Sie mit Hilfe des Diagramms den Betrag der frei werdenden Energien ab!

(R_1) Ein Kern der Massenzahl 240 wird in zwei gleich große Kerne gespalten.

(R_2) Zwei Deuteronen fusionieren zu einem He4-Kern.

d) In manchen Astronomiebüchern findet man die Behauptung, dass am Ende der Entwicklung unseres Kosmos fast nur noch Eisenatome vorhanden sind. Inwiefern legt obiges Diagramm diese Vermutung nahe?

Kernzerfall

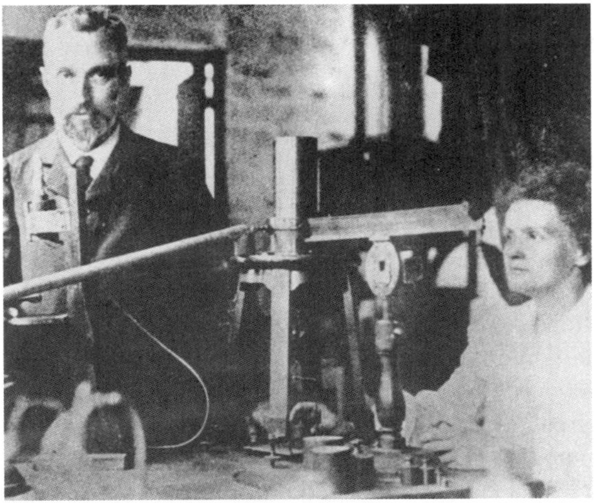

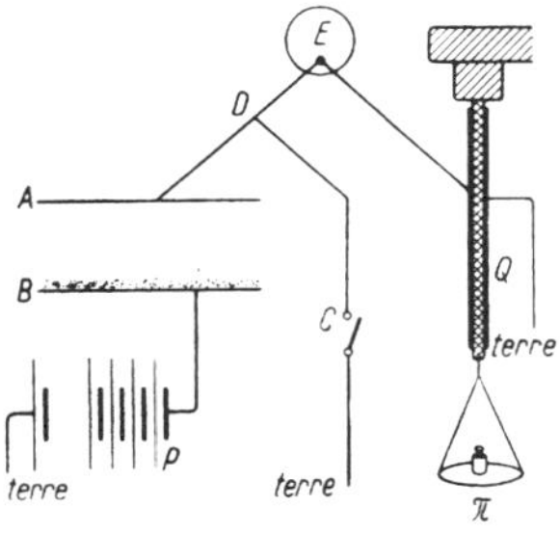

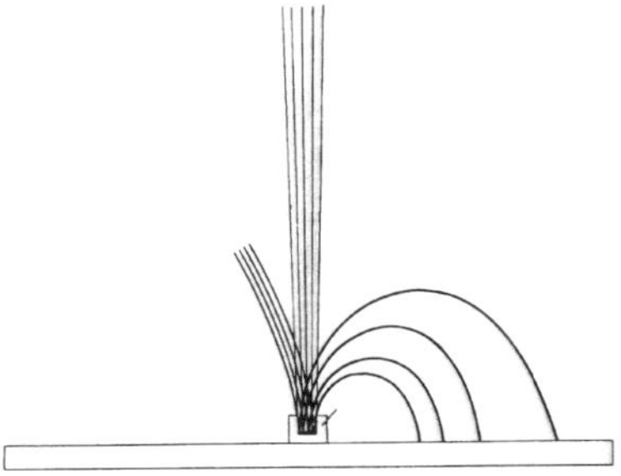

Die Photographie zeigt Pierre (1859–1906) und Marie Curie (1867–1934) in ihrem Labor mit dem Quarzelektrometer (schematische Darstellung links unten). Damit ließ sich die von radioaktiver Strahlung verursachte Ionisation der Luft messen. Mit solch primitiven Vorrichtungen wurden die ersten Erkenntnisse über die Strahlen gewonnen, die beim spontanen K e r n z e r f a l l auftreten. Das phänomenologische Wissen der Zeit bis 1904 über radioaktive Strahlung ist in der Abbildung rechts unten wiedergegeben. Sie ist der 1904 verfassten Doktorarbeit von Marie Curie entnommen.

Nachweis und Messung radioaktiver Strahlung

26. Nachweisprinzip bei radioaktiver Strahlung

Nennen Sie die wesentlichen Wirkungen radioaktiver Strahlen, aufgrund derer man sie nachweisen kann!

27. „Kennlinie" einer Ionisationskammer

Für eine Ionisationskammer soll die Abhängigkeit der Ionisationsstromstärke von der Betriebsspannung untersucht werden.

a) Fertigen Sie eine beschriftete Schaltskizze der Versuchsanordnung an, erläutern Sie den Versuchsaufbau, die physikalische Arbeitsweise einer Ionisationskammer und die Versuchsdurchführung!

b) Welche Forderungen stellt man sinnvollerweise an das bei diesem Versuch verwendete radioaktive Präparat P?

c) Skizzieren Sie qualitativ das bei diesem Versuch erhaltene U-I-Diagramm und erklären Sie den Kurvenverlauf!

d) Wie ändert sich der Kurvenverlauf, wenn man das ursprünglich verwendete Präparat durch ein stärker ionisierendes ersetzt?

28. Aktivitätsmessung mit einer Ionisationskammer

In einer mit Luft gefüllten, hinreichend großen Ionisationskammer befindet sich ein radioaktives Präparat, das allseitig α-Teilchen der einheitlichen kinetischen Energie 4,7 MeV emittiert. Man misst die Sättigungsstromstärke $I_S = 0{,}49\,\text{nA}$.

a) Berechnen Sie unter der Annahme, dass die Luftmoleküle in der Kammer einfach ionisiert werden ($E_{ion} = 32{,}5\,\text{eV}$) die Zahl ΔN der pro Sekunde vom Präparat emittierten α-Teilchen!

b) Welche Rolle spielt die Größe der Ionisationskammer für die Genauigkeit der Messung von ΔN?

c) Warum wird die Ionisationskammer bei dieser Messung im Sättigungsbereich betrieben?

29. Zur Physik des Geiger-Müller-Zählrohrs

a) Beschreiben Sie (mit Schaltskizze) den Aufbau und die physikalische Arbeitsweise eines Geiger-Müller-Zählrohrs (GMZ) im Proportionalitätsbereich! Erläutern Sie dabei insbesonders, welche Aufgaben der Arbeitswiderstand und der Koppelkondensator übernehmen und welche Rolle die Polung der Betriebsspannung spielt!

b) Wie arbeitet ein GMZ im Auslösebereich?

30. Totzeit

a) Was versteht man unter Totzeit und Erholungszeit eines Auslösezählrohrs? Welche Vorgänge im Zählrohr sind dafür verantwortlich?

b) Fassen Sie das Zählrohr als Kondensator der Kapazität C_Z auf, der sich nach Eindringen von ionisierender Strahlung über den Arbeitswiderstand R entsprechend

$$Q(t) = Q_0 \cdot e^{-\frac{1}{R \cdot C} \cdot t}$$

entlädt. Welchen Einfluss hat R auf die Zeit τ, während derer ein Auslöse-Zählrohr nicht einsatzbereit ist?

c) Wie beeinflusst der Zusatz von Löschgasen zum Zählrohrgas die Zählgeschwindigkeit von Zählrohren?

31. Wahre Zählrate

Mit einem Zählrohr, das nach einem Impuls während der Zeit τ nicht einsatzbereit ist, werden n_W Impulse pro Sekunde registriert. Berechnen Sie die Zahl n der Impulse pro Sekunde, die ein „unendlich schnelles Zählrohr" registrieren würde!

32. Zählrohrcharakteristik

Erläutern Sie unter Zuhilfenahme einer Skizze, was man unter der Charakteristik eines Zählrohrs versteht! Gehen Sie dabei auch kurz auf die Begriffe „Einsatzspannung", „Arbeitsspannung", „Plateau" ein!

33. Nulleffekt

Was versteht man unter dem Nulleffekt? Wie ist er zu erklären?

34. Zählstatistik

Mit einer geeigneten Messanordnung (deren Kenntnis hier nicht erforderlich ist) registriert man, wie viele α-Zerfälle eines sehr langlebigen Präparats innerhalb des Zeitintervalls $\Delta t = 7{,}5$ s stattfinden. Bei 2608-maliger Durchführung dieser Messung erhält man:

z	0	1	2	3	4	5	6	7	8	9	10	11	12	13	14
N(z)	57	203	383	525	532	408	273	139	45	27	10	4	0	1	1

z = Zahl der in Δt registrierten α-Zerfälle.
N(z) gibt an, bei wie vielen der 2608 Messungen z Zerfälle registriert wurden.

a) Berechnen Sie die mittlere Zahl $\overline{z}$ der Zerfälle pro Intervall Δt!

b) Ergänzen Sie unter Verwendung der Poissonverteilung P (μ, k) (Mathematikformelsammlung) folgende Tabelle (Hinweis $\mu := \overline{z}$)!

k	0	1	2	3	4	5	6	7	8	9	10	11	12	13	14
2608 · P(μ; k)															

c) Vergleichen Sie die berechneten mit den experimentell gewonnenen Daten! Welche Forderungen ergeben sich hieraus für die Beurteilung von Messergebnissen beim radioaktiven Zerfall?

d) Wie viele Kernzerfälle müssen beobachtet werden, damit der „relative Fehler" der Messung kleiner als 1 % ist?

35. Expansionsnebelkammer

Beschreiben Sie unter Zuhilfenahme einer Skizze Aufbau und Wirkungsweise einer wilsonschen Expansionsnebelkammer!

36. Blasenkammer

Erläutern Sie kurz die Wirkungsweise einer Blasenkammer!

37. Vergleich Nebelkammer/Blasenkammer

Welche Vorteile hat eine Blasenkammer gegenüber einer Nebelkammer?

38. Vergleich Nebelkammer/Zählrohr

Wägen Sie Vor- und Nachteile von Nebelkammer und Zählrohr gegeneinander ab!

39. Vergleich Zählrohr/Ionisationskammer

Welche Vorteile hat ein im Auslösebereich arbeitendes Geiger-Müller-Zählrohr gegenüber einer Ionisationskammer?

40. Szintillationszähler

Der „Urahn" heutiger moderner Szintillationszähler war das Spinthariskop.

a) Erklären Sie kurz, was man unter einem Spinthariskop versteht!

b) Erklären Sie kurz Aufbau und Wirkungsweise eines Szintillationszählers für γ-Quanten!

41. Photographisches Verfahren

Beschreiben Sie kurz die Registrierung von Teilchenbahnen mittels Kernemulsionen! Welchen großen Nachteil hat dieses Verfahren?

Komponenten der natürlichen radioaktiven Strahlung

42. Begriffsbestimmung

a) Erklären Sie die Begriffe „Radioaktivität“, „natürliche Radioaktivität“, „künstliche Radioaktivität“!

b) Woraus besteht die Strahlung der natürlichen Radioaktivität?

43. Identifizierung über die Reichweite in Luft

a) Vergleichen Sie das unterschiedliche Ionisierungsvermögen von α-, β- und γ-Strahlen in Gasen! Geben Sie dazu größenordnungsmäßig an, wie viele einwertige Ionenpaare jeweils ein Teilchen der Energie 1 MeV längs 1 cm Lufts von Atmosphärendruck erzeugt!

b) Schätzen Sie mit den Zahlenwerten aus Teilaufgabe a die Reichweite von α-, β- und γ-Strahlen der Energie 1 MeV in Luft größenordnungsmäßig ab, wenn zur Erzeugung eines Ionen-Elektronenpaares in Luft ca. 35 eV notwendig sind!

c) Wie lassen sich aufgrund der bisherigen Ergebnisse α-Strahler relativ einfach identifizieren? Warum versagt diese Methode für β- oder γ-Strahler?

44. Identifizierung über Absorber

Ein idealisiertes radioaktives Präparat P emittiere nur eine Komponente der natürlichen radioaktiven Strahlung. Beschreiben Sie, wie man in einem einfachen Versuch mit Hilfe von Absorbern die von P emittierte Strahlungsart identifizieren kann!

45. Identifizierung mittels Zählrohr und Oszillograph

a) Beschreiben Sie (mit Prinzipschaltskizze), wie man mittels eines Zählrohrs und eines Oszillographen erkennen kann, welche Strahlenarten in der Strahlung eines radioaktiven Präparats vorkommen!

b) Durch welchen einfachen Kontrollversuch lassen sich die Aussagen aus Teilaufgabe a erhärten?

46. Identifizierung mittels Nebelkammer

a) Beschreiben sie kurz, wie die Spuren von α-, β- und γ-Teilchen in einer kontinuierlichen, feldfreien Nebelkammer aussehen!

b) Fertigen Sie eine vergleichende Skizze der Bahnspuren!

47. Trennung

Nach welchem Prinzip kann man die in der Strahlung eines radioaktiven Präparats vorhandenen α-, β- und γ-Komponenten voneinander trennen?

48. Ablenkung durch elektrische Felder

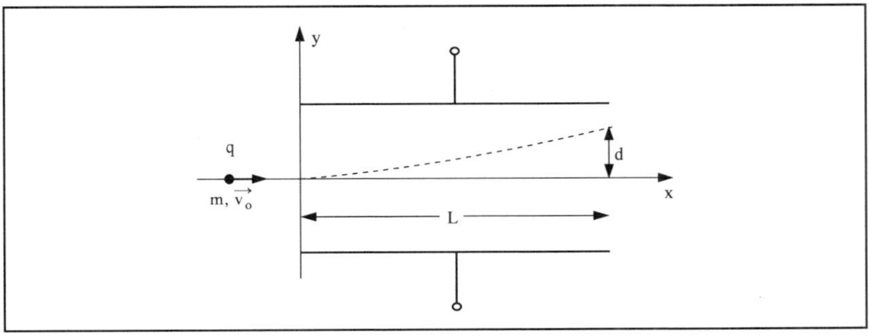

a) Ein geladenes Teilchen (Ladungsbetrag q) der Masse m tritt senkrecht zu den Feldlinien mit der Geschwindigkeit $\vec{v}_o$ in ein homogenes elektrisches Querfeld der Stärke $\vec{E}$ und der Länge L ein.
Drücken Sie d, den Betrag der Ablenkung unmittelbar nach Verlassen des Feldes, durch die gegebenen allgemeinen Größen aus! (nichtrelativistische Rechnung!)

b) Mit d_α bzw. d_{β^-} werde die Ablenkung eines α- bzw. β^--Teilchens bezeichnet. Berechnen Sie den numerischen Wert des Quotienten $\frac{d_{\beta^-}}{d_\alpha}$, wenn die Teilchen gleiche Eintrittsgeschwindigkeit $\vec{v}_o$ haben!

49. Ablenkung durch magnetische Felder

a) Ein geladenes Teilchen (Ladungsbetrag q) der Masse m tritt mit der Geschwindigkeit $\vec{v}_o$ senkrecht zu den Feldlinien in ein homogenes Magnetfeld der Flussdichte $\vec{B}$ ein. Drücken Sie den Radius r seiner Kreisbahn durch die gegebenen allgemeinen Größen aus! (nichtrelativistische Rechnung!)

b) Mit r_α bzw. r_{β^-} werde der Kreisbahnradius eines α- bzw. β^--Teilchens bezeichnet. Berechnen Sie den numerischen Wert des Quotienten $\frac{r_\alpha}{r_{\beta^-}}$, wenn die Teilchen gleiche Eintrittsgeschwindigkeit $\vec{v}_o$ haben.

50. Spezifische Ladung von β^--Teilchen

Zum Nachweis dafür, dass β^--Teilchen Elektronen sind, wird nach folgender Methode die spezifische Ladung der β^--Teilchen gemessen.

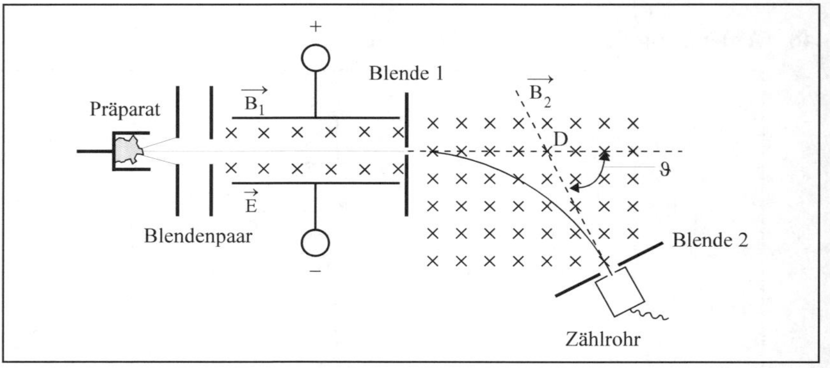

Die β^--Strahlen des Präparats treten nach einem der Richtungsdefinierung dienenden Bleiblendenpaar in ein Wienfilter ($E = 3 \cdot 10^6\ \mathrm{Vm^{-1}}$, $B_1 = 15\ \mathrm{mT}$) ein und anschließend senkrecht zu den Feldlinien in ein homogenes Magnetfeld. Nur wenn dessen Flussdichte $\vec{B_2}$ den Wert $B_2 = 6{,}1\ \mathrm{mT}$ besitzt, können sie weiter ins Zählrohr gelangen. Das Zählrohr ist um den Winkel $\vartheta = 12°$ aus der ursprünglichen Strahlrichtung herausgedreht. Der Drehpunkt D ist von den Blenden 1 und 2 gleich weit, $L = 2{,}6$ cm, entfernt.

a) Berechnen Sie den Geschwindigkeitsbetrag der Teilchen, die das Wienfilter verlassen!

b) Berechnen Sie den Radius der Kreisbahn im Magnetfeld $\vec{B_2}$!

c) Berechnen Sie mit den Ergebnissen aus den Teilaufgaben a und b die spezifische Ladung $\frac{q}{m_o}$ der β^--Teilchen! m_o bezeichnet dabei ihre Ruhemasse.

d) Warum ist mit dem Ergebnis aus Teilaufgabe c der Nachweis erbracht, dass β^--Teilchen Elektronen sind?

51. Zur Natur der γ-Strahlung

Welche experimentellen Befunde legen die Vermutung nahe, dass γ-Strahlung elektromagnetische Strahlung ist?

52. Spezifische Ladung von α-Teilchen

a) Wie kann man die spezifische Ladung von α-Teilchen messen? Beschreiben Sie nur die Grundgedanken!

b) Welche Schwierigkeiten ergeben sich bei der Umsetzung dieser Idee in die Praxis?

c) Wie löst man diese experimentellen Probleme? Wie führt man die notwendigen Messungen durch?

d) Warum beweist $\left(\frac{q}{m}\right)_{\alpha} = \left(\frac{q}{m}\right)_{{}^{4}_{2}\mathrm{He}}$ nicht sicher, dass α-Teilchen He4-Kerne sind?

53. Die Identifizierung der α-Teilchen durch Rutherford und Royds

Rutherford und Royds identifizierten α-Teilchen auf spektroskopischem Weg als He4-Kerne. Beschreiben Sie ihren Versuch und fertigen Sie eine erläuternde Skizze an!

Verschiebungssätze und Zerfallsreihen

54. Verschiebungssätze

a) Formulieren Sie die Verschiebungssätze von Fajans und Soddy!
b) Veranschaulichen Sie diese Aussagen in einem N-Z-Diagramm!
c) Begründen Sie die Verschiebungssätze!

55. Ergänzungsaufgabe

Ergänzen Sie in folgendem Ausschnitt der Uran-Radium-Zerfallsreihe die mit ? gekennzeichneten Fehlstellen und stellen Sie dann den Ausschnitt in einem A-Z-Diagramm dar!

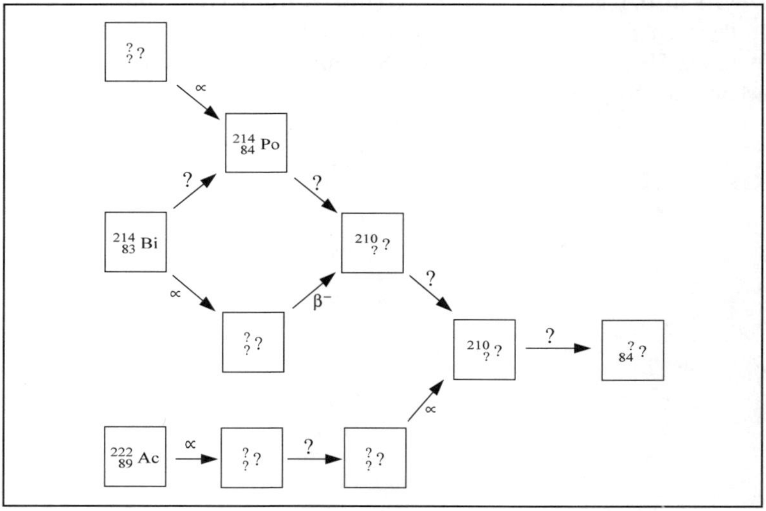

56. Zerfallsreihen

a) Was versteht man unter einer Zerfallsreihe?
b) Warum gibt es nicht mehr als 4 Zerfallsreihen?

57. Rechnungen zu Zerfallsreihen

a) Bestimmen Sie durch Rechnung das Glied der Neptunium-Zerfallsreihe, das durch 8 α- und 4 β^--Zerfälle aus Am 241 entstanden ist!
b) Durch wie viele α- bzw. β^--Zerfälle entsteht Tℓ207 aus Ac227?
c) Warum kann man in einem ursprünglich reinen Np237-Präparat niemals das Nuklid Po211 finden?

Schwächung radioaktiver Strahlung

58. Wechselwirkung von α-Teilchen mit Materie

a) Durch welche Vorgänge werden α-Strahlen auf ihrem Weg durch Materie geschwächt?

b) Wie beeinflussen die geschilderten Vorgänge die Beschaffenheit eines α-Teilchen-Strahls, der vor seinem Eintritt in Materie monoenergetisch und gut gebündelt war?
Veranschaulichen Sie Ihre Aussagen auch graphisch!

c) Von welchen Größen hängt der Energieverlust eines α-Teilchens ab?

59. Wechselwirkung von β^--Teilchen mit Materie

Welche wesentlichen Erscheinungen sind beim Durchgang von β^--Strahlen durch Substanzen für die Schwächung der Strahlung verantwortlich?

60. Wechselwirkung von γ-Quanten mit Materie

Welche Vorgänge sind im Wesentlichen für die Schwächung von γ-Strahlen auf ihrem Weg durch Materie verantwortlich?
Gehen Sie in Ihrer Antwort auch auf die Energieabhängigkeit der geschilderten Prozesse ein!

61. Absorptionsgesetz für γ-Quanten

a) N_0 Teilchen einheitlicher Energie treffen in einem gut gebündelten Strahl senkrecht auf einen Absorber der Dicke x.
Welche Voraussetzungen müssen erfüllt sein, damit die Zahl N(x) der davon durch den Absorber gehenden Teilchen nach einem Exponentialgesetz mit wachsender Absorberdicke x abnimmt?

b) Leiten Sie aus diesen Voraussetzungen das Exponentialgesetz her!

c) Warum gilt dieses Exponentialgesetz in guter Näherung für γ-Quanten, nicht aber für α-Teilchen?

62. Halbwertsdicke

a) Was versteht man unter dem Begriff „Halbwertsdicke"?

b) Leiten Sie rechnerisch eine Beziehung zwischen der Halbwertsdicke D und dem Schwächungskoeffizienten μ her!

63. Experimentelle Bestätigung des Absorptionsgesetzes

a) Beschreiben Sie unter Verwendung einer Skizze einen Versuch, mit dem man die Absorption von monoenergetischen γ-Quanten in Materie untersuchen kann (Versuchsaufbau, Durchführung, Messungen)!

b) Bei einem solchen mit Bleiabsorbern durchgeführten Versuch erhält man für 662keV γ-Quanten folgende Messwerte:

Absorberdicke x / cm	0	1,0	2,0	3,0	4,0	5,0	6,0	7,0
Zählrate / s^{-1}	166700	64450	24917	9634	3725	1440	557	215

Weisen Sie graphisch nach, dass ein exponentielles Absorptionsgesetz vorliegt!

c) Entnehmen Sie dem Diagramm aus Teilaufgabe b den Schwächungskoeffizienten μ!

64. Grundaufgaben zum Absorptionsgesetz

Bei einem Absorptionsversuch mit monoenergetischen γ-Quanten misst man hinter Bleiabsorbern der Dicke $d_1 = 1{,}0$ cm bzw. $d_2 = 4{,}0$ cm die Zählrate $Z_1 = 3867 \text{ min}^{-1}$ bzw. $Z_2 = 223 \text{ min}^{-1}$.

a) Berechnen Sie den zugehörigen Schwächungskoeffizienten μ!

b) Wie groß ist die Zählrate ohne Absorber?

c) Berechnen Sie die zugehörige Halbwertsdicke D!

d) Bei welcher Dicke können nur noch 3 % der eingestrahlten γ-Quanten den Absorber durchdringen?

65. Das Exponentialgesetz für die Schwächung von β^--Strahlung

Misst man für einen gut gebündelten **monoenergetischen** Elektronenstrahl die Anzahl N(x) der durchgelassenen Elektronen als Funktion der Absorberdicke x, so erhält man nebenstehendes Diagramm. Offensichtlich unterliegt die Schwächung dieser Strahlung **keinem** Exponentialgesetz.

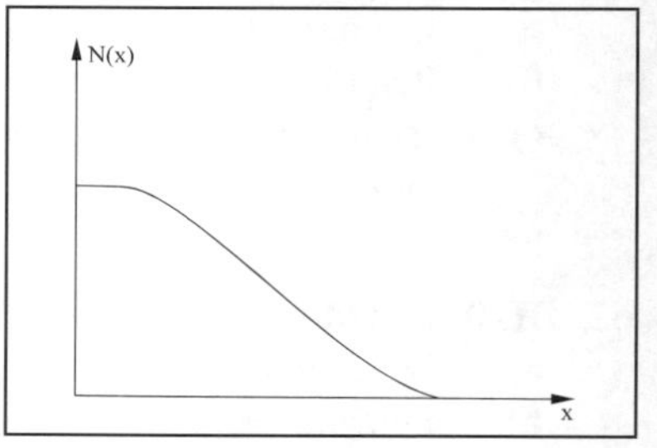

Wiederholt man aber den Versuch mit einem Sr90-Präparat, so ergibt sich in guter Näherung:

$$N(x) = N_0 \cdot e^{-\mu \cdot x}$$

Erklären Sie diesen merkwürdigen Befund!

66. Massenschwächungskoeffizient

a) Was versteht man unter dem Massenschwächungskoeffizient?

b) Für die β^--Strahlung eines bestimmten Präparats hängt der Massenschwächungskoeffizient nicht von der Art des durchstrahlten Stoffes ab. Zeigen Sie unter dieser Voraussetzung, dass

(b_1) die von der Strahlung erfassten Massen zweier verschiedener Absorberfolien gleich sind, wenn sie die Strahlung gleich stark schwächen!

(b_2) von zwei gleich dicken Absorbern derjenige die Strahlung stärker schwächt, der die größere Dichte besitzt!

67. Grundsätzliches zur Reichweite

a) Was versteht man unter der Reichweite eines Teilchens?

b) Warum kann man für γ-Quanten keine Reichweite festlegen?

c) Wie definiert man die Reichweite für α-Teilchen? Welcher Zusammenhang besteht bei α-Teilchen zwischen ihrer Reichweite und ihrer Bahnlänge?

d) Schildern Sie die Schwierigkeiten, die sich bei der Übertragung des Begriffs „Reichweite" auf β^--Teilchen ergeben! Wie behilft man sich?

68. Reichweitenmessung für α-Teilchen mit der Bragg-Kammer

Mit der in folgender Abbildung skizzierten Ionisationskammer wird der Ionisationsstrom I_{Ion} in Abhängigkeit vom Präparatabstand x_P gemessen. Die Kammer ist mit Luft gefüllt und wird im Sättigungsbereich betrieben. Eine Elektrode ist als Platte K ausgeführt, die andere als Metallgitter G, durch das die Strahlung in die Kammer eindringen kann. Der Abstand $\overline{KG}$ beträgt 7 mm.

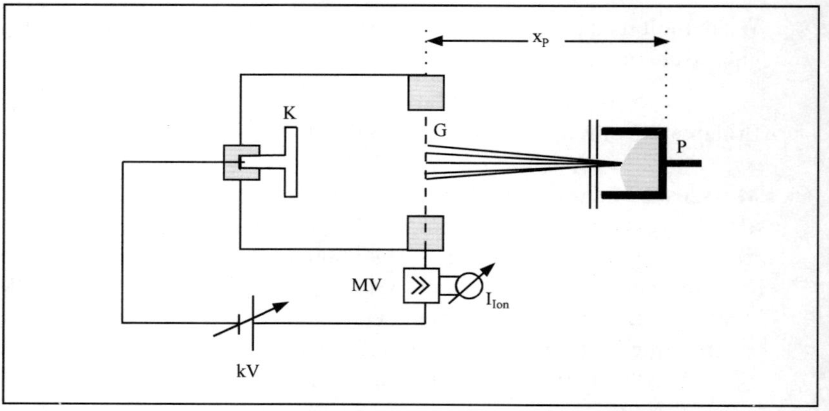

a) Warum kann man mit dieser Versuchsanordnung nur α-Strahlung nachweisen? Wie könnte man dies rasch überprüfen?

b) Nebenstehende Abb. zeigt die Stärke I_{Ion} des Ionisationsstroms in Abhängigkeit von der Entfernung x_P eines bestimmten α-Präparats.

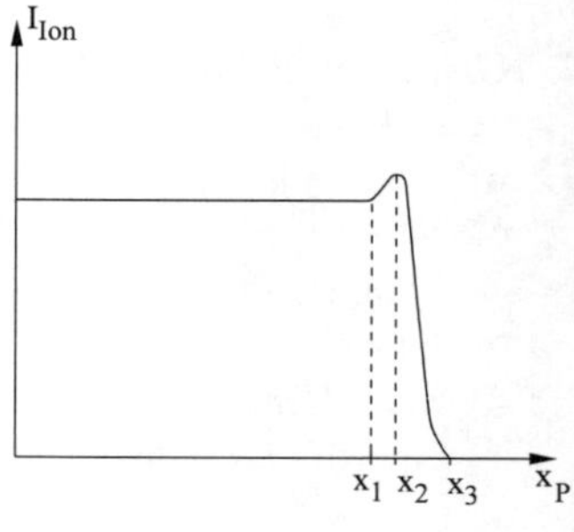

(1) Erklären Sie den Abfall der Kurve zwischen x_2 und x_3!

(2) Welche Folgerungen über die Reichweite von α-Teilchen lassen sich aus dem Diagramm ziehen?

c) Erläutern Sie den restlichen Kurvenverlauf! Gehen Sie dabei qualitativ auch auf die Gründe für die Entstehung des „Höckers" bei x_2 ein.

69. Theoretische Herleitung des quadratischen Abstandsgesetzes

In M befindet sich ein radioaktives Präparat P, das allseitig pro Zeiteinheit N_0 Teilchen emittiert. Von Schwächungseffekten durch die umgebende Luft soll im Folgenden abgesehen werden. Im Abstand r_1 bzw. r_2 sei eine nicht zu große ebene Fläche A jeweils so angebracht, dass sie von möglichst vielen Teilchen getroffen wird. Die Zahlen der pro Zeiteinheit auf A treffenden Teilchen werden mit N_1 bzw. N_2 bezeichnet. Zeigen Sie, dass

$$\frac{N_1}{N_2} = \left(\frac{r_2}{r_1}\right)^2$$

70. Experimentelle Bestätigung des quadratischen Abstandsgesetzes

Der Abstand r eines Zählrohrs von einem γ-Strahler konstanter Aktivität wird in Beträgen von 2,5 cm vergrößert und jedesmal die Zählrate Z(r) gemessen. Dabei erhält man folgende Messwerte:

r/cm	5,0	7,5	10,0	12,5	15,0	17,5	20,0
Z (r)/min^{-1}	15000	6600	3750	2390	1670	1230	930

a) Stellen Sie $\frac{1}{\sqrt{Z(r)}}$ in Abhängigkeit von r graphisch dar!

b) Bestätigen Sie mit Hilfe dieses Diagramms die Beziehung

$$\frac{Z(r_1)}{Z(r_2)} = \left(\frac{r_2}{r_1}\right)^2$$

c) Geben Sie den Inhalt dieser Beziehung mit Worten wieder!

d) Welche Zählrate registriert man bei diesem Versuch in 25 cm Entfernung vom Präparat?

71. Abstand oder Abschirmung

Ein radioaktives Präparat P unbekannter, aber konstanter Aktivität emittiert allseitig monoenergetische γ-Quanten. Zur Abschirmung kann P in den Mittelpunkt einer Eisenkugel vom Durchmesser 3 cm gebracht werden (relevante Halbwertsdicke D = 1,7 cm). In 0,9 m Entfernung vom Kugelmittelpunkt registriert ein Zählrohr für das abgeschirmte Präparat 7000 Impulse/Minute.

a) In welcher Entfernung vom nicht abgeschirmten Präparat registriert man mit dem Zählrohr die gleiche Impulsrate?

b) Welche Zählrate misst man mit dem Zählrohr für das abgeschirmte Präparat in 1,22 m Entfernung vom Kugelmittelpunkt?

72. Schwierigere Rechnungen zum quadratischen Abstandsgesetz

Zwei allseitig emittierende Co60 Präparate P_1, P_2 besitzen unterschiedliche, aber konstante Aktivitäten. Ist P_1 60 cm und P_2 90 cm von einem Zählrohr (ZR) entfernt, so treffen von P_1 auf das ZR-Fenster dreimal mehr γ-Quanten pro Zeiteinheit als von P_2.

a) Berechnen Sie das Verhältnis der beiden Aktivitäten!

b) Z_o ist die Zählrate, die das ZR registriert, wenn sich nur P_1 ohne P_2 in 50 cm Entfernung vor dem ZR-Fenster befindet. P_1 sei nun 1,00 m vom ZR-Fenster entfernt. In welcher Entfernung muss man dann P_2 platzieren, damit das ZR die Zählrate $2 \cdot Z_o$ registriert? (Das ZR habe in dieser Aufgabe 100 % Ansprechempfindlichkeit.

Grundlagen des Strahlenschutzes

73. Biologische Strahlenwirkung
Beschreiben Sie die einzelnen Schritte, die in einem Organismus von der Absorption radioaktiver Strahlung bis zu einem biologisch manifesten Strahlenschaden ablaufen!

74. Klassifizierung von Strahlenschäden
Was versteht man unter
a) nichtstochastischen – **b)** stochastischen – **c)** genetischen –
d) somatischen Strahlenschäden?

75. Dosisbegriffe
Erläutern Sie die Begriffe „Energiedosis", „Äquivalenzdosis", „Dosisleistung"!

76. Rechenaufgabe zu den Dosisbegriffen.
Bei der Endlagerung werden mittelaktive, unter anderem als beton- oder bitumenfixierte Konzentrate, in Fässern verpackte, radioaktive Abfälle mit Spezialfahrzeugen in der Endlagerstätte transportiert. Der Fahrer eines solchen Fahrzeugs sitzt 2,5 m von der Ladefläche entfernt und erhält beim Transport eines Fasses eine Energiedosisleistung von $2{,}5 \cdot 10^{-4}\ \frac{\text{Gy}}{\text{h}}$.

a) Wie groß ist die entsprechende Äquivalenzdosisleistung, wenn die Strahlung nur aus β^-- und γ-Strahlen besteht?
b) Wie viele Stunden pro Tag darf der Fahrer Fässer transportieren (1 Fass pro Fahrt), wenn er im Jahr 320 Tage arbeitet und die (Ganzkörper) Äquivalenzdosis für beruflich strahlenexponierte Personen in 1 Jahr 0,05 Sv nicht übersteigen darf?
c) Wie viele Minuten könnte er pro Tag länger arbeiten, wenn sein Abstand zur Ladefläche 3,5 m beträgt?
d) Wäre es für den Fahrer günstiger, wenn er nur die Hälfte der in Teilaufgabe b berechneten Zeit arbeiten würde, dafür aber 2 Fässer auf einmal transportierte?

77. Innere und äußere Bestrahlung
Nehmen Sie mit Blick auf die Überschrift Stellung zur Gefährlichkeit von α-Strahlen für den Menschen!

Das Zerfallsgesetz

78. Der Ionisationskammerversuch

Mit einer im Sättigungsbereich betriebenen Ionisationskammer soll der radioaktive Zerfall des Gases Rn220 untersucht werden.

a) Fertigen Sie eine beschriftete Versuchsskizze an!

b) Die Versuchsdurchführung ergab folgende Messwerte für die Stärke des Ionisationsstroms in Abhängigkeit von der Zeit:

t / s	0	10	20	30	40	50	60	70	80	90	100
$I/10^{-11}$A	40	35,2	31,2	27,2	24	21,2	18,8	16,4	14,4	12,8	11,2

Zeigen Sie unter Verwendung dieser Messwerte mittels eines geeigneten graphischen Verfahrens, dass die Stromstärke exponentiell nach der Beziehung $I(t) = I(0) \cdot e^{-\lambda \cdot t}$ abnimmt.

c) Entnehmen Sie dem Graphen aus Teilaufgabe b den numerischen Wert für λ!

79. Experimentelle Bestätigung des Zerfallsgesetzes

Das beim Ionisationskammerversuch verwendete Rn220 zerfällt wie folgt:

$$^{220}_{86}\text{Rn} \xrightarrow[\alpha]{T_1=55\,\text{s}} {}^{216}_{84}\text{Po} \xrightarrow[\alpha]{T_2=0{,}16\,\text{s}} {}^{212}_{82}\text{Pb} \xrightarrow[\beta^-]{T_3=11\,\text{h}} {}^{212}_{83}\text{Bi}$$

a) Warum wird beim Ionisationskammerversuch die exponentielle Abnahme der Ionisationsstromstärke durch den radioaktiven Zerfall der Tochtersubstanzen von Rn220 nicht gestört?

b) Zeigen Sie, dass $I(t) \sim \dot{N}(t)$, wobei
$I(t)$ = Ionisationsstromstärke zum Zeitpunkt t
$N(t)$ = Zahl der zum Zeitpunkt t noch unzerfallen vorhandenen Rn220-Kerne

c) Zeigen Sie unter Verwendung der Ergebnisse von 78 b und 79 b, dass $N(t) = N(0) \cdot e^{-\lambda \cdot t}$!

80. Zerfallsgesetz aus Rutherfords Hypothese

a) Nennen und erläutern Sie die rutherfordsche Hypothese zum radioaktiven Zerfall!

b) Leiten Sie aus diesen Annahmen das Zerfallsgesetz her!

81. Halbwertszeit und Zerfallskonstante

a) Erläutern Sie den Begriff Halbwertszeit!

b) Leiten Sie den Zusammenhang zwischen der Halbwertszeit T und der Zerfallskonstanten λ her!

82. Mittlere Lebensdauer

Leben in einer diskreten Verteilung x_i Individuen die Zeit t_i $(i = 1, ..., s)$, so

bezeichnet man T_m, $T_m = \frac{\sum_{i=1}^{s} x_i \cdot t_i}{\sum_{i=1}^{s} x_i}$

als mittlere Lebensdauer eines Individuums.

a) Zeigen Sie, dass für die mittlere Lebensdauer τ eines Kerns beim radioaktiven Zerfall gilt: $\tau = \frac{\int_0^\infty \lambda \cdot N(t) \cdot t\,dt}{\int_0^\infty \lambda \cdot N(t)dt}$

Beachten Sie dabei, dass beim radioaktiven Zerfall keine diskrete, sondern eine kontinuierliche Verteilung vorliegt und überlegen Sie, wie viele Kerne genau die Zeit t leben!

b) Zeigen Sie unter Verwendung der Beziehung aus Teilaufgabe a, dass $\tau = \frac{1}{\lambda}$!

c) Zeigen Sie, dass die Tangente in (0/N(0)) an den Graphen der Funktion $N(t) = N(0) \cdot e^{-\lambda \cdot t}$ die t-Achse im Punkte $t_0 = \frac{1}{\lambda}$ schneidet! Verwenden Sie das Ergebnis zu einer anschaulichen Deutung der mittleren Lebensdauer!

d) Leiten Sie eine Beziehung zwischen der Halbwertszeit T und der mittleren Lebensdauer τ her!

83. „Atome altern nicht“

a) Zeigen Sie, dass für die Wahrscheinlichkeit P, dass ein radioaktiver Kern innerhalb der nächsten, im Vergleich zur Halbwertszeit sehr kurzen Zeitspanne Δt zerfällt, gilt: $P = \lambda \cdot \Delta t$!

b) Warum legt diese Beziehung die Aussage „Atome altern nicht“ nahe?

c) Berechnen Sie die Wahrscheinlichkeit, dass ein Am241-Kern innerhalb der nächsten 3 Sekunden zerfällt!

84. T, τ, λ aus Diagrammen

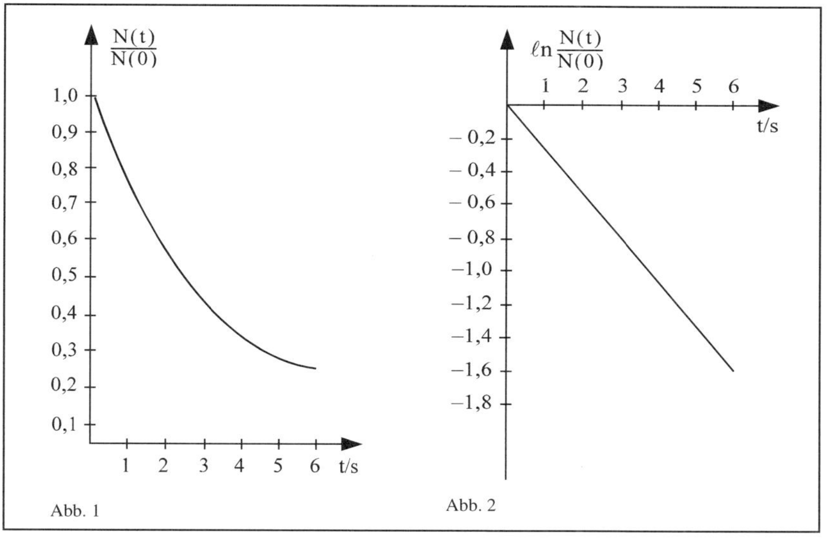

Der zeitliche Verlauf des Zerfalls einer bestimmten Ausgangsmenge des β^--Strahlers C15 ist in obigen t-$\frac{N(t)}{N(0)}$ bzw. t-$\ell n\frac{N(t)}{N(0)}$-Diagrammen wiedergegeben.
Entnehmen Sie jedem dieser Diagramme, möglichst ohne Rechnung, die numerischen Werte für die Halbwertszeit T, die mittlere Lebensdauer τ und die Zerfallskonstante λ und begründen Sie Ihr Vorgehen!

85. Aktivität

a) Was versteht man unter der Aktivität eines radioaktiven Präparats?

b) Zeigen Sie, dass die zeitliche Abnahme der Aktivität einem Exponentialgesetz folgt!

86. Elementare Rechenaufgaben zum Zerfallsgesetz

Ta184 ist ein β^--Strahler mit der Halbwertszeit T = 8,7 h.
2h18min nach Beginn der Zeitmessung stellt man fest, dass nur noch $6 \cdot 10^{19}$ Ta-Kerne unzerfallen vorhanden sind.

a) Wie viel Kerne waren zu Beginn der Zeitmessung unzerfallen vorhanden?

b) Wie lange dauert es, bis davon
(1) nur noch $3 \cdot 10^{19}$ Kerne unzerfallen vorhanden sind?
(2) $3 \cdot 10^{19}$ Kerne zerfallen sind?
(3) nur noch 12 % der Kerne unzerfallen vorhanden sind?
(4) 12 % der Kerne zerfallen sind?

c) Wie viele Kerne sind von den ursprünglich vorhandenen Kernen
(1) nach 10 h noch unzerfallen vorhanden?
(2) nach 10 h zerfallen?
(3) wie viel Prozent sind das jeweils?

d) Berechnen Sie die Aktivität des Präparats zu Beginn der Messung und 3 h später!

87. Massenbestimmung über Isotopenmarkierung

In einer Quecksilbermischung ist das radioaktive Isotop Hg203 (Halbwertszeit $T = 47\text{d}$) zu 0,01 % enthalten. Unmittelbar nach Herstellung der Mischung bestimmt man die Aktivität einer Hg-Probe zu 30s^{-1}. Berechnen Sie die Masse m der Hg-Probe!

88. Messung „normaler" Halbwertszeiten

Die Aktivität eines At211-Präparats beträgt zu Beginn der Zeitmessung $400\ \text{s}^{-1}$, 2 Stunden später nur noch $330\ \text{s}^{-1}$. Berechnen Sie die Halbwertszeit T von At211!

89. Messung „sehr langer" Halbwertszeiten

a) Wie lange dauert es bei U238 (Halbwertszeit $T = 4{,}47 \cdot 10^9$ a), bis die Aktivität um 0,001 % abgenommen hat?

b) Das Ergebnis aus Teilaufgabe a zeigt, dass es für radioaktive Substanzen mit sehr langen Halbwertszeiten T unmöglich ist, T aus der Aktivitätsabnahme zu bestimmen.
Welche Größen müssen zur T-Bestimmung sehr langlebiger reiner Substanzen gemessen werden, und wie kann man daraus T berechnen?

c) Natürliches Kalium enthält an radioaktiven Isotopen nur das K40 zu 0,011 %.
Wie groß ist die Halbwertszeit von K40, wenn 10 g natürliches Kalium eine Aktivität von $300\ \text{s}^{-1}$ besitzen?

90. Messung „kurzer" Halbwertszeiten

Bei einem Li8-Präparat misst man innerhalb des Zeitintervalls $0s \le t < 5s$ $Z_1 = 295169$ Zerfallsakte, im gleich großen unmittelbar folgenden Zeitintervall $5s \le t \le 10s$ nur noch $Z_2 = 4767$ Zerfallsakte. Berechnen Sie die Halbwertszeit von Li8!

91. Das Uran-Blei-Alter

a) Ein Nuklid A zerfällt radioaktiv mit bekannter Halbwertszeit T in ein stabiles Nuklid B. Man weiß, dass bei der Entstehung eines Gesteins nur Nuklide der Sorte A, aber keine der Sorte B vorhanden waren.
Heute lässt sich massenspektroskopisch das Verhältnis

$N_A : N_B$ oder $m(A) : m(B)$ (N_X bzw. $m(X)$ Zahl bzw. Masse aller Nuklide der Sorte X in einer Gesteinsprobe)

messen. Zeigen Sie, dass für das Alter t des Gesteins dann gilt:

$$t = \frac{T}{\ell n\, 2} \cdot \ell n \left(1 + \frac{N_B}{N_A}\right)$$

b) U238 zerfällt radioaktiv über mehrere Zwischenstufen in das stabile Bleiisotop Pb206.

(1) Berechnen Sie unter der Annahme, dass U238 mit der Halbwertszeit $T = 4{,}5 \cdot 10^9 a$ direkt in Pb206 zerfällt, das Alter eines Gesteins, für das man $m(U238) : m(Pb206) = 6{,}825$ fand!

(2) Inwiefern ist die Annahme in Teilaufgabe b) (1) gerechtfertigt? Zeigen Sie, dass das „wirkliche Alter" größer als das errechnete ist!

92. Das Kalium-Argon-Alter

Der Zerfall des in der Natur vorkommenden K40 wird durch das unten stehende Diagramm wiedergegeben.
Durch Bestimmung des Zahlenverhältnisses von K40-Nukliden zur Ar40-Nukliden hat sich für eine Gesteinsprobe ein Alter von $1{,}75 \cdot 10^6$ a ergeben.

a) Warum ist der Zerfall $^{40}_{19}K \rightarrow {}^{40}_{20}Ca$ für die Altersbestimmung unbrauchbar?

b) Berechnen Sie das Zahlenverhältnis $N_{Ar} : N_K$ in der Gesteinsprobe.

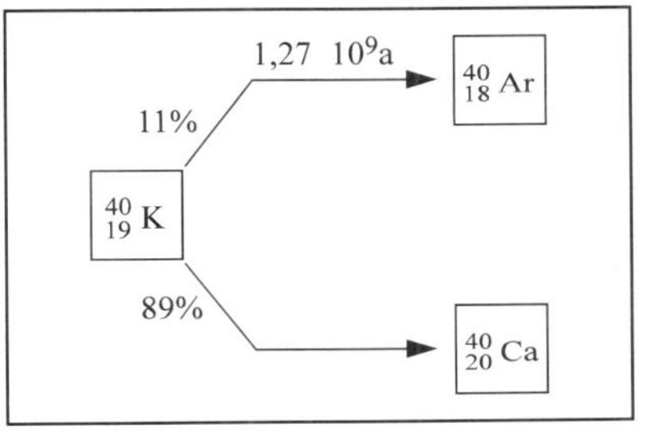

93. Radiokarbonmethode

a) Beschreiben Sie die physikalischen und biologischen Grundlagen der Radiokarbonmethode!

b) Der Kohlenstoffanteil einer Holzprobe beträgt 25 g und hat eine Aktivität von $1{,}35\,\mathrm{s}^{-1}$. Berechnen Sie, vor wie vielen Jahren das Holz abgestorben ist!

c) Wie viel C12-Atome aus Kohlenstoff der Atmosphäre treffen auf ein C14-Atom?

d) Warum versagt die Radiokarbonmethode bei Holz, das neben einer stark befahrenen Straße gewachsen ist?

(Halbwertszeit von C14 : T = 5730 a; Aktivität 1 g natürlichen Kohlenstoffs : $15{,}3\ \mathrm{min}^{-1}$)

94. Abschätzung des Erdalters

In natürlichem Uran treffen heute auf ein U235-Nuklid 140 U238-Nuklide. Nehmen Sie an, dass bei der Entstehung der Erde beide Isotope gleich häufig vorhanden gewesen waren und berechnen Sie unter dieser Annahme das Erdalter!

95. Radioaktives Gleichgewicht

a) Erläutern Sie am Beispiel der Zerfallskette

$$^{32}_{14}\mathrm{Si} \xrightarrow{280\,\mathrm{a}} {}^{32}_{15}\mathrm{P} \xrightarrow{14,3\,\mathrm{d}} {}^{32}_{16}\mathrm{S}\ \ (\text{stabil})$$

den Begriff radioaktives Gleichgewicht!

b) Leiten Sie die Gesetzmäßigkeit her, die zwischen den im Gleichgewicht befindlichen Substanzmengen und ihren Halbwertszeiten besteht!

c) Welche Aktivität haben 10 µg eines reinen Si32-Präparats unmittelbar nach ihrer Herstellung?

d) Seit der Herstellung des Präparats aus Teilaufgabe c sind 40 Jahre vergangen.

(1) Welche Gesamtaktivität besitzt das Präparat dann?

(2) Wie viele P32-Kerne befinden sich dann im Präparat?

Kernumwandlungen

Die linke Photographie zeigt John D. Cockcroft (1897–1967) an seiner Arbeitsbank im Cavendish Laboratorium im Jahr 1932. Rechts ist die Beschleunigungsanlage abgebildet, mit der Cockcroft und Ernest S. T. Walton (geb. 1903) 1932 die erste K e r n u m w a n d l u n g mittels technisch beschleunigter Teilchen herbeiführten: Ein mit 770 kV beschleunigtes Proton zertrümmerte einen Lithiumkern in zwei Alphateilchen.

Freie Neutronen

96. Beryllium-Strahlung

1930 entdeckten Walter Bothe und August Becker beim Beschuss von Be9-Kernen mit α-Teilchen eine energiereiche, ungeladene und „Berylliumstrahlung“ genannte Strahlung. Als Arbeitshypothese nahm man an: Berylliumstrahlen sind γ-Quanten.

Zur Überprüfung schoss man Berylliumstrahlung auf freie Protonen.

a) Der Stoß eines „Photons“ der Berylliumstrahlung mit einem freien ruhenden Proton kann analog zum Comptonstoß eines γ-Quanten mit einem freien ruhenden Elektron behandelt werden.

(1) Wann ist der Energieübertrag eines „Photons“ der Berylliumstrahlung auf das Proton maximal?

(2) Zeigen Sie, dass in diesem Fall ein „Photon“ der Berylliumstrahlung der Energie E_{Be} auf ein Proton der Ruheenergie $E_{0,p}$ die Energie ΔE

$$\Delta E = \frac{2 \cdot E_{Be}^2}{E_{0,p} + 2 \cdot E_{Be}}$$

überträgt!

b) Nebelkammeraufnahmen der Rückstoßprotonen ergaben $\Delta E = 5{,}7$ MeV. Berechnen Sie E_{Be}!

c) Für γ-Quanten der in Teilaufgabe b berechneten Energie beträgt der Schwächungskoeffizient μ in Blei $\mu = 1{,}0\ \text{cm}^{-1}$.
Experimentell findet man für „Photonen“ der Berylliumstrahlung in Blei eine Halbwertsdicke von $D = 3{,}0$ cm.
Überprüfen Sie mit diesen Zahlenwerten die Arbeitshypothese!

97. Beryllium-Strahlung ist Neutronenstrahlung

1932 zeigte Chadwick, dass es sich bei der Berylliumstrahlung um Neutronenstrahlung handelt.

Er bestrahlte dazu ruhende Protonen und N14-Kerne mit Berylliumstrahlen und erhielt aus Nebelkammeraufnahmen als maximale Energien der Rückstoßprotonen bzw. Rückstoß-Stickstoffkerne $E_p = 5{,}7$ MeV bzw. $E_N = 1{,}2$ MeV.

a) Wieso sind Protonen oder N14-Kerne mit den angegebenen Energien von den Korpuskeln der Berylliumstrahlen zentral gestoßen worden?

b) Berechnen Sie auf der Grundlage des geradlinigen zentralen Stoßes die Ruhemasse m_{Be} einer Korpuskel der Berylliumstrahlen (kein relativistischer Ansatz erforderlich)!

c) Inwiefern legt das Ergebnis aus Teilaufgabe b nahe, dass es sich bei den Korpuskeln der Berylliumstrahlung um Neutronen handelt?

98. Radioaktiver Zerfall freier Neutronen

Freie Neutronen sind instabil. Sie zerfallen mit einer Halbwertszeit von 10,6 min.

a) Geben Sie die zugehörige Zerfallsgleichung an!

b) Wie kommt es, dass freie Neutronen zerfallen, während Neutronen in stabilen Atomkernen als dauerhafte Bestandteile enthalten sind?

c) Widerlegen Sie durch eine einfache Abschätzung die Annahme, dass ein Neutron aus einem Proton und einem Elektron zusammengesetzt ist!

99. Neutronenerzeugung

Da freie Neutronen instabil sind, kommen sie in der Natur kaum vor; sie müssen erzeugt werden. Beschreiben Sie wenigstens zwei verschiedene Methoden zur Erzeugung freier Neutronen!

100. Neutronenquelle

Eine Radium-Beryllium-Neutronenquelle enthält 0,76 g Ra226 und 5,3 g Be9.

a) Welche Rolle spielt Ra226 bei der Neutronenerzeugung?
Geben Sie die dazugehörigen Gleichungen an!

b) Berechnen Sie die Aktivität der vorhandenen Radiummenge (Tochtersubstanzen sollen unberücksichtigt bleiben)!

c) Begründen Sie, warum bei jedem Zerfall eines Ra226-Kerns praktisch 4 α-Teilchen entstehen!

d) Wie viele Be9- und Ra226-Kerne sind in der Quelle vorhanden? Begründen Sie mit dem Ergebnis, warum die Reichweite eines α-Teilchens in der Ra-Be-Mischung praktisch gleich der Reichweite in reinem Be ist!

e) Wie viele Be9-Kerne enthält 1 cm³ reines Be9 ($\rho_{Be} = 1{,}7\ \frac{g}{cm^3}$)?

f) Die Wahrscheinlichkeit p für die in Teilaufgabe a angegebene Reaktion zur Neutronenerzeugung berechnet sich nach

$$p = \frac{\sigma \cdot n \cdot V}{A}$$

Dabei sind σ = Wirkungsquerschnitt für die Reaktion
n = Anzahl der Targetkerne pro Volumeneinheit
V = durchstrahltes Volumen
A = Querschnittsfläche des Strahls

Berechnen Sie die Anzahl der in 1 Sekunde in obiger Quelle erzeugten Neutronen, wenn die Reichweite R eines α-Teilchens in Be im Mittel 30 µm beträgt und der Wirkungsquerschnitt σ für die in Teilaufgabe a angegebene Reaktion zur Neutronenerzeugung $\sigma = 3{,}0 \cdot 10^{-29}\ m^2$ ist!

101. Neutronenklassifizierung

a) Was versteht man unter thermischen Neutronen?

b) Berechnen Sie die mittlere kinetische Energie (in eV) und die mittlere Geschwindigkeit thermischer, in der Schule verwendeter Neutronen!

c) Was versteht man unter mittleren und schnellen Neutronen?

102. Thermische Neutronen

a) Welche Bedeutung haben thermische Neutronen in der Kernphysik?

b) Wie kann man aus schnellen Neutronen thermische Neutronen erzeugen? Welche Materialien eignen sich hierfür besonders?

103. Wechselwirkung von Neutronen mit Materie

Beschreiben und erläutern Sie die Wechselwirkung von Neutronen mit Materie!

104. Nachweis von Neutronen mit Zählrohren

a) Warum lassen sich Neutronen mit Zählrohren nicht direkt nachweisen?

b) Warum kann man mit einem Zählrohr, dessen Innenwand mit Paraffin ausgekleidet ist, schnelle Neutronen nachweisen?

c) Warum versagt die in Teilaufgabe b beschriebene Methode beim Nachweis thermischer Neutronen?

d) Nach welchen Manipulationen kann ein Zählrohr langsame Neutronen nachweisen?

e) Warum verwendet man die in Teilaufgabe d beschriebene Methode nicht auch zum Nachweis schneller Neutronen?

105. Moderation von Neutronen

Ein Neutron der Masse m_n und der kinetischen Energie E_n stoße zentral und elastisch mit einem ruhenden Kern der Masse m_K.

a) Zeigen Sie, dass das Neutron dabei die Energie ΔE

$$\Delta E = \frac{4 \cdot m_n \cdot m_K}{(m_n + m_K)^2} \cdot E_n$$

verliert (nichtrelativistische Rechnung!)

b) Zeigen Sie, dass die Funktion

$$f:\ x \rightarrow \frac{4 \cdot x}{(x+1)^2} \quad x \in R_0^+$$

nur für $x_o = 1$ ein relatives Maximum besitzt, das zugleich auch absolutes Maximum ist!

c) Begründen Sie mittels der Ergebnisse der Teilaufgaben a und b, warum Neutronen am effektivsten durch H-Kerne gebremst werden!

d) Warum werden Neutronen von einer 20 cm dicken Bleischicht nur sehr schwach, von einer 20 cm dicken Paraffinschicht völlig absorbiert?

106. Geschwindigkeitsfilter für Neutronen

Ein Strahl thermischer Neutronen unterschiedlicher Geschwindigkeiten trifft auf eine polykristalline Stubstanz P. Der Netzebenenabstand der Mikrokristallite soll mit d bezeichnet werden.
Zeigen Sie, dass bei hinreichender Dicke D hinter P nur Neutronen mit der Geschwindigkeit v

$$v < \frac{h}{2 \cdot m_n \cdot d}$$

festzustellen sind!

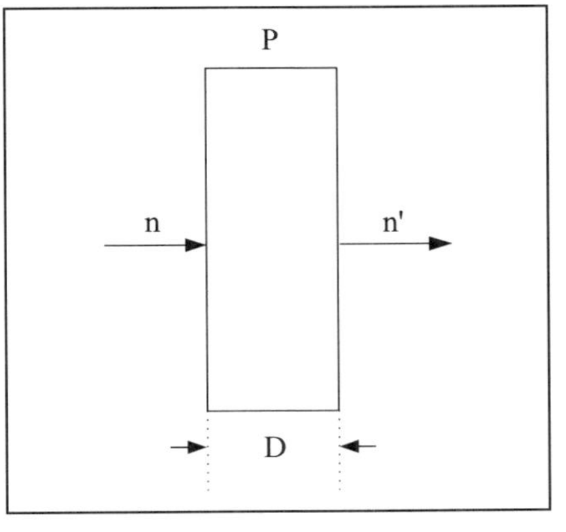

Kernreaktionen

107. Modellvorstellungen

a) Was versteht man unter einer „Kernreaktion"? Beschreiben Sie kurz die gebräuchlichen Notationen!

b) Wie stellt man sich den Ablauf einer
(1) direkten Reaktion
(2) Compound Reaktion
vor?

108. Elastische Streuung des Geschosses

Erläutern Sie kurz die elastische Streuung eines Geschosses an einem Kern!
Wie ändert sich dadurch die kinetische Energie des Geschosses?

109. Inelastische Streuung eines Geschosses

Erläutern Sie kurz die inelastische Streuung eines Geschosses an einem Kern!

110. Austauschreaktion

Was versteht man unter einer Austauschreaktion?
Nennen Sie einige Typen von Austauschreaktionen!

111. Kernphotoeffekt

Erläutern Sie den Begriff Kernphotoeffekt!

112. Stripping und Pick-up

Was versteht man unter
a) Stripping-Reaktionen?
b) Pick-up-Reaktionen?

113. Direkte oder Compound-Reaktion

a) Wie kann man die Reaktion $^{23}_{11}\mathrm{Na}\,(\mathrm{d,p})\,^{24}_{11}\mathrm{Na}$ ohne Heranziehung eines Zwischenkerns deuten?

b) Warum benötigt man zur Deutung der Reaktion $^{7}_{3}\mathrm{Li}\,(\mathrm{p},\alpha)\,^{4}_{2}\mathrm{He}$ die Zwischenkernvorstellung?

114. Spallation

Erläutern Sie kurz den Begriff Kernsplitterung!

115. Spezielle Kernreaktionen

Aus einer Vielzahl möglicher Kernreaktionen sollen Sie einige wenige auswendig können. Geben Sie die Reaktionsgleichungen zu folgenden Prozessen in ausführlicher und in Kurzschreibweise an!

a) erste von Rutherford 1919 entdeckte künstliche Kernumwandlung
b) Erzeugung schneller Neutronen
c) Erzeugung langsamer Neutronen
d) Nachweisreaktion für langsame Neutronen
e) Reaktion, die zur Entdeckung der Positronenstrahlung durch das Ehepaar Joliot führte
f) erste künstliche Kernumwandlung mittels technisch beschleunigter Teilchen durch Cockcroft und Walton 1932
g) Aktivierung durch Neutronenbeschuss

116. Ergänzung und Klassifizierung von Reaktionsgleichungen

Ergänzen Sie folgende unvollständige Reaktionsgleichungen, geben Sie die zugehörige Kurzschreibweise an und entscheiden Sie durch Eintragen der zutreffenden Großbuchstaben, welcher Reaktionstyp vorliegt.

	Reaktionsgleichung	Kurzschreibweise	Reaktionstyp
a)	$^{16}_{8}\mathrm{O} + \gamma \rightarrow \_\_\_ + ^{1}_{0}\mathrm{n}$	________	________
b)	$^{59}_{27}\mathrm{Co} + \_\_\_ \rightarrow ^{60}_{27}\mathrm{Co} + \gamma$	________	________
c)	$^{9}_{4}\mathrm{Be} + \_\_\_ \rightarrow ^{12}_{6}\mathrm{C} + ^{1}_{0}\mathrm{n}$	________	________
d)	$\_\_\_ + \gamma \rightarrow ^{25}_{11}\mathrm{Na} + ^{1}_{1}\mathrm{p}$	________	________
e)	$^{238}_{92}\mathrm{U} + \alpha \rightarrow 20\,^{1}_{1}\mathrm{H} + 35\,^{1}_{0}\mathrm{n} + \_\_\_$		________

	Reaktionsgleichung	**Kurzschreibweise**	**Reaktionstyp**
f)	___ $+ p \rightarrow {}^{51}_{24}Cr + {}^{1}_{0}n$	______	______
g)	${}^{130}_{52}Te + d \rightarrow {}^{131}_{52}J +$ ___	______	______
h)	${}^{208}_{82}Pb + {}^{16}_{8}O \rightarrow$ ___ $+ {}^{17}_{8}O$	______	______

Vorgeschlagene Reaktionstypen:
A = direkte Reaktion, B = Compound Reaktion,
C = Stripping Reaktion, D = Pick-Up Reaktion,
E = Austauschreaktion, F = Kernphotoeffekt,
G = Spallation

117. Wirkungsquerschnitt

ΔN bezeichne die Zahl der Geschosse, die von insgesamt N Geschossen eine bestimmte Kernreaktion bewirkt haben und n die Anzahl der Targetkerne pro Volumeneinheit in dem durchstrahlten Volumen V der Querschnittsfläche A und der Dicke Δx.

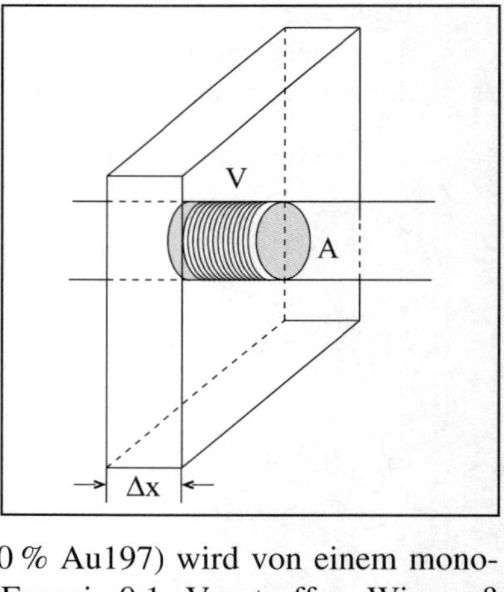

a) Zeigen Sie, dass $\frac{\Delta N}{N} = \sigma \cdot n \cdot \Delta x$!

b) Geben Sie eine anschauliche Deutung des Wirkungsquerschnitts σ!

c) Eine 0,05 mm dicke Goldfolie (100 % Au197) wird von einem monoenergetischen Neutronenstrahl der Energie 0,1 eV getroffen. Wie groß ist die Einfangswahrscheinlichkeit für ein Neutron durch einen Au197-Kern, wenn der Wirkungsquerschnitt für diese Reaktion bei 0,1 eV-Neutronen $58 \cdot 10^{-24}$ cm^2 ist?

d) Zeigen Sie, dass der Wirkungsquerschnitt nicht mit der geometrischen Ausdehnung der getroffenen Kerne übereinstimmt!

118. Q-Wert einer Kernreaktion

a) Was versteht man unter dem Q-Wert einer Kernreaktion
$a + A \rightarrow B + b$?

b) Drücken Sie den Q-Wert durch die Ruheenergien der an der Reaktion beteiligten Nuklide aus!

c) Wann wird eine Reaktion als exotherm bzw. endotherm bezeichnet?

119. Einfache Rechnungen zum Q-Wert

Folgende Reaktionen dienen zur Erzeugung von α-Teilchen

(R_1) ... (p, α) ...

(R_2) ${}^{6}_{3}\mathrm{Li}$ (..., α) ...

(R_3) ${}^{6}_{3}\mathrm{Li}$ (p, ...) ...

a) Ergänzen Sie die Reaktionsgleichungen!

b) Bestimmen Sie rechnerisch die Reaktion, bei der die meiste Energie freigesetzt wird!

120. Einfache Rechnung zum Q-Wert

Entscheiden Sie möglichst rasch, aus welcher der beiden Reaktionen man die schnelleren Neutronen erhält:

(R_1) ${}^{6}_{3}\mathrm{Li} + {}^{2}_{1}\mathrm{D} \rightarrow {}^{7}_{4}\mathrm{Be} + {}^{1}_{0}\mathrm{n}$

(R_2) ${}^{6}_{3}\mathrm{Li} + {}^{2}_{1}\mathrm{D} \rightarrow {}^{4}_{2}\mathrm{He} + {}^{3}_{2}\mathrm{He} + {}^{1}_{0}\mathrm{n}$

Atommasse von ${}^{7}_{4}\mathrm{Be}$: 7,0169300u

121. Schwerpunktsenergie

Ein Kerngeschoss a (Ruhemasse m_a) treffe auf einen ruhenden Targetkern A (Ruhemasse m_A).

a) Warum steht für eine Kernreaktion $a + A \rightarrow B + b$ **nicht** die volle kinetische Energie E_a von a zur Verfügung?

b) Zeigen Sie, dass im nichtrelativistischen Fall für eine Reaktion nur die Energie E_a'

$$E_a' = \frac{m_A}{m_a + m_A} \cdot E_a$$

zur Verfügung steht!

c) Erläutern Sie, warum endotherme Reaktionen nur beobachtet werden können, wenn die kinetische Energie des Geschossteilchens eine scharf definierte Mindestenergie E_{min} überschreitet!
Zeigen Sie, dass

$$E_{min} = \frac{m_a + m_A}{m_A} \cdot |Q|$$

wobei Q der Q-Wert der Reaktion ist!

d) Zeigen Sie durch Berechnung des Q-Werts, dass Rutherfords Reaktion $^{14}_{7}N(\alpha,p)^{17}_{8}O$ endotherm ist!

e) Berechnen Sie die kinetische Energie, die ein α-Teilchen zur Auslösung der Reaktion $^{14}_{7}N(\alpha,p)^{17}_{8}O$ mindestens besitzen muss!

122. Anwendung von Energie- und Impulssatz

Bei der Reaktion $^{3}_{1}H + ^{3}_{1}H \rightarrow ^{4}_{2}He + ^{1}_{0}n + ^{1}_{0}n$

stoßen zwei Tritonen mit je 0,5 MeV kinetischer Energie zentral und „frontal“ zusammen. Berechnen Sie die kinetischen Energien aller Reaktionsprodukte, wenn die beiden Neutronen mit dem gleichen Geschwindigkeitsbetrag in gleicher Richtung davonfliegen!

123. Anwendung von Impuls- und Energiesatz

Durch Beschuss von ruhenden $^{7}_{3}Li$-Kernen mit 40 keV Protonen entstehen 2 α-Teilchen.

a) Geben Sie die zugehörige Reaktionsgleichung an!

b) Berechnen Sie den Q-Wert der Reaktion!

c) Welchen Winkel schließen die Bahnspuren der beiden α-Teilchen ein, wenn sie die gleiche kinetische Energie besitzen?

124. Kernreaktion mit angeregtem Endkern

Bei der rutherfordschen Reaktion $^{14}_{7}N(\alpha,p)^{17}_{8}O$ trifft ein α-Teilchen mit der kinetischen Energie $E_\alpha = 3{,}9$ MeV auf einen ruhenden N14-Kern. Mit der Richtung des eingeschossenen α-Teilchens bilden die Bahnen des Sauerstoffkerns bzw. des Protons Winkel von + 13,2° bzw. – 111,8°.

Berechnen Sie die kinetische Gesamtenergie der Reaktionsprodukte:

a) aus dem Impulsdiagramm (Sinussatz anwenden!)!
b) über den Q-Wert der Reaktion!
c) Erklären Sie die unterschiedlichen Ergebnisse der Teilaufgaben a und b!

125. Reaktion mit frei werdendem γ-Quant

Ein thermisches Neutron ($E_{kin} \approx 0$) reagiert mit einem ruhenden Proton zu einem Deuteron und einem γ-Quant der Energie $E_\gamma = 2{,}23$ MeV.

a) Geben Sie die zugehörige Reaktionsgleichung an!
b) Berechnen Sie die Neutronenmasse aus der Protonenmasse m_p, der Deuteronenmasse m_D und E_γ!

126. Kernphotoeffekt

Ein γ-Quant der Energie 2,45 MeV löst bei einem ruhenden Deuteron den Kernphotoeffekt aus.

a) Geben Sie die zugehörige Reaktionsgleichung an!
b) Berechnen Sie die kinetische Gesamtenergie der Reaktionsprodukte!
c) Berechnen Sie den Winkel, den die Bahnen der Reaktionsprodukte miteinander bilden, wenn beide die gleiche kinetische Energie besitzen!

Künstliche Radioaktivität

127. Grundbegriffe

1934 untersuchte das Ehepaar Joliot u. a. die Reaktion

$$^{27}_{13}\mathrm{Al}(\alpha, n)^{30}_{15}\mathrm{P} \xrightarrow[2{,}5\ \mathrm{min}]{} {}^{30}_{14}\mathrm{Si} + {}^{0}_{1}\mathrm{e}^{+}$$

Erläutern Sie am Beispiel dieser Reaktion die Begriffe „künstliche Radioaktivität" und „Aktivierung"!

128. Strahlung der künstlichen Radioaktivität

a) Welche Strahlenarten beobachtet man bei der künstlichen Radioaktivität? Welche Unterschiede bestehen zur Strahlung der natürlichen Radioaktivität?

b) Welche Modellvorstellungen macht man sich zu einer β^--, β^+-, EC-Umwandlung? Geben Sie die entsprechenden „Zerfallsgleichungen" an!

129. Konkurrenz von β^--, β^+-, EC-Umwandlung

Wie kann man aus der Stellung eines künstlich radioaktiven Nuklids in der Nuklidkarte die Art seines Zerfalls vorhersagen? Begründen Sie Ihre Antwort!

130. EC-Umwandlung und Röntgenstrahlung

Jede EC-Umwandlung eines Radionuklids ist durch das Auftreten einer charakteristischen Röntgenstrahlung nachweisbar.

a) Erklären Sie, woher diese Röntgenstrahlung stammt!

b) Bei Cl36 beobachtet man u. a. EC-Umwandlung. Berechnen Sie die Wellenlängen der dabei auftretenden Röntgenstrahlung!

c) Manchmal emittieren Atome Elektronen, obwohl sie sich durch Elektroneneinfang umwandeln. Wie ist das zu erklären?

131. Aktivierungskurve

Setzt man eine Probe eines aktivierbaren Stoffs dem Fluss thermischer Neutronen aus, so hängt die Zahl $N_A(t)$ der zum Zeitpunkt t vorhandenen, aktivierten Kerne entsprechend

$$N_A(t) = N_S \cdot (1 - e^{-\lambda \cdot t}) \quad (*)$$

von der Aktivierungsdauer t ab.

N_S ist dabei die Sättigungszahl, die angibt, wie viele Kerne durch Aktivierung höchstens verfügbar gemacht werden können. λ ist die Zerfallskonstante des aktivierten Nuklids.

a) Warum gibt es für die Zahl der verfügbaren aktivierten Kerne die obere Grenze N_S?

b) Zeigen Sie, dass für den Zuwachs ΔN_A an aktivierten Kernen während des infinitesimal kleinen Zeitintervalls Δt gilt:
$\Delta N_A = (k - \lambda \cdot N_A) \cdot \Delta t$, k ist dabei eine Proportionalitätskonstante.

c) Leiten Sie durch Lösung der Differentialgleichung aus Teilaufgabe b die Beziehung (*) her! Beachten Sie dabei, dass Sie den Differentialgleichungstyp bereits bei der Behandlung der Einschaltvorgänge an Spulen kennengelernt haben!

d) Nach welcher Zeit ist N_S zu ca. 97 % erreicht?

132. Aktivierung von Silber

Natürliches Silber besteht zu 51,4 % aus dem Isotop Ag107 und zu 48,6 % aus Ag109. Eine Silberprobe wird bis zum Erreichen der Sättigung mit thermischen Neutronen bestrahlt. Durch die Aktivierung entstehen unter Emission von je einem γ-Quant Ag108 bzw. Ag110. Diese sind β^--Strahler mit unterschiedlichen Halbwertszeiten ($T_{Ag110} < T_{Ag108}$).

Der Wirkungsquerschnitt für den Neutroneneinfang beträgt für Ag107: $44 \cdot 10^{-24}\ cm^2$ und für Ag109 : $110 \cdot 10^{-24}\ cm^2$.

a) Stellen Sie die für die Aktivierung und den β^--Zerfall gültigen (Reaktions)gleichungen auf!

b) Zur Bestimmung der Halbwertszeiten wird unmittelbar nach der Aktivierung die Aktivität A(t) der Probe gemessen. Man erhält:

t/min	0	0,5	1,0	1,5	2,0	3,0	4,0	5,0	6,0	7,0	8,0	9,0	10
$A(t)/s^{-1}$	1344	757	479	337	258	174	127	94	70	53	40	30	22

Stellen Sie ln (A(t)) in Abhängigkeit von der Zeit t graphisch dar! Versuchen Sie, dem Diagramm möglichst genau die Halbwertszeiten T_{Ag110} und T_{Ag108} zu entnehmen!

c) T_{Ag110} konnten Sie in Teilaufgabe b nicht finden. Wie müsste die Silberprobe aktiviert werden, um T_{Ag110} dennoch durch Aktivitätsmessungen bestimmen zu können? Schätzen Sie zur Begründung Ihrer Aussage die nach 1 min Aktivierungsdauer zur Verfügung stehende Zahl von Ag108- und Ag110-Kernen ab! Verwenden Sie hierfür die Halbwertszeiten $T_{Ag108} = 2{,}4$ min; $T_{Ag110} = 25$ s.

Anwendung der Erhaltungssätze auf Kernzerfall und Paarprozesse

133. γ-Zerfall

γ-Quanten werden von Atomkernen nur im Anschluss an α- oder β-Zerfälle bzw. nach Kernreaktionen emittiert.

a) Welche Vorstellung über die Entstehung von γ-Quanten legen diese Beobachtungen nahe?

b) Mit welcher aus der Atomphysik bekannten Erscheinung lässt sich die Emission von γ-Quanten vergleichen?

134. Energieniveauschema eines γ-Zerfalls

Beim β^--Zerfall von Bi212 entsteht der angeregte Zwischenkern Po*212, der unter γ-Emission in den Grundzustand übergeht. Dabei werden u. a. folgende γ-Energien beobachtet:

$E_{\gamma_1} = 1{,}801$ MeV; $E_{\gamma_2} = 1{,}513$ MeV; $E_{\gamma_3} = 1{,}074$ MeV; $E_{\gamma_4} = 0{,}786$ MeV; $E_{\gamma_5} = 0{,}727$ MeV

Zeichnen Sie das zugehörige Energieniveauschema von Po212 und tragen Sie die entsprechenden Übergänge ein!

135. Rückstoßeffekt bei γ-Emission

Ein angeregter, ruhender Kern K* gehe durch Emission eines γ-Quants der Energie E_γ in den Grundzustand über.

a) Zeigen Sie, dass der Kern dann die kinetische Energie

$$E_{kin} = \frac{E_\gamma^2}{2 \cdot E_0} \quad (E_0 = \text{Ruheenergie von K})$$

besitzt!

b) Warum ist die Energie des emittierten γ-Quants kleiner als der Energieunterschied ΔE zwischen dem angeregten und dem Grundzustand?

c) Bei Mg24 liegt ein angeregter Zustand 2,7600 MeV über dem Grundzustand. Welche Energie besitzt das beim Übergang des Kerns in den Grundzustand emittierte γ-Quant? Verwenden Sie die Umrechnung $1\,u \cdot c^2 = 931{,}5016$ MeV!

d) Warum kann ein anderer ruhender, im Grundzustand befindlicher Mg24-Kern das nach Teilaufgabe c abgestrahlte γ-Quant nicht absorbieren?

e) Welche Energie müsste ein γ-Quant besitzen, damit es von einem ruhenden Mg24-Kern absorbiert werden kann?

136. Mößbauer-Effekt

Baut man Zn67-Kerne in ein gut gekühltes Kristallgitter ein, so absorbieren im Grundzustand befindliche Zn67-Kerne die von angeregten Zn67-Kernen emittierten γ-Quanten. Diese Resonanzabsorption lässt sich bei freien Zn67-Kernen nicht beobachten.

a) Geben Sie hierfür eine Erklärung!

b) Entfernt man den Kristall, in dem die γ-emittierenden Zn67-Kerne eingebaut sind, langsam von einem anderen Kristall, in dem sich die Absorberkerne befinden, so findet die in Teilaufgabe a beobachtete Resonanzabsorption nicht statt. Erklären Sie das!

137. Isomerie

Was versteht man in der Kernphysik unter Isomerie? Wie erklärt man dieses Phänomen?

138. Erklärung des α-Zerfalls

Ra 223 zerfällt vom Grundzustand aus unter Emission von α-Teilchen. Die energiereichsten besitzen eine kinetische Energie von 5,5 MeV.

a) Zeichnen Sie den für den α-Zerfall des Ra223-Kerns relevanten Verlauf der potentiellen Energie des α-Teilchens im Bereich $[0; 4 \cdot r_K]$ (r_K = Kernradius des Tochterkerns)! Der Boden des Potenzialtopfes liegt bei −45 MeV.

b) Wie erklärt man den α-Zerfall im Rahmen der klassischen Physik? Welche kinetische Energie hätten demnach die beim Zerfall von Ra223 frei gesetzten α-Teilchen in sehr großer Entfernung vom Kern?

c) Inwiefern ist die klassische Physik nicht in der Lage, den α-Zerfall zu erklären?

d) Stellen Sie kurz die wesentlichen Elemente der quantenmechanischen Deutung des α-Zerfalls dar!

139. Gesetz von Geiger Nutall

Geiger und Nutall entdeckten, dass die Halbwertszeit eines α-Strahlers um so kleiner ist je größer die Energie der emittierten α-Teilchen ist. Erklären Sie diese Beobachtung!

140. Energetische Voraussetzung für den α-Zerfall

a) Welche Bedingung müssen die Massen der an einem α-Zerfall beteiligten Nuklide erfüllen, damit der α-Zerfall energetisch möglich ist?

b) Zeigen Sie, dass bei Ra223 α-Zerfall prinzipiell möglich, bei Tl203 unwahrscheinlich und bei C13 unmöglich ist.

Atommassen: Ra223: 223,018526u
Rn219: 219,0092475u
Tl203: 202,9723478u
Au199: 198,9687611u

141. Kinematik des α-Zerfalls

Ein ruhender, im Grundzustand befindlicher Kern A gehe durch α-Zerfall in den Tochterkern B über. Zeigen Sie, dass die α-Teilchen dann höchstens die kinetische Energie

$$E_{kin,\alpha} = \frac{m_B}{m_B + m_\alpha} \cdot Q$$

besitzen! (m_α und m_B sind dabei die Ruhemassen des α-Teilchens und des Tochterkerns B; Q ist die Zerfallsenergie.)

142. Warum gerade He4-Kerne?

Warum werden beim natürlichen radioaktiven Zerfall keine leichteren Teilchen (Protonen, Neutronen, Deuteronen) oder schwereren Teilchen als α-Teilchen aus dem Atomkern emittiert? Warum werden gerade He4-Kerne ausgestoßen?

143. Zerfallsschema eines α-Zerfalls

Untersucht wird der aus dem Grundzustand stattfindende α-Zerfall von Bi212.

a) Geben Sie die Zerfallsgleichung an! Berechnen Sie die Zerfallsenergie Q!

b) Welche kinetische Energie besitzen bei Berücksichtigung von Rückstoßeffekten die energiereichsten α-Teilchen?

c) 27,2 % der emittierten α-Teilchen haben die in Teilaufgabe b berechnete kinetische Energie, 69,8 % besitzen die kinetische Energie 6,04 MeV.
Zeichnen Sie unter Berücksichtigung aller bisher bekannten Daten das zugehörige Zerfallsschema!

d) Erklären Sie, warum bei diesem Zerfall auch γ-Strahlung beobachtet wird. Berechnen Sie die zugehörige Wellenlänge!

e) Weiß man nicht, dass sich Bi212 im Grundzustand befindet, so kann der Zerfall auch durch ein anderes Zerfallsschema beschrieben werden. Zeichnen Sie es!
Atommassen: Bi212: 211,9912861 u
Tl208: 207,9820193 u

144. Energiespektrum beim β^--Zerfall

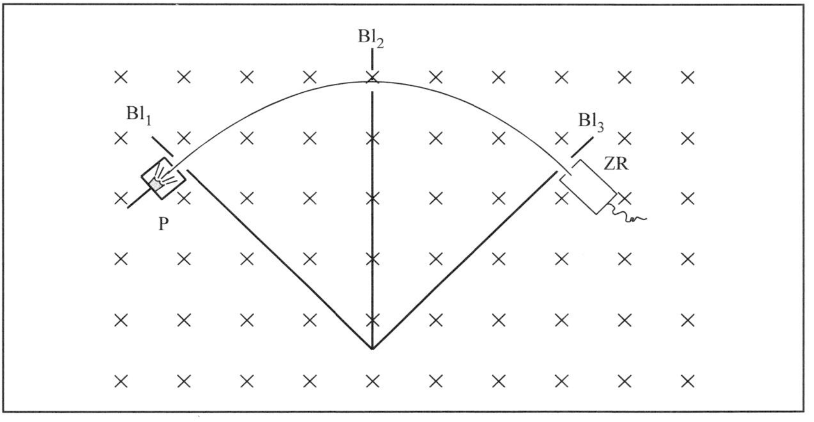

Die von einem Präparat P emittierten β^--Teilchen können nur dann ins Zählrohr ZR gelangen, wenn sie in einem homogenen Magnetfeld der Flussdichte $\vec{B}$ eine Kreisbahn vom Radius r beschrieben haben. r ist durch die Bleiblenden Bl_1, Bl_2, Bl_3 fest vorgegeben.

a) Zeigen Sie durch relativistische Rechnung, dass für die kinetische Energie E_{kin} eines vom ZR registrierten β^--Teilchens gilt:

$$E_{kin} = \sqrt{E_0{}^2 + (B \cdot e \cdot r \cdot c)^2} - E_0$$

(E_0 = Ruheenergie eines Elektrons)

b) Bei obiger Anordnung wird der Betrag B der magnetischen Flussdichte schrittweise, bei 0 beginnend, erhöht und jeweils mit dem ZR die zugehörige Zählrate gemessen. Über die Beziehung aus Teilaufgabe a lässt sich dann ein E_{kin}-Zählrate-Diagramm der β^--Teilchen erstellen.
(1) Skizzieren Sie dieses Diagramm qualitativ!
(2) Beschreiben Sie die wesentlichen Eigenschaften dieses Energiespektrums!

145. Energiespektrum beim α-Zerfall

Beim α-Zerfall von Bi212 ergibt die magnetspektrometrische Analyse der emittierten α-Teilchen fünf Gruppen mit folgenden Energien und Häufigkeiten:

Nr.	5	4	3	2	1
Energie in MeV	6,20	6,16	5,87	5,73	5,71
Häufigkeit in %	27,2	69,8	1,8	0,1	1,1

Zeichnen Sie das zugehörige Energiespektrum! Wodurch unterscheidet es sich ganz wesentlich von einem β^--Energiespektrum?

146. Probleme mit dem β^--Spektrum

a) Warum steht das β^--Energiespektrum im Widerspruch zum Energiesatz, wenn man den β^--Zerfall durch die Umwandlung eines Neutrons in ein Proton und ein Elektron im Kern erklären will?

b) Zur Klärung dieser Widersprüche nahm man an, dass beim β^--Zerfall zwei Elektronen ausgesandt werden, die zusammen die Zerfallsenergie besitzen, diese aber willkürlich unter sich verteilen. Warum ist diese Hypothese nicht haltbar?

c) Auch die Annahme, dass der Kern die überschüssige Energie durch Rückstoß aufnimmt, ist nicht haltbar. Zeigen Sie dies durch Rechnung!

d) Welche Beobachtungen zeigen, dass auch der Impulserhaltungssatz verletzt ist, wenn man die Vorstellungen aus Teilaufgabe a zugrunde legt?

e) Beschreiben Sie, wie diese Widersprüche zum Energie- und Impulserhaltungssatz beseitigt wurden!

f) Wie lauten die vollständigen Zerfallsgleichungen für eine β^--, β^+-, EC-Umwandlung?

147. Eigenschaften des Neutrinos

Nennen Sie die wichtigsten Eigenschaften des Neutrinos!

148. Energetische Voraussetzungen für eine β^--, β^+-, EC-Umwandlung

a) Geben Sie jeweils die Bedingungen an, die von den Nuklid- bzw. Atommassen der beteiligten Teilchen erfüllt werden müssen, damit eine

(1) β^--Umwandlung (2) β^+-Umwandlung (3) EC-Umwandlung möglich ist!

b) Zeigen Sie, dass bei einer EC-Umwandlung stets eine um 1,022 MeV größere Energie frei wird als beim β^+-Zerfall!

c) Ein Tochterkern ist nach Teilaufgabe b stabiler, wenn er nicht durch β^+-Zerfall, sondern durch eine EC-Umwandlung entstanden ist. Trotzdem überwiegt bei leichten Nukliden der β^+-Zerfall. Erklären Sie dies!

d) Ar39 ist instabil. Untersuchen Sie durch Rechnung, welche Zerfallsart für Ar39 in Frage kommt!

Atommassen: $^{35}_{16}S$: 34,969033 u; $^{39}_{18}Ar$: 38,964316 u; $^{39}_{19}K$: 38,963709 u; $^{39}_{17}Cl$: 38,968006 u;

149. Zerfallsschema eines β^--Zerfalls

Co60 ist ein β^--Strahler, der aus dem Grundzustand 2 Gruppen von β^--Teilchen mit den Maximalenergien $E_{max,1} = 0{,}32$ MeV und $E_{max,2} = 1{,}49$ MeV emittiert. Außerdem werden 2 γ-Quanten emittiert.
Das energiereichere hat die Energie $E\gamma = 1{,}33$ MeV.

a) Geben Sie die Zerfallsgleichung an und berechnen Sie die Zerfallsenergie Q!

b) Zeichnen Sie das Zerfallsschema und tragen Sie den Übergang ein, bei dem das 1,33 MeV γ-Quant emittiert wird!

c) Berechnen Sie die Energie des zweiten γ-Quants!

d) Warum spielen Rückstoßeffekte beim β^--Zerfall keine Rolle?
Atommassen Co60: 59,933810u; Ni60: 59,930779u

150. Paarbildung

Erläutern Sie am Beispiel eines Elektron-Positron-Paares den Begriff „Paarbildung“! Warum ist zur Erzeugung eines Elektron-Positron-Paares außer dem γ-Quant noch ein weiteres Teilchen nötig?

151. Zahlenbeispiel zur Paarbildung

Eine Nebelkammer befindet sich in einem homogenen Magnetfeld und wird der 2,620 MeV-Strahlung des ThC“ ausgesetzt.

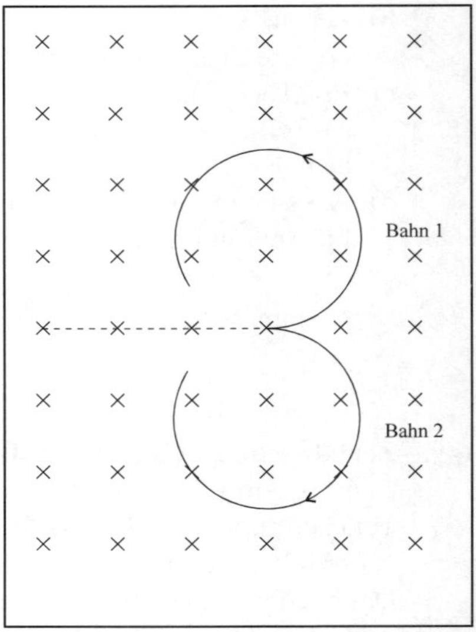

Nebenstehende Skizze zeigt die dabei beobachtete Erzeugung eines Elektron-Positron-Paares. Die in der Nebelkammeraufnahme nicht sichtbare Bahn des γ-Quants ist gestrichelt gezeichnet.

a) Welche Bahn gehört zum Positron?

b) Woran erkennt man, dass beide Teilchen die gleiche kinetische Energie besitzen? Leiten Sie die Beziehung zwischen dem Bahn-radius r, dem Betrag B der magnetischen Flussdichte, der relativistischen Energie E, der Ruheenergie E_0 und der Ladung q eines Teilchens her!

c) Zeigen Sie durch Rechnung, dass bei dieser Paarbildung ohne ein „Hilfsteilchen" der Impulserhaltungssatz verletzt ist! Berechnen Sie hierfür unter Verwendung des Energie- und des Impulserhaltungssatzes die Zahlenwerte des Elektronen- bzw. Positronen- bzw. γ-Quantimpulses und vergleichen Sie!

d) Berechnen Sie den Impuls, den das Hilfsteilchen abtransportiert! Vernachlässigen Sie hierfür die Rückstoßenergie des Hilfsteilchens!

e) Zeigen Sie, dass die Vernachlässigung der Rückstoßenergie des Hilfsteilchens zulässig ist, wenn es sich dabei um einen N14-Kern handelt!

152. Paarvernichtung

a) Erläutern Sie am Beispiel eines Elektron-Positron-Paares den Begriff „Paarvernichtung"!

b) Warum ist Einphotonen-Paarvernichtung von Elektron und Positron nur in der Nähe irgendeines dritten Teilchens möglich?

c) Ein Positron der kinetischen Energie $E_{kin,e^+} = m_0 \cdot c^2$ trifft in einer Zweiphotonen-Paarvernichtung auf ein ruhendes Elektron. Die dabei entstehenden Photonen fliegen mit unterschiedlichen Energien parallel zur Einschussrichtung des Positrons in entgegengesetzter Richtung auseinander. Berechnen Sie die Energien der beiden γ-Quanten!

Ausblick auf Kerntechnik und Elementarteilchenphysik

Die Photographie zeigt Enrico Fermi (1901–1954) während eines Spaziergangs mit Niels Bohr (1885–1962) auf der Via Appia. Fermi baute in Chicago den in der Zeichnung dargestellten ersten Kernreaktor. Am 2. Dezember 1942 lief in diesem Reaktor erstmals eine sich selbsterhaltende, gesteuerte Kettenreaktion ab.

Grundlagen der Kernspaltung, Kernfusion und Kernenergietechnik

153. Begriffsbestimmung
Was versteht man unter einer "angeregten Kernspaltung?"

154. Vielfalt der Spaltprodukte
Beim Beschuss von $^{235}_{92}U$ mit Neutronen können verschiedene Bruchkerne K_1 und K_2 entstehen, die dann über mehrere β^--Zerfälle in stabile Kerne $\overline{K}_1$, $\overline{K}_2$ übergehen; ferner wird eine bestimmte Zahl z(n) von Neutronen frei.
Geben Sie mit Hilfe der folgenden Daten jeweils die Reaktionsgleichung für die Kernspaltung und alle Zerfallsgleichungen für die anschließend stattfindenden β^--Zerfälle vollständig an!

a) K_1 = J138; K_2 = Y95; $\overline{K}_1$ und $\overline{K}_2$ entstehen jeweils durch 3 β^--Zerfälle aus K_1 und K_2.
b) $\overline{K}_1$= Zr90 und $\overline{K}_2$= Nd143 entstehen durch jeweils 4 β^--Zerfälle aus K_1 und K_2; z(n) = 3
c) $\overline{K}_1$= Ce140; z(n) = 2; $\overline{K}_1$ und $\overline{K}_2$ entstehen durch jeweils 3 β^--Zerfälle aus K_1 und K_2

155. Modellvorstellung zur Kernspaltung
a) Erläutern Sie am Beispiel von

$$^{235}_{92}U + ^{1}_{0}n \longrightarrow ^{138}_{53}J + ^{95}_{39}Y + 3\ ^{1}_{0}n$$

welche Modellvorstellungen man sich von einer angeregten Kernspaltung macht!
b) In welcher Form tritt die bei dieser Reaktion frei werdende Energie auf?

156. Spaltschwelle und Aktivierungsenergie
a) Zeigen Sie, dass die Reaktion

$$^{236}_{92}U \longrightarrow ^{90}_{36}Kr + ^{143}_{56}Ba + 3\ ^{1}_{0}n$$

exotherm ist!
Atommassen: m_A(U236) = 236,04558 u; m_A(Kr90) = 89,919603 u; m_A(Ba143) = 142,92055 u

b) Nebenstehendes Diagramm zeigt den Verlauf der potenziellen Energie des Kerns Kr90 bezüglich des Kerns Ba143 in Abhängigkeit vom Abstand r der beiden Kernschwerpunkte. Erklären Sie diesen Verlauf!

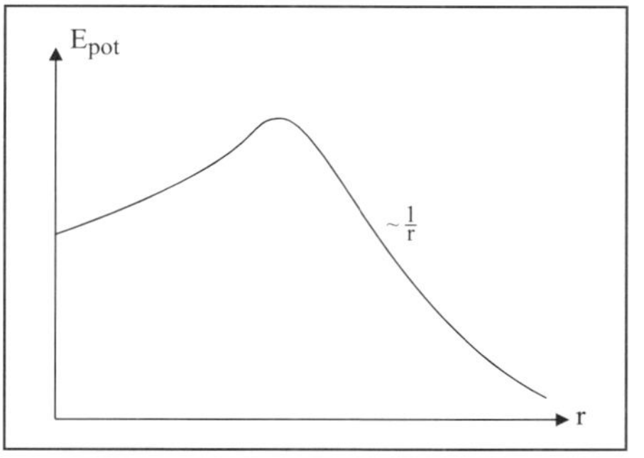

c) Trotz der Ergebnisse aus Teilaufgabe a ist U236 ein relativ stabiler Kern (α-Strahler mit einer Halbwertszeit von $2{,}34 \cdot 10^7$ a, bei dem nur gelegentlich spontane Kernspaltung zu beobachten ist). Erklären Sie, gestützt auf Ihre Erläuterungen in Teilaufgabe b, diese relative Stabilität!

d) Welche Aufgabe übernimmt das Neutron bei der Spaltung

$$^{235}_{92}\text{U} + ^{1}_{0}\text{n} \longrightarrow ^{90}_{36}\text{Kr} + ^{143}_{56}\text{Ba} + 3\ ^{1}_{0}\text{n}$$

157. Energieabschätzungen

Schätzen Sie den Betrag der bei der Kernspaltung

$$^{235}_{92}\text{U} + ^{1}_{0}\text{n} \longrightarrow ^{90}_{36}\text{Kr} + ^{143}_{56}\text{Ba} + 3\ ^{1}_{0}\text{n}$$

frei werdenden Energie ab,

a) indem Sie den Q-Wert der Reaktion berechnen!

b) indem Sie die kinetische Energie berechnen, die der Kr90- und der Ba143-Kern nur aufgrund ihrer elektrostatischen Abstoßung gewinnen können!

c) mit Hilfe der mittleren Bindungsenergie pro Nukleon der Reaktionspartner!

Atommassen: $m_A(\text{U235}) = 235{,}04394$ u; $m_A(\text{Kr90}) = 89{,}919603$ u;
$m_A(\text{Ba143}) = 142{,}92055$ u

158. Spaltneutronen

a) Erklären Sie ohne Rechnung, warum bei der Spaltung eines schweren Kerns in zwei mittelschwere Kerne Neutronen frei werden!

b) Was versteht man unter "prompten" und "verzögerten" Spaltneutronen? Welche besondere Bedeutung kommt den verzögerten Neutronen zu?

159. Spaltstoffe

Erkären Sie, warum sich U235 als Spaltstoff für die technische Nutzung der Kernspaltung eignet, U238 dagegen nicht!

160. Kettenreaktion

a) Erläutern Sie am Beispiel von U235 die Begriffe "Kettenreaktion" und "kritische Masse"!

b) Was versteht man unter einem Kernreaktor?

161. Moderation

a) Was versteht man unter einem Moderator?

b) Welche wesentlichen, allgemeinen Eigenschaften muss ein Moderator besitzen?

c) Erläutern Sie am Beispiel von U238 den Begriff "Resonanzeinfang von Neutronen"!

d) Warum werden in Uran-Reaktoren Moderatoren verwendet?

162. Zur Auslegung eines Uran-Reaktors

a) Was versteht man unter einem heterogenen bzw. einem homogenen Reaktor?

b) Aus technischen Gründen verwendet man als Moderator für einen Uran-Reaktor meist leichtes Wasser, schweres Wasser oder Graphit. Charakterisieren Sie kurz die wesentlichen Moderatoreigenschaften dieser Substanzen!

c) Wie beeinflusst die Art des Moderators bei einem heterogenen Uranreaktor die Zusammensetzung und die Menge des verwendeten Urans?

163. Steuerung und Regelung der Kettenreaktion

a) Auf welchen wesentlichen physikalischen Grundlagen beruhen Steuerung und Regelung der Kettenreaktion?

b) Beschreiben Sie kurz unter Verwendung einer geeigneten Skizze den Aufbau eines Uran-Brennelements! Inwiefern ermöglicht die Konzeption eines Brennelements bei einem wassermoderierten Reaktor Fremd- und Selbststeuerung des Reaktors?

164. Prinzipieller Aufbau eines wassermoderierten Reaktors

Beschreiben Sie auch unter Zuhilfenahme einer Prinzipskizze, aus welchen Hauptteilen ein wassermoderierter Kernreaktor aufgebaut ist und welche Aufgaben diese Hauptbestandteile erfüllen!

165. Bauprinzip von Druck- und Siedewasser-Reaktoren

Alle 1997 in Deutschland in Betrieb befindlichen Leistungsreaktoren sind Leichtwasserreaktoren, die entweder als Druck- oder als Siedewasserreaktoren konzipiert sind.

a) Fertigen Sie für jeden der beiden Reaktortypen eine Prinzipskizze an, in der auch Turbine, Generator und Kühlturm berücksichtigt werden!

b) Beschreiben Sie die wesentlichen Vor- und Nachteile der beiden Reaktortypen!

166. Die wesentlichen Sicherheitseinrichtungen bei deutschen Leichtwasserreaktoren

Ein 1000-MW-Kernkraftwerk enthält nach einjähriger Betriebszeit eine Aktivitätsmenge von insgesamt ca. $2{,}6 \cdot 10^{20}$ Bq. Beschreiben Sie die wesentlichen Maßnahmen, die bei deutschen Leichtwasserreaktoren getroffen worden sind, um diese unvorstellbar große Radioaktivitätsmenge unter allen Umständen von der Außenwelt fernzuhalten!

167. Wiederaufarbeitung

a) Nennen Sie die Gründe, die bei Kernreaktoren einen regelmäßigen Brennelementewechsel erforderlich machen!

b) Was versteht man unter der Wiederaufarbeitung von Brennelementen?

c) Welche wesentlichen Gründe sprechen für, welche gegen die Wiederaufarbeitung?

168. Endlagerung

a) Welches Hauptproblem stellt sich bei der Endlagerung radioaktiver Abfälle?

b) Wie wird in Deutschland die Endlagerung radioaktiver Abfälle gehandhabt?

169. Technische Kernfusion

Wegen ihres Wirkungsquerschnittes sind die Reaktionen

$$(R_1)\ {}^2_1H + {}^3_1H \rightarrow {}^4_2He + {}^1_0n$$

$$(R_2)\ {}^2_1H + {}^2_1H \rightarrow {}^3_1H + {}^1_1H$$

$$(R_3)\ {}^2_1H + {}^2_1H \rightarrow {}^3_2He + {}^1_0n$$

noch am ehestens für die technische Realisierung der Kernfusion geeignet.

a) Berechnen Sie die bei R_1, R_2, R_3 frei werdenden Energiebeträge!

b) Am meisten Energie wird bei R_1 freigesetzt. Für diese Reaktion werden Deuteronen aus einem Beschleuniger auf ${}^3_1H$ - Kerne geschossen, die in einem Target ruhen.
Welche kinetische Energie muss ein Deuteron mindestens besitzen, dass es R_1 auslösen kann?

c) Mit Beschleunigern erreicht man pro Sekunde höchstens 10^9 Fusionen vom Typ R_1. Welche Leistung würde dabei freigesetzt?

d) Welche Temperatur müsste ein Gasgemisch aus Deuteronen besitzen, damit die mittlere kinetische Energie seiner Teilchen den in Teilaufgabe b berechneten Wert hat?

e) Welche Energie (in kWh) würde bei einer Fusion nach R_1 aller in 1 kg Deuterium enthaltenen Kerne mit der entsprechenden Anzahl von Tritiumkernen frei?

f) Da Tritium in der Natur nur sehr beschränkt vorkommt, müsste es künstlich erzeugt werden. Da beim Beschuss von Li6 mit Neutronen Tritonen entstehen, ist es möglich, das benötigte Tritium durch die bei R_1 frei werdenden Neutronen zu erbrüten. Geben Sie die entsprechenden Reaktionsgleichungen an!

g) Beantworten Sie unter Verwendung aller bisherigen Ergebnisse:

(1) Welche Probleme ergeben sich bei der technischen Realisierung der Kernfusion?

(2) Welche Vorteile hätte die Kernfusion gegenüber der Kernspaltung?

170. Energieproduktion in Sternen

In Sternen läuft bei Temperaturen zwischen $1{,}2 \cdot 10^7$K und $1{,}7 \cdot 10^7$K der Bethe-Weizsäcker-Zyklus ab:

(1) ${}^{12}_{6}C + {}^{1}_{1}p + \rightarrow {}^{13}_{7}N + \gamma$ (2) ${}^{13}_{7}N \rightarrow {}^{13}_{6}C + {}^{0}_{1}e^{+} + \nu$

(3) ${}^{13}_{6}C + {}^{1}_{1}p \rightarrow {}^{14}_{7}N + \gamma$ (4) ${}^{14}_{7}N + {}^{1}_{1}p \rightarrow {}^{15}_{8}O + \gamma$

(5) ${}^{15}_{8}O \rightarrow {}^{15}_{7}N + {}^{0}_{1}e^{+} + \nu$ (6) ${}^{15}_{7}N + {}^{1}_{1}p \rightarrow {}^{12}_{6}C + {}^{4}_{2}He$

a) Berechnen Sie, wie viel Energie insgesamt frei wird, wenn die 6 Reaktionen nacheinander in der angegebenen Reihenfolge ablaufen!

b) Inwiefern übernimmt C12 die Rolle eines Katalysators?

c) Die Mittelpunktstemperatur unserer Sonne beträgt ca. $1{,}4 \times 10^7$ K. Berechnen Sie die zugehörige mittlere kinetische Energie der Wärmebewegung in keV!

d) Berechnen Sie die kinetische Energie in keV, die ein Proton mindestens besitzen muss, um gegen die Coulombabstoßung eines ruhenden C12-Kerns erfolgreich bis in den Wirkungsbereich der Kernkräfte vordringen zu können!

e) Nach den Ergebnissen aus den Teilaufgaben c und d ist bereits die 1. Reaktion des Zyklus unmöglich. Warum läuft sie trotzdem in unserer Sonne ab?

f) Pro m^2 und Sekunde trifft von unserer Sonne auf der Erde die Energie 1,4 kJ ein. Wie viel Masse verliert die Sonne demnach pro Sekunde durch die Fusionsprozesse?

g) 5 % der Sonnenmasse bestehen heute aus Helium. Bei ihrer „Geburt“ enthielt die Sonne kein Helium.
Berechnen Sie hieraus das Alter der Sonne, wenn ihre Strahlungsleistung während ihres gesamten bisherigen Lebens als konstant vorausgesetzt wird!

Ausblick auf die Physik der Elementarteilchen

171. Der „Zoo“ der Elementarteilchen
Zur Zeit sind mehr als hundert verschiedene Elementarteilchen bekannt. Sie lassen sich nach ihrer Masse in mehrere Gruppen unterteilen. Nennen Sie diese Gruppen und ordnen Sie die aus dem Unterricht bekannten Elementarteilchen zu!

172. Kräfte zwischen den Elementarteilchen
Nennen Sie die Kräfte, die zwischen den Elementarteilchen wirken können und charakterisieren Sie diese Kräfte nach Reichweite und Stärke!

173. Kräfte sind Wechselwirkungen
Wie erklärt man in der modernen Physik das Zustandekommen der in Aufgabe 172 genannten vier Fundamentalkräfte?

174. Quarkmodell
Was versteht man unter Quarks?
Stellen Sie kurz die wesentlichen Charakteristika des Quarkmodells vor (auf den Farbbegriff braucht nicht eingegangen zu werden!) und erläutern Sie die Bedeutung der Quarks für die Hadronen, insbesondere für die Nukleonen!

175. Die Urbausteine der Materie
Erläutern Sie, warum Leptonen und Quarks als Urbausteine der Materie bezeichnet werden!

Lösungen

1. Rutherfords Kernradius

Rutherford ging bei der Herleitung seiner Streuformel davon aus, dass der Targetkern mit dem α-Teilchen ausschließlich über die Coulombkraft wechselwirkt. Abweichungen von der Streuformel bei Verwendung energiereicher α-Teilchen deuten demnach darauf hin, dass α-Teilchen in den Bereich der Kernkräfte gelangt sind. Aus der kinetischen Energie E_{kin} der α-Teilchen, bei der zum ersten Mal merkliche Abweichungen von der Streuformel auftreten, und der Kernladung $Z \cdot e$ der Targetkerne kann man den Abstand r_K berechnen, den das α-Teilchen bei einem geraden zentralen Stoß vom Mittelpunkt des Targetkerns erreicht hat. r_K wird als Kernradius angesehen.

$$E_{kin} = \frac{1}{4 \cdot \pi \cdot \varepsilon_0} \cdot \frac{2 \cdot e \cdot Z \cdot e}{r_K} \Rightarrow r_K = \frac{1}{4 \cdot \pi \cdot \varepsilon_0} \cdot \frac{2 \cdot Z \cdot e^2}{E_{kin}}$$

2. Formel des Kernradius

a) $r_K = r_0 \cdot \sqrt[3]{A}$, wobei $r_0 = 1{,}4 \cdot 10^{-15}$ m

b) Nimmt man die Atomkerne als Kugeln vom Radius r_K an, so gilt für ihr Volumen V_K

$$V_K = \frac{4}{3} \cdot \pi \cdot {r_K}^3 \overset{a}{=} \frac{4}{3} \cdot \pi \cdot \left(r_0 \cdot \sqrt[3]{A}\right)^3 = \frac{4}{3} \cdot \pi \cdot {r_0}^3 \cdot A = \text{konst} \cdot A \Rightarrow V_K \sim A$$

c) Unter der Voraussetzung $m_{Proton} \approx m_{Neutron} := m_N = 1{,}67 \cdot 10^{-27}$ kg gilt:

$$\left.\begin{aligned} \rho_K &= \frac{m}{V} \\ m &= A \cdot m_N \\ V &= \frac{4}{3} \cdot r_K^3 \cdot \pi \end{aligned}\right\} \Rightarrow \rho_K = \frac{A \cdot m_N}{\frac{4}{3} \cdot {r_K}^3 \cdot \pi} \overset{b}{=} \frac{A \cdot m_N}{\frac{4}{3} \cdot {r_0}^3 \cdot A \cdot \pi} = \frac{3 \cdot m_N}{4 \cdot {r_0}^3 \cdot \pi} \Rightarrow$$

$$\rho_K = \frac{3 \cdot 1{,}67 \cdot 10^{-27}\ \text{kg}}{4 \cdot (1{,}4 \cdot 10^{-15}\ \text{m})^3 \cdot \pi} = 1{,}5 \cdot 10^{17}\ \frac{\text{kg}}{\text{m}^3}$$

unabhängig von der Anzahl A der Nukleonen

Hinweise:

1. Da die Dichte der Atomkerne, unabhängig von ihrer Größe, stets den gleichen Wert hat, vergleicht man Atomkerne manchmal mit Flüssigkeitstropfen. Tropfen ein und derselben Flüssigkeit haben nämlich ebenfalls, unabhängig von ihrer Größe, stets die gleiche Dichte.
2. Die Formel für den Kernradius finden Sie in der FS auf S. 60/6.5.

3. Grundlagen der Hofstadter-Experimente

a)

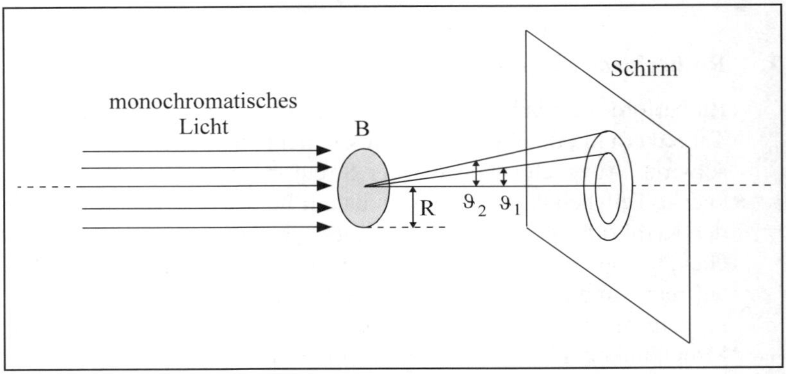

Trifft kohärentes, monochromatisches Licht der Wellenlänge λ senkrecht auf eine kreisförmige Blende B vom Radius R, so beobachtet man hinter B auf einem zu B parallelen Schirm ein System konzentrischer Interferenzringe.

Für die Winkel ϑ_k, unter denen konstruktive Interferenz k-ter Ordnung beobachtet werden kann, gilt:

$$\sin\vartheta_k = C_k \cdot \frac{\lambda}{R}$$

C_k ist dabei eine von der Interferenzordnung k abhängige reelle Zahl.

Hinweis:
Die C_k sind mit der Schulmathematik nicht berechenbar, da man für ihre Herleitung die sogenannten Besselfunktionen benötigt.
Man erhält $C_1 = 0{,}819$, $C_2 = 1{,}346$, $C_3 = 1{,}850$ und merkt sich nur $C_1 = 0{,}8$.

b) Beim hofstadterschen Streuexperiment werden hochenergetische Elektronen auf Atomkerne geschossen. Der kugelförmige Atomkern übernimmt dabei die Rolle der kreisförmigen Blende, an der dann nicht mehr Lichtwellen, sondern die den Elektronen zugeordneten de-Broglie-Wellen gebeugt werden und anschließend interferieren.

c)

$$\left.\begin{array}{l} \sin\vartheta_k = C_k \cdot \frac{\lambda}{R} \\ \sin\vartheta_k \le 1 \end{array}\right\} \Rightarrow C_k \cdot \frac{\lambda}{R} \le 1 \Rightarrow \lambda \le \frac{R}{C_k}$$

Die de-Broglie-Wellenlänge der Elektronen darf also höchstens so groß wie der Kernradius $R \approx 10^{-15}$ m sein. Diese Bedingung erfüllen nur hochenergetische Elektronen.

4. Hofstadters Kernradius

a) Aus der bekannten kinetischen Energie der Elektronen lässt sich ihre de-Broglie-Wellenlänge λ berechnen. Man misst den Winkel ϑ_1, unter dem konstruktive Interferenz 1. Ordnung stattfindet und berechnet aus

$$\sin\vartheta_1 = 0{,}8 \cdot \frac{\lambda}{R} \text{ den Kernradius } R: R = \frac{0{,}8\cdot\lambda}{\sin\vartheta_1}$$

b) Berechnung der de-Broglie-Wellenlänge λ:

$$\left.\begin{array}{l} \text{FS. S. 56/2.2.3}: \lambda = \frac{h}{p} \\ \text{FS. S. 64/2.3.4}: E^2 - c^2\cdot p^2 = E_0^2 \Rightarrow \\ \Rightarrow p = \frac{1}{c}\cdot\sqrt{E^2 - E_0^2} = \frac{1}{c}\cdot\sqrt{(E_0 + E_{kin})^2 - E_0^2} = \\ \quad = \frac{1}{c}\cdot\sqrt{2\cdot E_0\cdot E_{kin} + E_{kin}^2} \end{array}\right\} \Rightarrow$$

$$\Rightarrow \lambda = \frac{h\cdot c}{\sqrt{2\cdot E_{kin}\cdot E_0 + E_{kin}{}^2}} =$$

$$= \frac{6{,}63\cdot 10^{-34}\,\text{J}\cdot\text{s}\cdot 3\cdot 10^8\,\text{m}\cdot\text{s}^{-1}}{\sqrt{\left(2\cdot 500\cdot 10^6\cdot 0{,}511\cdot 10^6 + (500\cdot 10^6)^2\right)\cdot\left(1{,}6\cdot 10^{-19}\right)^2}\,\text{J}}$$

$$= 2{,}5\cdot 10^{-15}\,\text{m}$$

Interferenzbedingung: $\sin\vartheta_1 = 0{,}8\cdot\frac{\lambda}{R} \Rightarrow R = \frac{0{,}8\cdot\lambda}{\sin\vartheta_1}$

Also $R = \frac{0{,}8\cdot 2{,}5\cdot 10^{-15}\,\text{m}}{\sin 15{,}9°} = 7{,}3\cdot 10^{-15}\,\text{m}$

Hinweis:
Mit Aufgabe 1 und 4 haben Sie nur zwei experimentelle Verfahren zur Bestimmung des Kernradius kennengelernt. Weitere Methoden zur Bestimmung von Kernradien finden Sie in Aufgabe 24 (Kernradius aus Spiegelkernen).

5. Weitere Ergebnisse der hofstadterschen Streuexperimente

a) Elektronen „spüren" als Leptonen im Gegensatz zu α-Teilchen die Kernkräfte nicht, sie können mit dem Atomkern nur über die Coulombkraft wechselwirken. Da hochenergetische Elektronen die Atomhülle durchdringen, ohne von den Hüllenelektronen merklich beeinflusst zu werden, wird ihre Streuung somit nur durch die Ladungen im Atomkern hervorgerufen. Die Auswertung der Streudaten erlaubt daher Rückschlüsse auf die Ladungsverteilung im Kern.

b) – Die meisten Atomkerne haben Kugelgestalt, erst sehr schwere Kerne weichen davon ab.
– Im Kerninneren ist die Ladungsdichte konstant; in der Randzone sinkt sie stetig auf Null.
– Die Breite der Randzone nimmt mit der Massenzahl A zu.
– Die Ladungsdichte im Zentrum nimmt mit der Massenzahl A ab.

c)

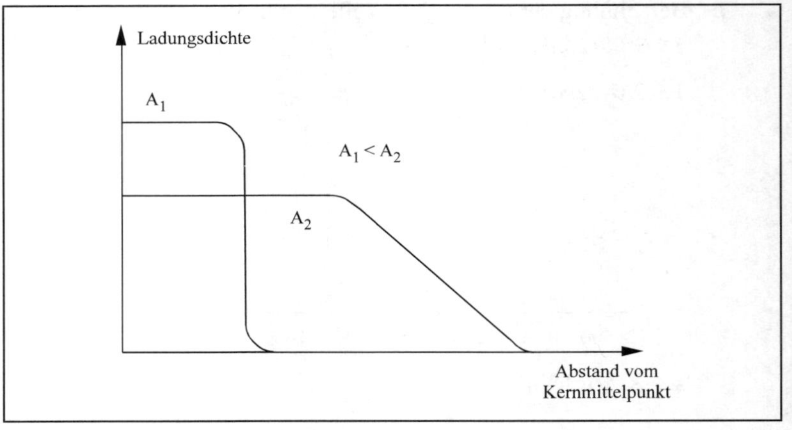

6. Existenz von Kernelektronen

a) FS. S. 60 / 6.5: $r = r_0 \cdot \sqrt[3]{A} = 1{,}4 \cdot 10^{-15}\,\text{m} \cdot \sqrt[3]{234} = 8{,}6 \cdot 10^{-15}\,\text{m}$

b) FS. S. 57/3.1: heisenbergsche Unschärferelation:

$$\Delta p \cdot \Delta r \geq \frac{h}{2 \cdot \pi} \Rightarrow \Delta p \geq \frac{h}{2 \cdot \pi \cdot \Delta r} \xRightarrow{r = \Delta r} \Delta p \geq \frac{h}{2 \cdot \pi \cdot r} =$$

$$= \frac{6{,}63 \cdot 10^{-34}\,\text{J} \cdot \text{s}}{2 \cdot \pi \cdot 8{,}6 \cdot 10^{-15}\,\text{m}} = 1{,}2 \cdot 10^{-20}\,\text{N} \cdot \text{s}$$

c) FS. S. 64/2.3.4: $E^2 - c^2 \cdot p^2 = E_0{}^2 \xRightarrow{p = \Delta p}$

$$E = \sqrt{c^2 \cdot (\Delta p)^2 + E_0{}^2} \geq$$

$$\geq \sqrt{(3 \cdot 10^8\,\text{m} \cdot \text{s}^{-1})^2 \cdot (1{,}2 \cdot 10^{-20}\,\text{N} \cdot \text{s})^2 + (0{,}511 \cdot 10^6 \cdot 1{,}6 \cdot 10^{-19}\,\text{J})^2} =$$

$$= 3{,}6 \cdot 10^{-12}\,\text{J} = 22{,}5\,\text{MeV}, \text{ also } E \geq 22{,}5\,\text{MeV}$$

d) Kernelektronen besäßen nach Teilaufgabe c mindestens die kinetische Energie $E_{kin} = E - E_0 = 22{,}5\ \text{MeV} - 0{,}511\ \text{MeV} \approx 22\ \text{MeV}$, während sie als Kernteilchen mit höchstens 9 MeV „festgehalten“ würden. Elektronen können im Kern also nicht existieren.

7. Neutronen und Protonen als Kernbausteine

a) Alle Atomkerne bestehen aus Protonen und Neutronen.

- Unter **Nukleonen** versteht man die „Bausteine“ der Atomkerne, also Protonen und Neutronen.
- Als **Kernladungszahl Z** wird die Anzahl der Protonen eines Kerns bezeichnet; Z deckt sich mit der Ordnungszahl des entsprechenden chemischen Elements im Periodensystem der Elemente.
- Als **Massenzahl A** bezeichnet man die Gesamtzahl der Nukleonen eines Kerns. A ist also gleich der Summe aus Protonenzahl Z und Neutronenzahl N: $A = Z + N$.
- Unter einem **Nuklid** versteht man die durch die Protonenzahl Z und die Neutronenzahl N eindeutig festgelegte Atomart. Kurzschreibweise: ${}^{A}_{Z}X$, X ist dabei das chemische Symbol des betreffenden Elements.

b) Nuklide mit gleicher

$$\left\{\begin{array}{l}\text{Kernladungszahl } Z\\ \text{Nukleonenzahl } A\\ \text{Neutronenzahl } N\end{array}\right\}\ \text{heißen}\ \begin{array}{l}\textbf{Isotope}\\ \textbf{Isobare}\\ \textbf{Isotone}.\end{array}$$

Sie stehen in der Nuklidkarte, also in einem N-Z-Diagramm, auf einer

$$\text{Parallelen zur}\ \left\{\begin{array}{l}\text{N - Achse}\\ \text{Winkelhalbierenden}\qquad\text{des 2. und 4. Quadranten}\\ \text{Z - Achse}\end{array}\right.$$

$$\text{Beispiel für ein}\ \left\{\begin{array}{l}\text{Isotopenpaar: FS. S. 90: } {}^{1}_{1}\text{H},\ {}^{2}_{1}\text{D}\\ \text{Isobarenpaar: FS. S. 90 / 91: } {}^{57}_{26}\text{Fe},\ {}^{57}_{27}\text{Co}\\ \text{Isotonenpaar: FS. S. 90: } {}^{13}_{6}\text{C},\ {}^{14}_{7}\text{N}\end{array}\right.$$

c) $\left.\begin{array}{l} \text{gg –} \\ \text{gu –} \\ \text{ug –} \\ \text{uu –} \end{array}\right\}$ Kerne sind Kerne mit $\left\{\begin{array}{l} \text{geradem Z und geradem N} \\ \text{geradem Z und ungeradem N} \\ \text{ungeradem Z und geradem N} \\ \text{ungeradem Z und ungeradem N} \end{array}\right.$

Diese Klassifizierung erweist sich bei Fragen nach der Stabilität eines Kerns als sinnvoll.

8. Isotopentrennung

a) *Diffusionsverfahren:* Hierbei werden gasförmige Isotopengemische durch ein Rohr gepumpt, das eine feinporige Membran enthält. Da leichtere Atome im Mittel höhere Geschwindigkeiten besitzen als schwerere, diffundieren die leichteren Atome schneller durch die Membran als die schwereren. Hinter der Membran bildet sich so eine Konzentrationserhöhung des leichteren und vor der Membran eine des schwereren Isotops aus. Durch stufenweise Wiederholung des Verfahrens kann die Trennung verbessert werden.

b) *Trennrohr nach Clusius:* Das gasförmige Isotopengemisch befindet sich in einem langen, vertikalen Rohr, das von außen gekühlt, während ein Draht in der Rohrachse elektrisch geheizt wird. Aufgrund des Temperaturanstieges von der Wand zum Draht kommt es zur Isotopentrennung: Die schnelleren leichteren Isotope sammeln sich in Drahtnähe, die schwereren, langsameren an der Rohrwand an. Das wärmere Gas des leichteren Isotops steigt dann am Heizdraht nach oben, während das kältere Gas des schwereren Isotops an der kalten Wand nach unten strömt.

c) *Gaszentrifuge:* In einer rasch rotierenden Zentrifuge (ca. 700 Umdrehungen pro Sekunde) sammeln sich die leichteren Isotope eines Gases an der Achse der Zentrifuge, während die schwereren an der Wand angereichert werden.

Hinweis:
Eine vollkommene Trennung eines Isotopengemisches gestattet ein Massenspektrograph. Die Ergiebigkeit ist jedoch sehr gering. So bräuchten übliche Massenspektrographen zur Trennung eines Mols eines Isotopengemisches rund 100 Jahre.

9. Starke Wechselwirkung

a) Diejenige Kraft, die die Nukleonen eines Kerns gegen die abstoßenden Coulombkräfte zusammenhält, wird als Kernkraft bezeichnet.

b) Kernkräfte sind

- **anziehend**. Andernfalls gäbe es wegen der Coulombabstoßung zwischen den Protonen keinen stabilen Kern.
- **ladungsunabhängig**. In sehr guter Näherung sind die Kernkräfte zwischen zwei Protonen, zwischen zwei Neutronen oder zwischen einem Proton und einem Neutron gleich groß.
- **kurzreichweitig**. Sie wirken zwischen 2 Nukleonen nur dann, wenn ihr Abstand kleiner als ca. $1{,}5 \cdot 10^{-15}$ m ist.
- **stark**. Zwischen benachbarten Protonen im Kern sind die Kernkräfte ca. 40-mal stärker als die entsprechende Coulombabstoßungskraft und ca. 10^{38}-mal stärker als die Gravitationskraft, mit der sich die Protonen anziehen.

Kernkräfte besitzen

- **Sättigungscharakter:** Jedes Nukleon kann nicht mit allen, sondern nur mit einer begrenzten Zahl der ihm nächststehenden Nukleonen in Wechselwirkung treten.
- **keinen zentralen Charakter:** Eine auf einen bewegten Massenpunkt wirkende Kraft heißt Zentralkraft, wenn ihre Wirkungslinie die ganze Zeit durch ein und denselben Punkt geht, der als Zentrum der Kraft bezeichnet wird.
- Kernkräfte treten **nur zwischen Nukleonen auf**, also z. B. nicht zwischen einem Nukleon und einem Elektron.

10. Stabilitätslinie

Jedes Proton im Atomkern wird von allen anderen Protonen über die Coulombkräfte abgestoßen, aber nur von den nächstgelegenen Nukleonen über die Kernkräfte im Kern festgehalten.
Bei großen Kernen mit viel Protonen droht so die Abstoßung die Überhand zu gewinnen.

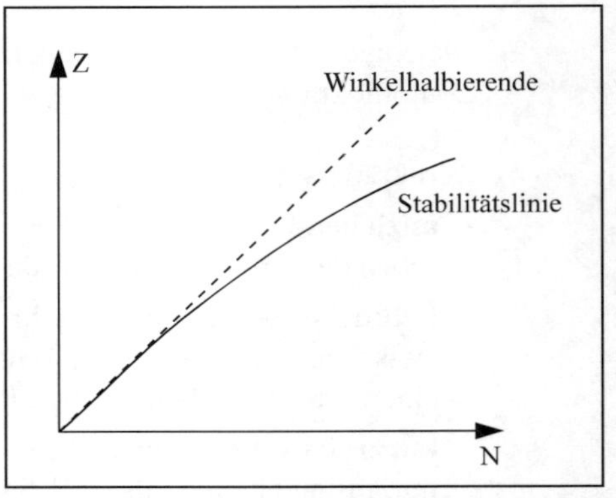

Durch den verstärkten Einbau von Neutronen wird der Abstand zwischen den Protonen vergrößert und dadurch die elektrostatische Abstoßung verringert. Daher weisen stabile Kerne mit großer Ordnungszahl mehr Neutronen auf als Protonen, die Stabilitätslinie weicht von der Winkelhalbierenden ins Neutronenüberschussgebiet ab.

11. Energien gebundener Mikroteilchen

a) Die dem Teilchen durch die Quantenmechanik zugeordnete Materiewelle kann zwischen den Wänden nur als stehende Welle, mit Knoten an den Wänden, existieren. Andernfalls würde sie sich durch Interferenz der reflektierten Wellen auslöschen.

Bedingung für stehende Welle: $n \cdot \frac{\lambda}{2} = L \Rightarrow \lambda = \frac{2 \cdot L}{n}; n = 1, 2, 3, \ldots$

$$\left.\begin{array}{l} E_{kin} = \frac{1}{2} \cdot m \cdot v^2 = \frac{m^2 \cdot v^2}{2 \cdot m} = \frac{p^2}{2 \cdot m} \\ \text{FS. S. 57 / 4.1.2: } \lambda = \frac{h}{m \cdot v} \Rightarrow p = \frac{h}{\lambda} \end{array}\right\} \Rightarrow \left.\begin{array}{l} E_{kin} = \frac{h^2}{2 \cdot m \cdot \lambda^2} \\ \text{stehende Welle: } \lambda = \frac{2 \cdot L}{n} \end{array}\right\} \Rightarrow$$

$$\Rightarrow E_{kin} = \frac{h^2}{8 \cdot m \cdot L^2} \cdot n^2; n = 1,2,3,\ldots$$

b) Die Nukleonen eines Kerns sind gebunden, in ihrer Bewegungsfreiheit also auf den kleinen Aufenthaltsbereich von 10^{-14} m bis 10^{-15} m des Kerninneren eingeengt. Vernachlässigt man die Wechselwirkungen der Nukleonen untereinander (dann ist E_{pot} = konst.) und die Dreidimensionalität des Phänomens Kern, so erfüllt jedes Nukleon die Vorgaben an das Teilchen aus Teilaufgabe a. Dann ist seine Gesamtenergie E, $E = E_{pot} + E_{kin}$ = konst. + E_{kin} wegen E_{kin} gequantelt.

12. Einteilchenmodell des Kerns

a) Modellvorstellungen:

(1) Ein Nukleon hält sich nur im Kerninneren, niemals außerhalb des Kerns auf. Die Ortskoordinaten (x_1, x_2, x_3) des Nukleons erfüllen also die drei Doppelgleichungen $-r_K < x_i < r_K$ (i = 1, 2, 3). Dabei bezeichnet r_K den Kernradius.

(2) Innerhalb des Kerns steht ein Nukleon in keinerlei Wechselwirkung mit den anderen Nukleonen, es gilt also E_{pot} = konst.

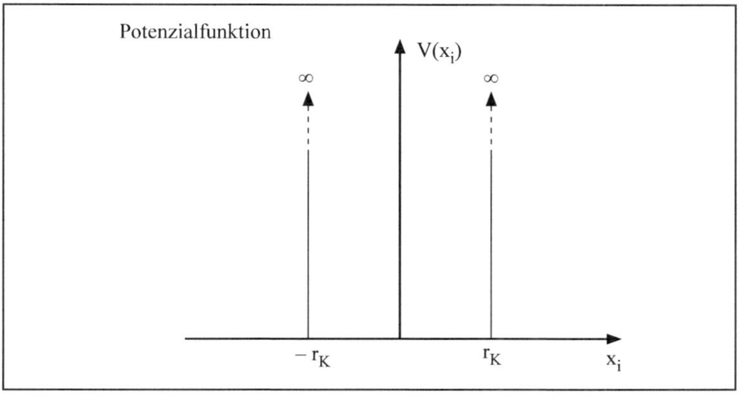

$$V(x_i) = \begin{cases} 0, \text{ für } -r_K < x_i < r_K & i = 1,2,3 \\ \infty, \text{ für } x_i \in]-\infty; -r_K] \cup [r_K; \infty[& i = 1,2,3 \end{cases}$$

Rechtfertigung der Annahmen

zu (1): Bei stabilen Kernen verlassen Nukleonen den Kern nicht.

zu (2): Da die Kernkräfte nur sehr kurze Reichweiten besitzen, tritt ein Nukleon nur mit sehr wenigen Nukleonen, nämlich seinen unmittelbaren Nachbarn, über die Kernkraft in Wechselwirkung, mit allen anderen nicht. In erster Näherung werden diese wenigen vernachlässigt.
Stöße (z. B. über Coulombwechselwirkung) mit anderen Nukleonen sind ebenfalls unmöglich: Je nachdem, ob ein Nukleon bei einem Stoß Energie gewinnt oder verliert, müsste es auf ein höheres oder tieferes Energieniveau, das i. a. aber bereits Pauli-Prinzip-mäßig besetzt ist. Daher kann das Nukleon sein Energieniveau nicht verlassen und somit sind ihm Stöße verboten.

b) Nach Aufgabe 11 gilt für eine Dimension: $E_n = \frac{h^2}{8 \cdot m \cdot L^2} \cdot n^2 ; n \in \mathbb{N}$

Also ergibt sich mit L = d für die

$$\left.\begin{aligned} \text{x-Richtung: } E_{n_x} &= \frac{h^2}{8 \cdot m \cdot d^2} \cdot n_x^2 ; n_x \in \mathbb{N} \\ \text{y-Richtung: } E_{n_y} &= \frac{h^2}{8 \cdot m \cdot d^2} \cdot n_y^2 ; n_y \in \mathbb{N} \\ \text{z-Richtung: } E_{n_z} &= \frac{h^2}{8 \cdot m \cdot d^2} \cdot n_z^2 ; n_z \in \mathbb{N} \end{aligned}\right\} \Rightarrow$$

$$\Rightarrow E_{ges} = E_{n_x} + E_{n_y} + E_{n_z} = \frac{h^2}{8 \cdot m \cdot d^2} \cdot \left(n_x^2 + n_y^2 + n_z^2\right); n_x, n_y, n_z \in \mathbb{N}$$

c) Die Nukleonen sind als Fermionen (Spin-$\frac{1}{2}$-Teilchen) dem Pauli-Prinzip unterworfen: Zwei Nukleonen dürfen also nicht in allen vier Quantenzahlen n_x, n_y, n_z, s ($s = \pm\frac{1}{2}$) übereinstimmen. Ein durch n_x, n_y, n_z festgelegtes Niveau kann demnach durch höchstens zwei Nukleonen (mit $s = +\frac{1}{2}$ bzw. $s = -\frac{1}{2}$) besetzt werden.

d) Zusätzlich zur starken Wechselwirkung unterliegen Protonen im Gegensatz zu den Neutronen noch der elektrostatischen Coulombwechselwirkung. Sie erhöht die Energie eines Protons, so dass Protonenniveaus im Potentialtopf höher liegen und außerdem weiter voneinander entfernt sind als Neutronenniveaus.
Das Einteilchenmodell trägt dem Rechnung, indem es zwei getrennte Potentialtöpfe verwendet, einen für Neutronen und einen für Protonen.

13. Fermigrenze

Nach dem Pauli-Prinzip dürfen zwei Neutronen nicht in allen vier Quantenzahlen übereinstimmen. Das tiefste Niveau $E_{1,1,1}$ kann daher mit zwei Neutronen [Quantenzahlen: $(1, 1, 1, +\frac{1}{2})$ $(1, 1, 1, -\frac{1}{2})$] besetzt werden. Das nächsthöhere Niveau kann wegen $E_{1,1,2} = E_{1,2,1} = E_{2,1,1}$ mit maximal sechs Neutronen besetzt werden
[Quantenzahlen: $(1, 1, 2, +\frac{1}{2})$, $(1, 1, 2, -\frac{1}{2})$, $(1, 2, 1, \frac{1}{2})$, $(1, 2, 1, -\frac{1}{2})$, $(2, 1, 1, \frac{1}{2})$, $(2, 1, 1, -\frac{1}{2})$]

- $n_x{}^2 + n_y{}^2 + n_z{}^2$ nimmt also für die acht Neutronen von $^{16}_{8}O$ höchstens den Wert $1^2 + 1^2 + 2^2 = 1^2 + 2^2 + 1^2 = 2^2 + 1^2 + 1^2 = 6$ an.
- Berechnung des Kerndurchmessers d:
  $d = 2 \cdot r_0 \cdot \sqrt[3]{A} = 2 \cdot 1{,}4 \cdot 10^{-15}\,\text{m} \cdot \sqrt[3]{16} = 7{,}1 \cdot 10^{-15}\,\text{m}$

$$\left.\begin{array}{l}(1): n_x^2 + n_y^2 + n_z^2 = 6\\(2): d = 7{,}1 \cdot 10^{-15}\,\text{m}\end{array}\right\} \Rightarrow E_{n_x n_y n_z} = \frac{h^2}{8 \cdot m \cdot d^2} \cdot \left(n_x{}^2 + n_y{}^2 + n_z{}^2\right) =$$

$$= \frac{(6{,}6 \cdot 10^{-34}\,\text{J} \cdot \text{s})^2}{8 \cdot 1{,}67 \cdot 10^{-27}\,\text{kg} \cdot (7{,}1 \cdot 10^{-15}\,\text{m})^2} \cdot 6 = 3{,}9 \cdot 10^{-12}\,\text{J} = 24{,}3\,\text{MeV}$$

Der Neutronentopf des Nuklids $^{16}_{8}O$ ist maximal bis zur Energie 24,3 MeV besetzt.

Hinweis:
Das nach dem Pauli-Prinzip besetzte höchste Energieniveau lässt sich allgemein nach der Vorgehensweise in Aufgabe 13 berechnen. Man erhält:

$$E_F = \frac{h^2}{8 \cdot m} \cdot \left(\frac{3 \cdot N}{\pi \cdot V}\right)^{\frac{2}{3}}$$

Dabei ist V das Volumen des Kerns und N die Zahl seiner Neutronen bzw. Protonen. Diese Grenzenergie E_F heißt Fermigrenze.

14. Potenzielle Energie von n und p

a) Proton: Für $r > r_K = r_0 \cdot \sqrt[3]{A}$ „spürt" das Proton nur die elektrostatische Coulombabstoßung durch die positive Kernladung $Z \cdot e$.
Nach FS. S. 40 gilt daher für $r > r_K$:

$$E_{pot,p}(r) = \frac{1}{4 \cdot \pi \cdot \varepsilon_0} \cdot \frac{Z \cdot e}{r} \cdot e = \frac{1}{4 \cdot \pi \cdot \varepsilon_0} \cdot \frac{Z \cdot e^2}{r}$$

Am Kernrand bei $r = r_K$ wird die starke Wechselwirkung wirksam. Sie zieht das Proton mit ungeheuerer Gewalt in den Kern, so dass die potenzielle Energie steil abfällt. Das Proton befindet sich im Potentialtopf und die in Aufgabe 12 besprochenen Verhältnisse treffen zu. Im Gegensatz zu Aufgabe 12 befindet sich der Topfboden allerdings nicht mehr, wie dort willkürlich angenommen, bei $E = 0$, sondern um $E_F + E_S$ unterhalb des Nullniveaus. Dabei bezeichnet E_F die Fermigrenze und E_S die Separationsenergie, also die für die Abspaltung eines einzelnen Nukleons benötigte Energie.

b) Da ein Neutron als ungeladenes Teilchen die Coulombabstoßung nicht „spürt", gilt für $r > r_K$: $E_{pot,n}(r) = 0$

Für $r \leq r_K$ gelten alle in Teilaufgabe a für $r \leq r_K$ gemachten Aussagen sinngemäß, mit dem Unterschied, dass der Topfboden des Neutronentopfes wegen der fehlenden Coulombabstoßung um E_C tiefer als der Protonentopfboden liegt.

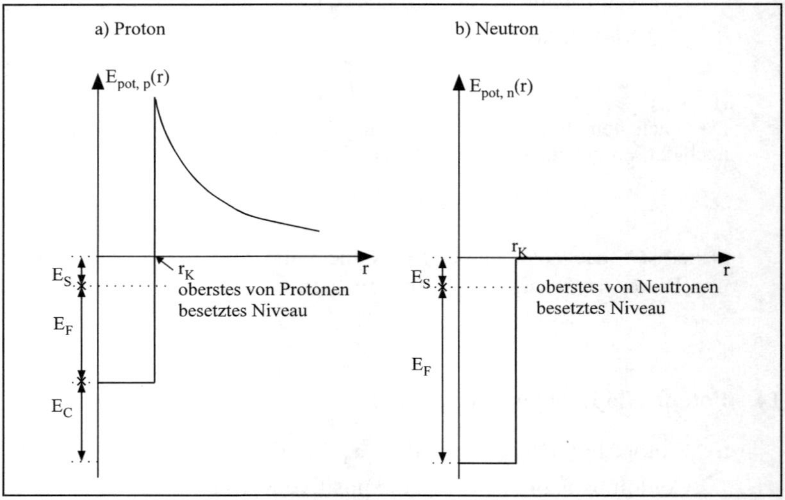

15. Anregung von Kernen

Unter Kernanregung versteht man den Vorgang, bei dem durch Energiezufuhr ein oder auch mehrere Nukleonen von einem tieferen Energieniveau in ein unbesetztes oder nur teilweise besetztes höheres Energieniveau gehoben werden. Ein Anregungszustand heißt gebunden, wenn der Kern hieraus durch γ-Quanten-Emission in den Grundzustand übergeht, zerfällt er hieraus durch Emission von Nukleonen oder dergleichen, so heißt der Anregungszustand virtuell.
Anregung von Kernen ist durch Beschuss mit energiereichen Teilchen (z. B. Protonen, Deuteronen, α-Teilchen) oder γ-Quanten möglich.

16. Auffinden eines Energieniveauschemas

Berechnung der zugehörigen Energiewerte:

$$E_1 = \frac{h \cdot c}{\lambda_1} = \frac{6{,}63 \cdot 10^{-34}\,\mathrm{J \cdot s} \cdot 3 \cdot 10^{8}\,\mathrm{m \cdot s^{-1}}}{5{,}201 \cdot 10^{-12}\,\mathrm{m}} = 3{,}82 \cdot 10^{-14}\,\mathrm{J} = 239{,}0\,\mathrm{keV}$$

$$E_2 = \frac{h \cdot c}{\lambda_2} = \frac{6{,}63 \cdot 10^{-34}\,\mathrm{J \cdot s} \cdot 3 \cdot 10^{8}\,\mathrm{m \cdot s^{-1}}}{4{,}875 \cdot 10^{-12}\,\mathrm{m}} = 4{,}08 \cdot 10^{-14}\,\mathrm{J} = 255{,}0\,\mathrm{keV}$$

$$E_3 = \frac{h \cdot c}{\lambda_3} = \frac{6{,}63 \cdot 10^{-34}\,\mathrm{J \cdot s} \cdot 3 \cdot 10^{8}\,\mathrm{m \cdot s^{-1}}}{4{,}243 \cdot 10^{-12}\,\mathrm{m}} = 4{,}69 \cdot 10^{-14}\,\mathrm{J} = 293{,}0\,\mathrm{keV}$$

$$E_4 = \frac{h \cdot c}{\lambda_4} = \frac{6{,}63 \cdot 10^{-34}\,\mathrm{J \cdot s} \cdot 3 \cdot 10^{8}\,\mathrm{m \cdot s^{-1}}}{3{,}552 \cdot 10^{-12}\,\mathrm{m}} = 5{,}60 \cdot 10^{-14}\,\mathrm{J} = 350{,}0\,\mathrm{keV}$$

$$E_5 = \frac{h \cdot c}{\lambda_5} = \frac{6{,}63 \cdot 10^{-34}\,\mathrm{J \cdot s} \cdot 3 \cdot 10^{8}\,\mathrm{m \cdot s^{-1}}}{3{,}396 \cdot 10^{-12}\,\mathrm{m}} = 5{,}86 \cdot 10^{-14}\,\mathrm{J} = 366{,}1\,\mathrm{keV}$$

$$E_6 = \frac{h \cdot c}{\lambda_6} = \frac{6{,}63 \cdot 10^{-34}\,\mathrm{J \cdot s} \cdot 3 \cdot 10^{8}\,\mathrm{m \cdot s^{-1}}}{3{,}077 \cdot 10^{-12}\,\mathrm{m}} = 6{,}46 \cdot 10^{-14}\,\mathrm{J} = 404{,}0\,\mathrm{keV}$$

Es gilt: $E_6 - E_3 = (404{,}0 - 293{,}0)\,\mathrm{keV} = 111{,}0\,\mathrm{keV}$
$E_5 - E_2 = (366{,}1 - 255{,}0)\,\mathrm{keV} = 111{,}1\,\mathrm{keV}$
$E_4 - E_1 = (350{,}0 - 239{,}0)\,\mathrm{keV} = 111{,}0\,\mathrm{keV}$

Nach dem Hinweis beträgt der Abstand zwischen dem Grundzustand und dem 1. Niveau 111 keV und man erhält nebenstehendes Energieniveauschema:

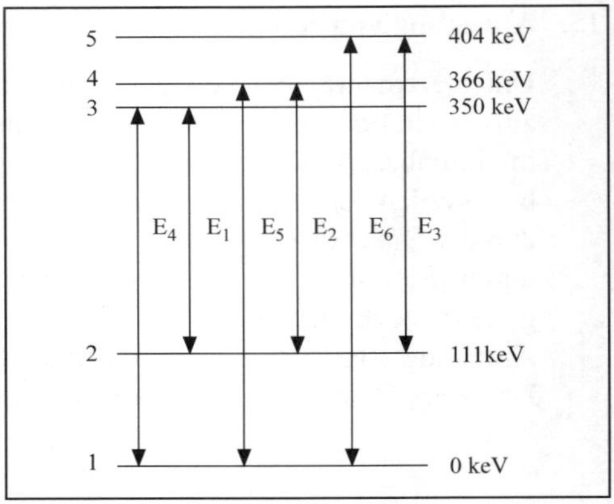

17. „Franck-Hertz-Versuch" am Kern

Aufgabe 1

a) Die Elektronen führen mit den Heliumatomen entweder elastische oder unelastische Stöße aus. Bei einem elastischen Stoß verlieren sie wegen ihrer kleinen Masse keine Energie („Ball-gegen-die-Wand-Effekt") und treten dann mit einer kinetischen Energie von 50 eV in den Detektor ein (Maximum bei 50 eV). Bei einem unelastischen Stoß verlieren sie gerade so viel an Energie, wie die He-Atome an Energie aufnehmen. Da die He-Atome aber nur ganz bestimmte, diskrete Energieportionen aufnehmen können, können die Elektronen nur ganz bestimmte diskrete Energieportionen abgeben.
Maximum bei 28,8 eV: Elektronen geben (50,0 – 28,8) eV = 21,2 eV ab.
Maximum bei 27,2 eV: Elektronen geben (50,0 – 27,2) eV = 22,8 eV ab.
Maximum bei 26,4 eV: Elektronen geben (50,0 – 26,4) eV = 23,6 eV ab.

b) Eine Energie von mehr als (50,0 – 25,5) eV = 24,5 eV reicht aus, das Heliumatom einfach zu ionisieren. Da freie Elektronen jeden beliebigen Energiebetrag aufnehmen können, ist für $E_{kin} <$ 25,5 eV kein diskretes Linienspektrum, sondern nur noch ein Kontinuum zu beobachten.

c)

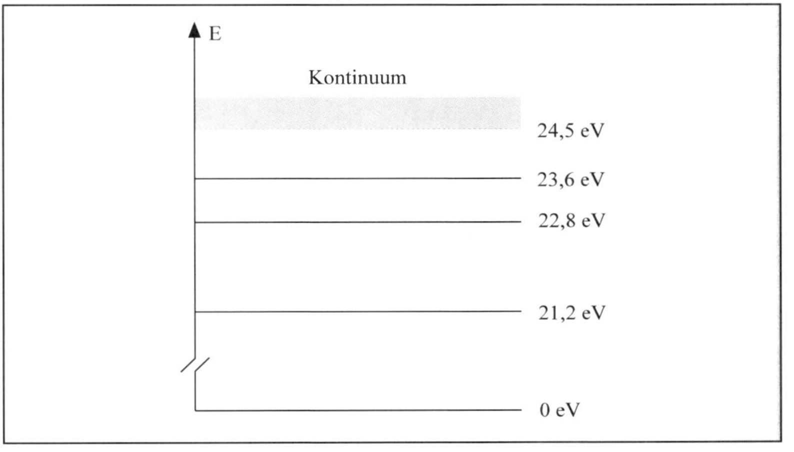

Aufgabe 2

a) *Elektronenquelle:* wird durch einen Beschleuniger ersetzt, der einen Protonenstrahl mit wohldefinierter Energie erzeugt.

verdünntes Heliumgas: wird durch ein dünnes Target ersetzt, also durch eine mit Fe 58 angereicherte Eisenfolie.

Wienfilter: wird durch ein Magnetspektrometer ersetzt. Das ist eine Kombination von Ablenkmagneten, Spalten und Detektoren, die die Messung des Impulses und damit auch der Energie der um den Winkel Θ gestreuten Protonen ermöglicht.

Zählrohr: Könnte prinzipiell beibehalten oder durch Kernemulsionsplatten ersetzt werden.

Versuchsanordnung

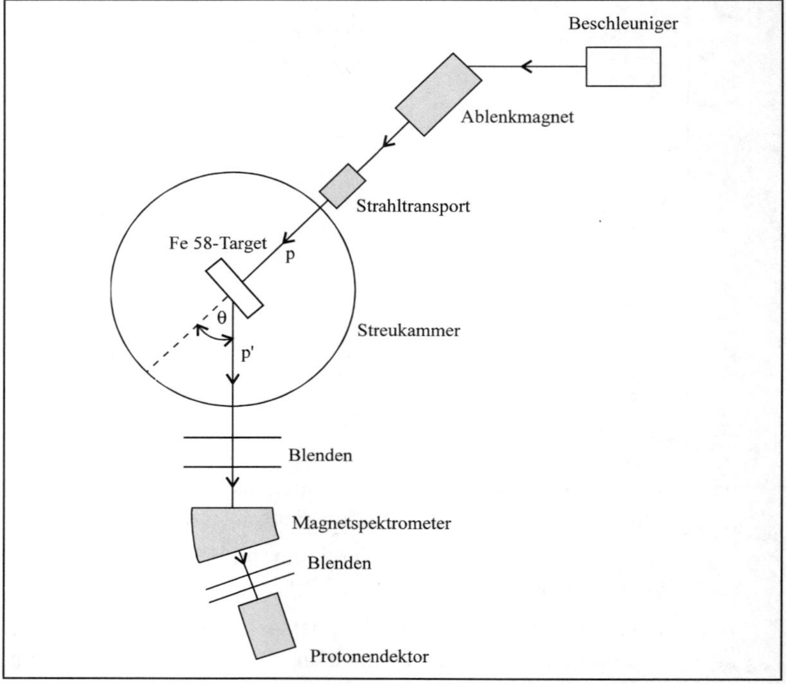

Ein Beschleuniger erzeugt einen Protonenstrahl wohldefinierter Energie. Der Impuls des Strahls wird gemessen und der Strahl in eine Streukammer weitergeleitet, wo er auf ein dünnes Fe 58-Target trifft.
Der Impuls und damit auch die Energie der um den Winkel Θ gestreuten Protonen werden mit einem Magnetspektrometer bestimmt.

b) Das Proton hat an den Kern die Energie $E_p - E_p'$ abgegeben. Da der Kern aber einen Rückstoß erfährt, muss seine Rückstoßenergie E_K noch von $E_p - E_p'$ abgezogen werden, um die Energie zu erhalten, mit der ein Niveau des Kerns angeregt wird. Zur Anregung steht also die Energie $(E_p - E_p') - E_k$ zur Verfügung. Die Rückstoßenergie kann beim Elektronenstoß mit dem Heliumatom unberücksichtigt bleiben, da die Masse des Elektrons ca. $4{,}0\ u : 5{,}5 \cdot 10^{-4}\ u = 7{,}3 \cdot 10^3$, also 7300-mal kleiner als die Masse des Heliumatoms ist.

c) Anstelle von Protonen kann man auch Elektronen, Gammaquanten, Deuteronen etc. verwenden.

d)

Energie des gestreuten Protons	zugehörige Anregungsenergie
$E_1' = 6{,}63$ MeV	$(7{,}035 - 6{,}63 - 0{,}405)$ MeV $= 0$ MeV
$E_2' = 5{,}85$ MeV	$(7{,}035 - 5{,}85 - 0{,}405)$ MeV $= 0{,}78$ MeV
$E_3' = 5{,}02$ MeV	$(7{,}035 - 5{,}02 - 0{,}405)$ MeV $= 1{,}61$ MeV
$E_4' = 4{,}56$ MeV	$(7{,}035 - 4{,}56 - 0{,}405)$ MeV $= 2{,}07$ MeV

E_1' gehört also zur elastischen Streuung

Energieniveauschema:

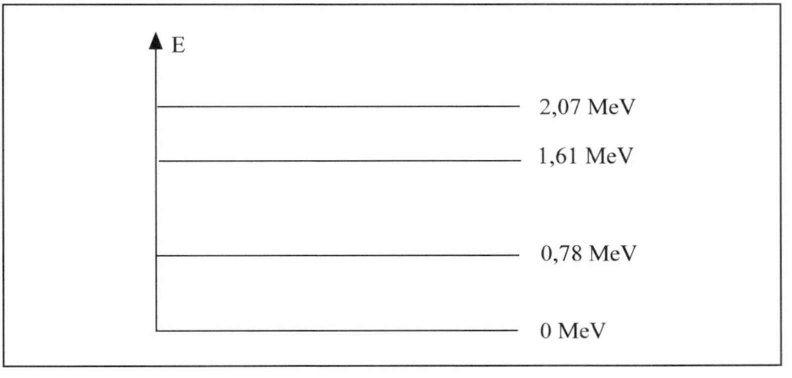

18. Massendefekt

a) Die Masse eines Atomkerns ist stets kleiner als die Summe der Massen seiner Nukleonen. Die entsprechende Massendifferenz Δm bezeichnet man als Massendefekt.

b) Bezeichnen m_p, m_n und m_K die Massen eines Protons, eines Neutrons und eines Kerns ${}^A_Z X$, so gilt für den Massendefekt Δm:

$$\Delta m = Z \cdot m_p + (A - Z) \cdot m_n - m_K$$

c) Bei der Bindung der ursprünglich freien Nukleonen im Kern wird die Energie ΔE frei. Der Massendefekt Δm entspricht gemäß der einsteinschen Äquivalenz von Energie und Masse, $E = m \cdot c^2$, gerade ΔE. Es gilt also: $\Delta E = \Delta m \cdot c^2$

19. Atomare Masseneinheit

a) Die atomare Masseneinheit 1u ist $\frac{1}{12}$ der Masse des Atoms des Kohlenstoffisotops C12. Nach FS. S. 75 gilt: $1u = 1{,}660540 \quad 10^{-27}$ kg

b) $A_r = \frac{\text{Masse eines Atoms}}{\text{atomare Masseneinheit}} = \frac{m_{\text{Atom}}}{u}$

Für C12 ist wegen dieser Definition A_r (C12) = 12.

Die relativen Atommassen aller anderen Elemente sind nicht ganzzahlig.

c) Wegen $E = m \cdot c^2$ entspricht der Masse 1u die Energie E_u

$$E_u = 1u \cdot c^2 = 1{,}660540 \cdot 10^{-27}\,\text{kg} \cdot (2{,}99792458 \cdot 10^8\,\tfrac{\text{m}}{\text{s}})^2 =$$

$$= 1{,}4924 \cdot 10^{-10}\,\text{J} = \frac{1{,}4924 \cdot 10^{-10}}{1{,}6022 \cdot 10^{-19}}\,\text{eV} = 931{,}49\,\text{MeV}$$

(vgl. FS. S. 75 / 2.4.3)

Hinweis:

(1) Ein Vorteil bei der Verwendung der Einheit u besteht darin, dass die Zehnerpotenzen verschwinden und „anschauliche Atommassen“ entstehen.

(2) Die im Periodensystem der Elemente (FS. S. 86) angegebenen relativen Atommassen sind für die Kernphysik i. a. unbrauchbar, da dort nur die mittlere relative Atommasse eines Gemisches der in der Natur vorkommenden Isotope des betreffenden Elements aufgeführt wird.

20. Atommasse, Kernmasse, Nuklidmasse

a) Die Masse m_A eines neutralen Atoms wird als Atommasse bezeichnet. Unter der Kernmasse m_K versteht man die Masse eines von allen Hüllenelektronen befreiten, „nackten“ Atomkerns.
Zieht man von der Masse m_A eines neutralen Atoms die Masse all seiner Elektronen ab, so erhält man die Nuklidmasse m_N.

b) Kernmasse/Atommasse:
$m_K = m_A - Z \cdot m_e + \frac{E_B}{c^2}$, E_B bezeichnet dabei die gesamte Bindungsenergie der Elektronenhülle, also den Energiebetrag, der notwendig ist, um alle Elektronen vom Kern abzulösen.

Nuklidmasse/Atommasse:
$m_N = m_A - Z \cdot m_e$

c) „Nackte“ Atomkerne kommen in der Natur nicht vor und lassen sich (außer bei den leichtesten Elementen) nur unter großem technischen Aufwand künstlich herstellen. Entsprechend aufwendig wäre die direkte experimentelle Bestimmung der Kernmasse. Dagegen lassen sich Atommassen relativ einfach mit hoher Präzision messen. (vgl. Hinweis 1)

Hinweise:

1. Zur Bestimmung der Atommasse misst man mit einem Massenspektrometer mit höchster Präzision z. B. die Masse einfach positiv geladener Ionen des betreffenden Isotops, addiert zu diesem Wert die genau bekannte Ruhemasse eines Elektrons und subtrahiert die genau bekannte durch c^2 dividierte Ionsierungsenergie des Isotops.
2. Der Wert der in Teilaufgabe b vorkommenden Bindungsenergie E_B der Elektronenhülle lässt sich, außer bei den leichten Elementen, experimentell praktisch nicht bestimmen und kann nur durch theoretische Berechnungen gefunden werden. Für einige chemische Elemente sind diese Werte in der FS. S. 89./T17 aufgeführt.
   Dieser Tabelle entnimmt man, dass die der Bindungsenergie E_B der Elektronenhülle entsprechenden Masse je nach Kernladungszahl Z Werte von $0{,}8 \cdot 10^{-6}$u (für Z = 5) bis $876 \cdot 10^{-6}$u (für Z = 105) annehmen kann. Man kann also in guter Näherung für leichte Kerne statt der Kernmasse die einfach zu berechnende Nuklidmasse verwenden. Bei schwereren chemischen Elementen dagegen unterscheidet sich die oft auf 7 oder mehr Dezimalstellen angegebene Nuklidmasse deutlich von der Kernmasse.

21. Massendefekt eines α-Teilchens

a) $(\Delta m)_\alpha = 2 \cdot m_p + 2 \cdot m_n - m_K =$
$= 2 \cdot 1{,}0072766u + 2 \cdot 1{,}008665u - 4{,}0015065u = 0{,}0303767u$

b) $(\Delta m)_\alpha = 2 \cdot m_p + 2 \cdot m_n - m_N =$
$= 2 \cdot 1{,}0072766u + 2 \cdot 1{,}008665u - 4{,}0015064u = 0{,}0303768u$

c) Ersetzt man im Ansatz von Teilaufgabe b die Nuklidmasse m_N durch die Atommasse m_A, so sind die Elektronenmassen mit zu berücksichtigen! Dies geschieht, in dem man anstelle der Protonenmasse m_p die Atommasse m_H des Wasserstoffatoms verwendet:
$(\Delta m)_\alpha = 2 \cdot m_H + 2 \cdot m_n - m_A =$
$= 2 \cdot 1{,}00782522u + 2 \cdot 1{,}008665u - 4{,}0026036u = 0{,}0303768u$

d) Beim Ansatz von Teilaufgabe b bleibt die gesamte Bindungsenergie E_B der Elektronenhülle des Heliumatoms unberücksichtigt. (Das sind etwa 78 eV.)
Beim Ansatz von Teilaufgabe c wird durch Verwendung der Atommasse des Wasserstoffatoms zwar die Bindungsenergie eines Elektrons im Wasserstoffatom berücksichtigt. (Das sind etwa 13,6 eV.) Das Doppelte dieses Wertes (2 · 13,6 eV = 27,2 eV) entspricht aber nicht dem Wert 78 eV der Bindungsenergie in der Elektronenhülle des Heliumatoms.
Zu den vernachlässigten Energien 78 eV bzw. 78 eV – 27,2 eV = 50,8 eV gehören mit

$$\frac{78\,\text{eV}}{931{,}49\,\text{MeV}}\,u = 8{,}4 \cdot 10^{-8}\,u \quad \text{bzw.} \quad \frac{50{,}8\,\text{eV}}{931{,}49\,\text{MeV}}\,u = 5{,}5 \cdot 10^{-8}\,u$$

sehr kleine, ebenfalls vernachlässigbare Massenwerte!

22. Bindungsenergie

a) Derjenige Energiebetrag, der einem Kern zugeführt werden muss, damit er in seine Nukleonen zerlegt werden kann, heißt Bindungsenergie eines Kerns.
Oder: Derjenige Energiebetrag, der beim Zusammenbau eines Kerns aus seinen einzelnen Nukleonen frei wird, der also seinem Massendefekt äquivalent ist, heißt Bindungsenergie des Kerns.

$$B = \Delta m \cdot c^2 = \left[Z \cdot m_p + (A - Z) \cdot m_n - m_K\right] \cdot c^2$$

b) Bezeichnet B die Bindungsenergie eines Kerns und A die Massenzahl des Nuklids, so versteht man unter der mittleren Bindungsenergie pro Nukleon den Quotienten $\frac{B}{A}$.

c) $B_\alpha = (2 \cdot m_p + 2 \cdot m_n - m_K(\alpha)) \cdot c^2 =$

$= (2 \cdot 1{,}007277u + 2 \cdot 1{,}008665u - 4{,}0015065u) \cdot c^2 =$

$= 0{,}0303775u \cdot c^2 = 0{,}0303775 \cdot 931{,}49\ \text{MeV} = 28{,}296\ \text{MeV}$

Mittlere Bindungsenergie pro Nukleon: $\frac{B_\alpha}{4} = \frac{28{,}296}{4}\ \text{MeV} = 7{,}074\ \text{MeV}$

Hinweis:
$\frac{B}{A}$ ist eine „sehr theoretische" Größe. Da die Nukleonen im Potentialtopf auf verschiedenen Niveaus sitzen, kann man mit $\frac{B}{A}$ keineswegs eine Aussage darüber machen, wie stark ein „bestimmtes" Nukleon gebunden ist. Vgl. Aufgabe 23.

23. Separationsenergie

a) $\frac{E'_B}{c^2} = m_K({}^{19}_{9}F) + m_p - m_K({}^{20}_{10}Ne) \overset{(FS.\,S.\,90)}{=}$

$= 18{,}9934702u + 1{,}0072766u - 19{,}9869582u = 0{,}0137886u \Rightarrow$

$\Rightarrow E'_B = 0{,}0137886 \cdot 931{,}49\ \text{MeV} = 12{,}844\ \text{MeV}$

$\frac{\overline{E_B}}{c^2} = \frac{\left(10 \cdot m_p + 10 \cdot m_n - m_K({}^{20}_{10}Ne)\right)}{20} =$

$= \frac{10 \cdot 1{,}0072766u + 10 \cdot 1{,}008665u - 19{,}9869582u}{20} = 0{,}00862289u \Rightarrow$

$\Rightarrow \overline{E_B} = 0{,}00862289 \cdot 931{,}49\ \text{MeV} = 8{,}032\ \text{MeV}$

b) Man erwartet $E'_B < \overline{E_B}$, da das zuletzt gebundene Proton im Protonentopf nur noch „ganz oben einen freien Platz findet". Die beim Einbau frei werdende Energie E'_B müsste also kleiner sein, als der Durchschnitt $\overline{E_B}$ aller Energien, die beim Einbau der „weiter unten im Topf untergebrachten" Protonen frei geworden ist.
$\overline{E_B} < E'_B$ weist darauf hin, dass ${}^{20}_{10}Ne$ als gg-Kern besonders stabil ist, was nur im Rahmen des Schalenmodells des Kerns zu erklären ist.

Hinweis:
E'_B ist die Energie, die erforderlich ist, um ein Proton aus dem Kern des Ne20 abzutrennen. Man nennt E'_B daher auch Separationsenergie. In der Atomphysik entspricht ihr die Ionisierungsenergie.

24. Kernradius aus Spiegelkernen

a) Spiegelkerne sind Kernpaare, bei denen Protonen- und Neutronenzahlen vertauscht sind:

	Z	A – Z
${}^{11}_{5}B$:	5	6
${}^{11}_{6}C$:	6	5

Durch „Spiegelung" an der Trennlinie zwischen Z und A – Z geht ${}^{11}_{5}B$ über in ${}^{11}_{6}C$ und umgekehrt.

b) Spiegelkerne besitzen die gleiche Anzahl von Nukleonen und daher den gleichen Kernradius; ferner sind die anziehenden Kernkräfte ladungsunabhängig. Unterschiedliche starke Bindungen können daher nur durch die unterschiedlichen Coulombabstoßungen aufgrund unterschiedlicher Protonenzahlen entstehen.

c) E (B11) bzw E (C11) bezeichne die elektrostatischen Eigenenergien, B (B11) bzw. B (C11) die Beträge der Bindungsenergien der zu untersuchenden Spiegelkerne und R den gemeinsamen Kernradius.
Dann gilt mit Teilaufgabe b:

$$E(C11) - E(B11) = B(B11) - B(C11).$$

$$E(C11)-E(B11)=\frac{3}{5}\cdot\frac{e^2}{4\cdot\pi\cdot\varepsilon_0\cdot R}\cdot\left[6\cdot(6-1)-5\cdot(5-1)\right]=\frac{3}{2}\cdot\frac{e^2}{\pi\cdot\varepsilon_0\cdot R}$$

$$\begin{aligned}B(B11)-B(C11) &= \\ &=[5\cdot m_H+6\cdot m_n-m_A(B11)]\cdot c^2-[6\cdot m_H+5\cdot m_n-m_A(C11)]\cdot c^2 \\ &=[m_n-m_H+m_A(C11)-m_A(B11)]\cdot c^2 \qquad \text{(Definition von B)}\end{aligned}$$

$$\Rightarrow \frac{3}{2}\cdot\frac{e^2}{\pi\cdot\varepsilon_0\cdot R}=[m_n-m_H+m_A(C11)-m_A(B11)]\cdot c^2$$

$$\Rightarrow \qquad R=\frac{3\cdot e^2}{2\cdot\pi\cdot\varepsilon_0\cdot c^2\cdot[m_n-m_H+m_A(C11)-m_A(B11)]};$$

$$m_n - m_H + m_A(C11) - m_A(B11) =$$
$$= (1{,}008665 - 1{,}00782522 + 11{,}011434 - 11{,}0093051) \cdot u$$
$$= 4{,}93 \cdot 10^{-30}\ kg$$

$$\frac{3 \cdot e^2}{2 \cdot \pi \cdot \varepsilon_0 \cdot c^2} = \frac{3 \cdot (1{,}6 \cdot 10^{-19}\ C)^2}{2 \cdot \pi \cdot 8{,}85 \cdot 10^{-12}\ C \cdot V^{-1} \cdot m^{-1} (3 \cdot 10^8\ m \cdot s^{-1})^2}$$
$$= 1{,}53 \cdot 10^{-44}\ J \cdot s^2 \cdot m^{-1}$$

$$\Rightarrow \qquad R = \frac{1{,}53 \cdot 10^{-44}\ J \cdot s^2 \cdot m^{-1}}{4{,}93 \cdot 10^{-30}\ kg} = 3{,}10 \cdot 10^{-15}\ m$$

25. Diskussion der $A - \left|\frac{B}{A}\right|$ – Kurve

a) Mit wachsender Nukleonenzahl nimmt auch die durch die Kernkräfte bedingte Anziehung zwischen den Nukleonen zu. Die Stabilität der Kerne wächst, die mittlere Bindungsenergie pro Nukleon nimmt zu. Dies gilt etwa bis zur Nukleonenzahl A = 60. Da die Kernkräfte nur kurzreichweitig sind und Sättigungscharakter besitzen, gewinnt von da ab mit zunehmender Protonenzahl die abstoßende Coulombkraft immer mehr an Bedeutung und die Stabilität nimmt wieder ab.

b) Modelle für den Atomkern zeigen, dass die Struktur der Energieniveaus der Nukleonen des Kerns ähnlich wie die der Elektronen der Atomhülle Schalencharakter hat. Danach sind Kerne, bei denen Z oder (A – Z) 2, 8, 20, 28, 50, 82, ... betragen im Vergleich zu benachbarten Kernen besonders stabil, da hier Kernschalen vollständig aufgefüllt sind. Die lokalen Maxima gehören zu solchen vollständig aufgefüllten Schalen.

c) Bei beiden Reaktionen geht ein System, nämlich eine bestimmte Anzahl von Nukleonen, nach dem Diagramm von einem weniger stabilen in einen stabileren Zustand über. Das System senkt also seine Energie ab. Dieser „Energieabsenkungsbetrag“ wird vom System nach außen abgegeben. Bezeichnet ΔE den Betrag der frei werdenden Energie, so gilt für

(R_1): $\Delta E = 240 \cdot (8{,}5\ MeV - 7{,}5\ MeV) = 240\ MeV$

(R_2): $\Delta E = 4 \cdot (7{,}1\ MeV - 2{,}8\ MeV) = 17{,}2\ MeV$

d) Alle Systeme, also auch der Atomkern, streben stets den Zustand größter Stabilität an. Nach dem Diagramm liegt dieser stabilste Zustand für Kerne dann vor, wenn A = 60, also etwa bei der Massenzahl für Eisen.

26. Nachweisprinzip bei radioaktiver Strahlung

Radioaktive Strahlen
- ionisieren Atome in Gasen, Flüssigkeiten und Festkörpern
- schwärzen Photoplatten
- rufen bei gewissen Substanzen Szintillationen (Lichtemissionen) hervor.

27. „Kennlinie einer Ionisationskammer"

a) Die nebenstehend skizzierte Ionisationskammer besteht aus einem allseitig geschlossenen Metallzylinder (1. Elektrode), durch dessen Boden, isoliert gegen die Begrenzungsflächen ein Metallstift S (2. Elektrode) ins Zylinderinnere ragt.

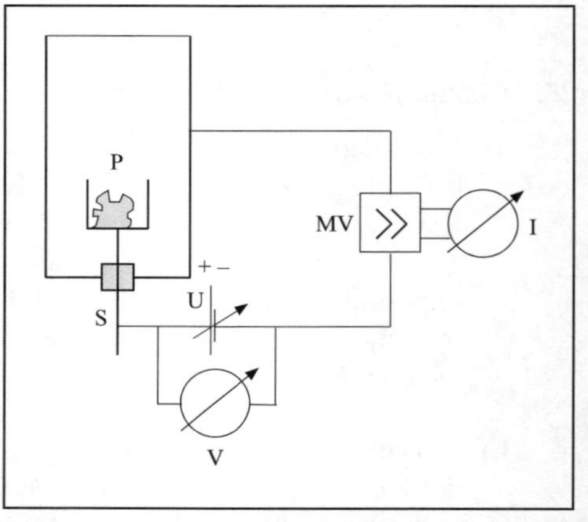

Auf der Stiftspitze sitzt das radioaktive Präparat P. Die von P ausgehende radioaktive Strahlung ionisiert die im Zylinder befindliche Luft. Von der anliegenden Spannung werden die positiven Ionen zur Zylinderwand und die Elektronen zum Stift S gezogen. Die Stärke des so entstehenden Ionisationsstroms wird nach Verstärkung durch den Messverstärker MV vom Drehspulinstrument angezeigt.

Versuchsdurchführung:
Die zwischen S und dem Kammergehäuse anliegende Spannung wird bei 0V beginnend schrittweise erhöht und jeweils die zugehörige Ionisationsstromstärke abgelesen.

b)
- P sollte ein ausreichendes Ionisierungsvermögen besitzen (β- und γ-Strahler sind also ungeeignet).
- Die Aktivität von P sollte während der Versuchsdauer konstant bleiben (Halbwertszeit von P also erheblich größer als Versuchsdauer).

c) *Erklärung:* Je größer U, desto mehr positive Ionen bzw. Elektronen werden, bevor sie wieder rekombinieren, zu den entsprechenden Elektroden gezogen. Daher steigt der Ionisationsstrom mit wachsendem U an.

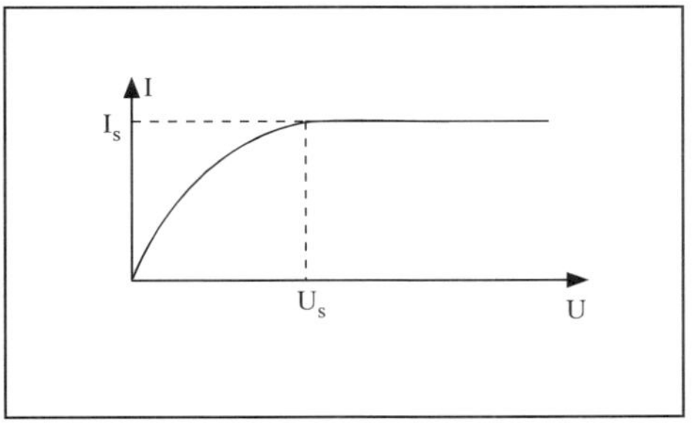

Ab einer bestimmten Spannung U_S werden alle von P's Strahlung im Zeitintervall Δt erzeugten Ionen-Elektronenpaare im Zeitintervall Δt zu den Elektroden gezogen, so dass ein weiterer Stromstärkeanstieg über I_S hinaus nicht mehr möglich ist (Sättigungseffekt).

d) Wird P durch ein stärker ionisierendes Präparat P' ersetzt, so werden pro Zeiteinheit Δt mehr Elektronen-Ionenpaare als vorher erzeugt und die Sättigungsstromstärke I_S steigt.

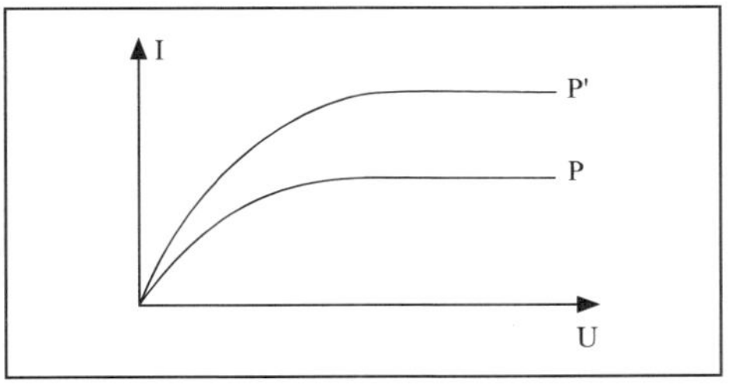

28. Aktivitätsmessung mit einer Ionisationskammer

a) Ein α-Teilchen erzeugt in der Kammer

$$Z = \frac{4,7 \cdot 10^6 \text{ eV}}{32,5 \text{ eV}} = 1,45 \cdot 10^5$$

Elektron-Ion-Paare. Jedes dieser Paare trägt aufgrund der Einwertigkeit genau mit dem Ladungsbetrag e (siehe Hinweis) zum Ionisationsstrom bei.

$$\left.\begin{aligned} |\Delta Q_{ges}| &= \Delta N \cdot Z \cdot e \\ I_S &= \frac{\Delta Q_{ges}}{\Delta t} \end{aligned}\right\} \Rightarrow I_S = \frac{\Delta N \cdot Z \cdot e}{\Delta t}$$

$$\Rightarrow \Delta N = \frac{I_s \cdot \Delta t}{Z \cdot e} = \frac{0,49 \cdot 10^{-9} \text{ A} \cdot 1\text{s}}{1,45 \cdot 10^5 \cdot 1,6 \cdot 10^{-19} \text{ As}} = 2,1 \cdot 10^4$$

b) Ist das Kammervolumen zu klein, so treffen die α-Teilchen auf die Kammerwände, bevor sie ihre kinetische Energie vollständig durch die Ionisierung von Luftmolekülen verbraucht haben. Es wäre dann $Z_{real} < Z_{berechnet}$ und daher $\Delta N_{real} > \Delta N_{berechnet}$.

c) Würde die Kammer unterhalb des Sättigungsbereiches betrieben, so wäre $I_{s_{real}} > I_{s_{Rechnung}}$ und daher $\Delta N_{real} > \Delta N_{berechnet}$.

Hinweise:

(1) Bei einem Ionisationsvorgang entstehe ein positives Ion mit der Ladung +e und ein Elektron mit der Ladung – e. Aufgrund der anliegenden Spannung entfernen sie sich voneinander in entgegengesetzte Richtung. Warum tragen Sie zum Ionisationsstrom nur mit dem Ladungsbetrag e bei, obwohl doch 2 · e entstehen?

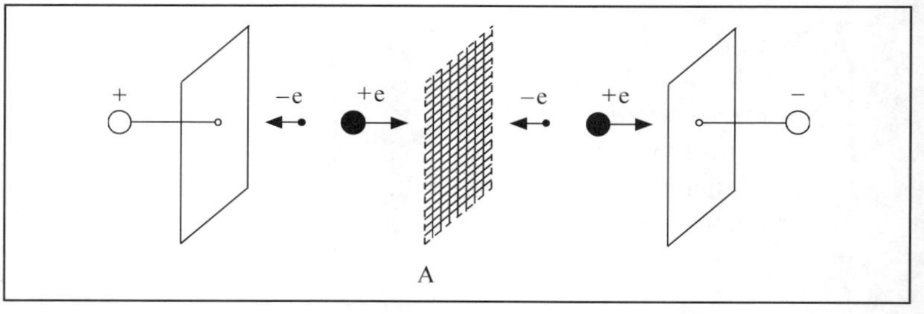

Der Betrag der Stromstärke ist gleich dem Ladungsbetrag ΔQ, der im Zeitintervall Δt die Querschnittsfläche A durchsetzt. Egal, wo sich A nun befindet und egal, wo das Elektron-Ionenpaar entstanden ist, stets wird A entweder nur vom positiven Ion oder nur vom Elektron durchquert, also nur von einer Ladung vom Betrag e.

(2) $\frac{\Delta N}{\Delta t}$ wird als Aktivität des Präparats bezeichnet. Vgl. Aufgabe 85

29. Zur Physik des Geiger-Müller-Zählrohrs

a) Schaltskizze

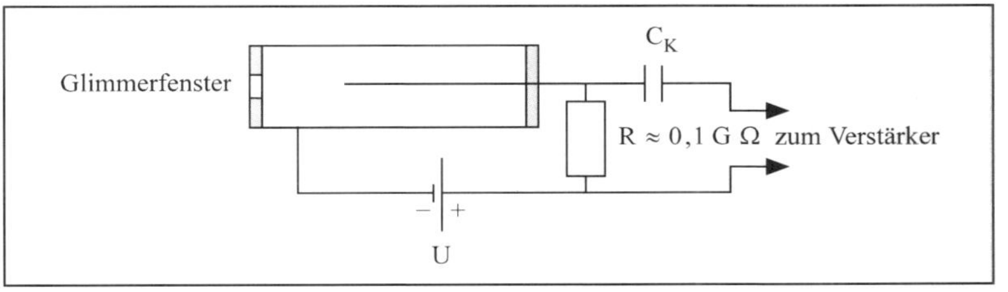

Aufbau:
Ein GMZ besteht i. a. aus einem Metallzylinder (Radius ca. 1 cm, Wandstärke ca. 0,1 mm), in dessen Achse ein feiner Metalldraht über ein Isolierstück eingeführt ist. Das Innere dieses Zylinderkondensators wird evakuiert und dann z. B. mit Edelgasen (nicht-selbstlöschendes ZR) oder z. B. mit Edelgasen und zusätzlich mit mehratomigen Dämpfen wie z. B. Alkohol (selbstlöschendes ZR) gefüllt. Oft befindet sich an einer Stelle ein Glimmerfenster, durch das radioaktive Strahlung ins Zählrohrinnere gelangen kann.

Arbeitsweise:
Die einfallende ionisierende Strahlung erzeugt im Inneren positive Gasionen und Elektronen (Primärelektronen). Die Elektronen werden zum Zählrohrdraht, die Gasionen zur Zählrohrwand beschleunigt. Arbeitet das GMZ im Proportionalitätsbereich, so ist die Beschleunigungsspannung so hoch, dass die Primärelektronen auf ihrem Weg zum Zähldraht durch Stoßionisation eine größere Anzahl von Sekundärelektronen erzeugen, die ihrerseits nach entsprechender Beschleunigung durch Stoßionisation weitere Elektronen hervorrufen können usw. Es kommt zur Ausbildung sogenannter Elektronenlawinen. Erzeugt das ionisierende Teilchen auf seiner Bahn z Primärelektronen, so löst jedes dieser Elektronen eine Elektronenlawine von im Mittel N Elektronen aus. Jede Elektronenlawine läuft unabhängig von den anderen ab. Die Gesamtzahl Z der von einem einfallenden Teilchen insgesamt hervorgerufenen Elektronen bzw. Ionen ist dann $Z = N \cdot z$. Der dadurch am Widerstand R hervorgerufene Spannungsstoß ist somit proportional zu z und erlaubt daher Rückschlüsse auf das Ionisierungsvermögen des einfallenden Teilchens.

Zur Polung der Betriebsspannung:
Die Zählrohrwand muss mit dem Minus-, der Zählrohrdraht mit dem Pluspol der Spannungsquelle verbunden werden.

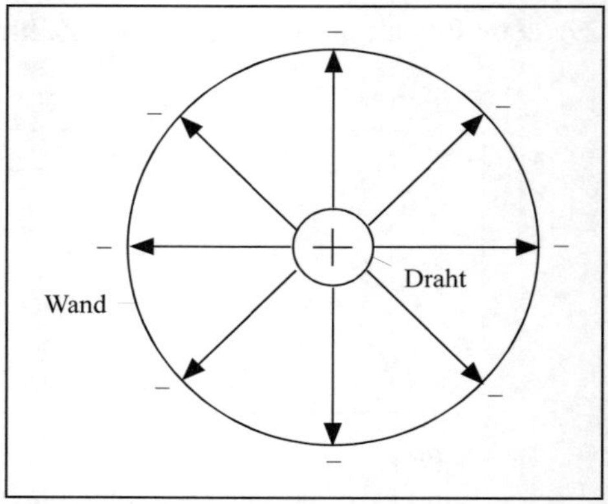

Grund:
Hauptverantwortlich für die Stoßionisation sind nicht die trägen Gasionen, sondern die praktisch trägheitslosen Elektronen. An deren Beschleunigung ist man interessiert und bringt sie daher an jene Stellen des Zählrohrs, wo die elektrische Feldstärke besonders hoch ist, also in die Nähe des Zählrohrdrahtes (vgl. obige Abb.).

Zur Aufgabe des Arbeitswiderstandes:
Das GMZ stellt einen Kondensator der Kapazität C_Z dar. Findet im GMZ keine Entladung statt, so fließt im nebenstehenden Kreis kein Strom; es gilt $U_Z = U$. Läuft dagegen eine Entladung im GMZ, so fließt durch R ein Strom und es gilt:

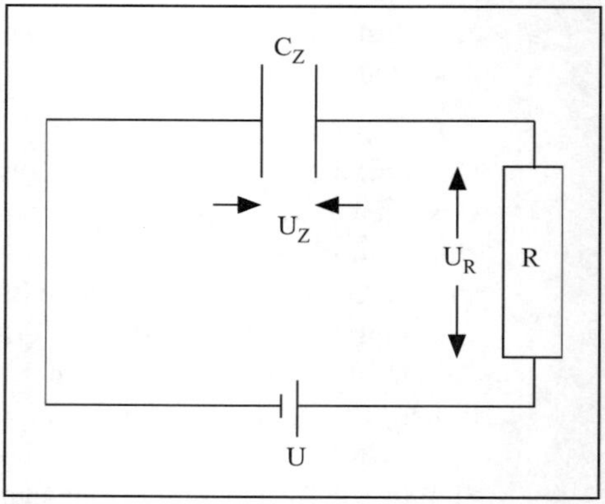

$$U = U_Z + U_R = U_Z + R \cdot I \Rightarrow U_Z = U - R \cdot I$$

Durch geeignete Wahl von R kann U_Z so klein gemacht werden, dass die Ionenlawinen abreißen.
R trägt somit zur Löschung der Gasentladung bei. Außerdem können die an R auftretenden Spannungen dort abgegriffen und einem Zählwerk zugeführt werden.

Zur Aufgabe des Koppelkondensators:
Der hochspannungsfeste Kondensator C_K dient im Wesentlichen der Subtraktion der Betriebsspannung U von der Signalspannung U_R.

b) Wird die Betriebsspannung im Vergleich zu Teilaufgabe a deutlich erhöht, so können die Elektronen beim Auftreffen auf den Zählrohrdraht zahlreiche Photonen auslösen (vgl. Entstehung von Röntgenstrahlung), die ihrerseits am Metall der Zählrohrwand über den Photoeffekt Elektronen erzeugen. Diese Elektronen sind dafür verantwortlich, dass sich die Elektronenlawinen nicht mehr wie im Proportionalitätsbereich vom Entstehungsort der primären Ionisation in Richtung der Feldlinien zum Zähldraht hin ausbreiten, sondern eine seitliche Ausbreitung der Entladung über das gesamte Zählrohr erfolgt. Der an R auftretende Spannungsstoß ist dann von der Primärionisation unabhängig, jedes primärionisierende Teilchen erzeugt einen gleich großen Spannungsstoß.

Hinweis:
Die im Zählrohr ablaufenden Vorgänge sind sehr undurchsichtig und weit komplexer als hier dargestellt. Ein kurzer Ausflug in die Physikgeschichte soll dies verdeutlichen.
1928 wurde das eigentliche Auslösezählrohr von Geiger und Müller beschrieben. Erst 1933 wies Greiner das Auftreten kurzwelliger Photonen in der Zählrohrentladung nach. 1942 wurde durch van Gemert, den Hartog und Mueller zum ersten Mal die Totzeit eines Zählrohrs auf dem Oszillographen sichtbar gemacht, und erst in der Nachkriegszeit stieg die Zahl der Untersuchungen über den Mechanismus des Zählvorgangs bedeutend an (Huber, Baldinger und Mitarbeiter).

30. Totzeit

a) Unmittelbar nach einem Impuls ist das Zählrohr für eine kurze Zeit, die sogenannte **Totzeit**, für neu einfallende ionisierende Strahlung völlig unempfindlich.
Danach sind für eine weitere Zeit, die sogenannte **Erholungszeit**, die Impulshöhen kleiner und erreichen erst allmählich die Ausgangshöhe.

Erklärung:

Da die Elektronenlawinen sich nur in der Nähe des Zählrohrdrahtes ausbilden, wird dieser nach kurzer Zeit von einem Schlauch positiver Ionen eingehüllt: Die trägheitslosen Elektronen sind nämlich schon am Draht, während sich die trägen positiven Gasionen noch nicht wesentlich in Richtung Zählrohrwand bewegt haben. Da sich dann im feldfreien Raum um den Draht keine Lawine ausbilden kann, ist das Zählrohr für neu einfallende ionisierende Strahlung unempfindlich.

Die Zeit, die die Ionen benötigen, um bis zur Zählrohrwand zu gelangen, ist die Erholungszeit.

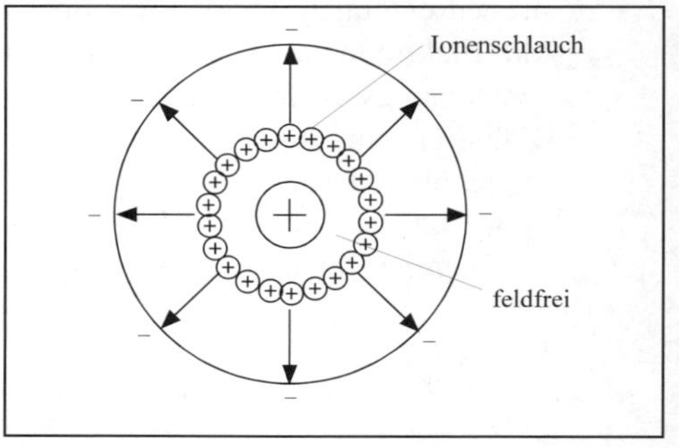

b) Eine charakteristische Zeit für die Kondensatorentladung ist die Zeitspanne Δt, die verstreicht, bis die Kondensatorladung auf $\frac{1}{e}$ ihres ursprünglichen Wertes abgesunken ist, also $\Delta t = R \cdot C$. Größenordnungsmäßig gilt $\tau \approx \Delta t$.
$\tau \approx R \cdot C \Rightarrow$ Je größer R, desto länger ist das Zählrohr nach einem Impuls nicht einsatzbereit.

c) Löschzusätze „fangen" in starkem Maße die für den Auslösebereich charakteristischen Photonen weg und tragen so zur Löschung der Entladung bei. Daher kann der in seiner Funktion als „Löscher" entlastete Arbeitswiderstand R kleiner gemacht werden. Nach Teilaufgabe b ist daher das Zählrohr wieder schneller einsatzbereit. Zählrohre mit Löschzusätzen besitzen also eine höhere Zählgeschwindigkeit.

Hinweis:
Die Rolle von R und C beim Entladevorgang eines Kondensators wird in Band 94308 (Elektrisches und magnetisches Feld) in Aufgabe 172 besprochen.

31. Wahre Zählrate

Pro Impuls ist das Zählrohr τ Sekunden nicht einsatzbereit. Da es in 1 Sekunde n_W Impulse registriert hat, war es in 1 Sekunde die Zeit $n_W \cdot \tau$ Sekunden nicht einsatzbereit.
Da in einer Sekunde von einem unendlich schnellen Zählrohr (ZR_∞) n Impulse registriert worden wären, hätte ZR_∞ in $n_W \cdot \tau$ Sekunden $n_W \cdot \tau \cdot n$ Teilchen registriert.

$$\Rightarrow n - n_W = n_W \cdot \tau \cdot n$$

$$\Rightarrow n - n_W \cdot \tau \cdot n = n_W$$

$$\Rightarrow n \cdot (1 - n_W \cdot \tau) = n_W$$

$$\Rightarrow n = \frac{n_W}{1 - n_W \cdot \tau}$$

32. Zählrohrcharakteristik

Misst man die Impulsrate (Zahl der Impulse pro Zeiteinheit), die ein Präparat konstanter Aktivität in einem Zählrohr auslöst in Abhängigkeit von der Betriebsspannung, so nennt man das zugehörige Spannungs-Impulsrate-Diagramm die Charakteristik des Zählrohrs.

Liegt die Zählrohrspannung unter der Einsatzspannung U_E, so spricht das Zählrohr auf eindringende Teilchen nicht an. Für $U > U_E$ gibt es einen Bereich von einigen hundert Volt, in dem die Impulsrate unabhängig von der Spannung praktisch konstant ist. Dieser Bereich heißt Plateau. Bei der Messung mit einem im Auslösebereich arbeitenden Zählrohr wählt man die Betriebsspannung (= Arbeitsspannung) so, dass man ungefähr in der Mitte des Plateaus liegt.

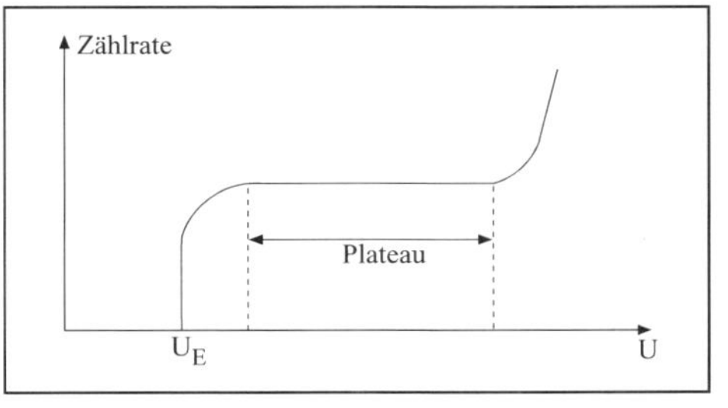

33. Nulleffekt

Die Tatsache, dass jedes Zählrohr auch ohne ein in seiner Nähe befindliches radioaktives Präparat eine bestimmte Zahl von Impulsen registriert, nennt man Nulleffekt. Die Anzahl dieser Impulse pro Zeiteinheit heißt Nullrate.
Der Nulleffekt wird durch die Höhenstrahlung, durch Streustrahlung aus dem Erdinneren und durch radioaktive Gasreste in der umgebenden Luft verursacht. Er ist u. a. von der Fläche abhängig, die das Zählrohr diesen Strahlungen bietet.

34. Zur Zählstatistik

a) $\overline{z} = (0 \cdot 57 + 1 \cdot 203 + 2 \cdot 383 + 3 \cdot 525 + 4 \cdot 532 + 5 \cdot 408 + 6 \cdot 273 + 7 \cdot 139 + 8 \cdot 45 + 9 \cdot 27 + 10 \cdot 10 + 11 \cdot 4 + 12 \cdot 0 + 13 \cdot 1 + 14 \cdot 1)$
$: (57 + 203 + 383 + 525 + 532 + 408 + 273 + 139 + 45 + 27 + 10 + 4 + 0 + 1 + 1)$
$= 10097 : 2608 = 3{,}8715$

b) MFS. S. 110 $P(\mu;k) = e^{-\mu} \cdot \frac{\mu^k}{k!}$

$2608 \cdot P(3{,}8715;0) = 2608 \cdot e^{-3{,}8715} = 54{,}31$

$2608 \cdot P(3{,}8715;1) = 2608 \cdot e^{-3{,}8715} \cdot 3{,}8715 = 210{,}28$

$2608 \cdot P(3{,}8715;2) = 2608 \cdot e^{-3{,}8715} \cdot \frac{3{,}8715^2}{2!} = 407{,}04$

usw.

k	0	1	2	3	4	5	6	7	8	9	10	11	12	13	14
$2608 \cdot P(\mu; k)$	54	210	407	525	508	394	254	140	68	29	11	4	1	0	0

c) Der Vergleich zeigt, dass die Zufallsgröße Z = “Anzahl der Zerfälle im Zeitintervall $\Delta t = 7{,}5$ s“ in guter Näherung poissonverteilt ist.
Da die Poissonverteilung eine Näherung für die Binominalverteilung ist, gilt:

$P(|Z-\mu| < \sigma) \approx 68{,}27\%$

$P(|Z-\mu| < 2 \cdot \sigma) \approx 95{,}45\%$ (MFS. S. 111)

Wegen $\sigma = \sqrt{\overline{Z}}$ (vgl. Hinweis) ist also in mehr als $\frac{2}{3}$ aller Fälle die Abweichung $Z - \overline{Z}$ einer Einzelmessung Z vom Erwartungswert $\mu = \overline{Z}$ kleiner als $\sqrt{Z}$.
In diesem Sinn sieht man $\sqrt{Z}$ als absoluten Fehler der Messung und $\frac{\sqrt{Z}}{Z} = \frac{1}{\sqrt{Z}}$ als relativen Fehler an.

d) Nach der Definition des relativen Fehlers in Teilaufgabe c gilt:

$$\frac{1}{\sqrt{Z}} =< 0{,}01 \Rightarrow \sqrt{Z} > \frac{1}{0{,}01} \Rightarrow \sqrt{Z} > 100 \Rightarrow Z > 10^4$$

Man muss also mindestens 10 000 Zerfälle beobachten.

Hinweis für Leistungskurs-Mathematiker:

Warum ist $\sigma = \sqrt{Z}$?

Befinden sich in einem radioaktiven Präparat N Nuklide, so kann der radioaktive Zerfall des Präparats in der Zeit Δt als Bernoullikette der Länge N aufgefasst werden. (Jeder Kern zerfällt während Δt ja unabhängig von den anderen mit der gleichen Wahrscheinlichkeit p.)

Eine 1 (bzw. 0) an der i-ten Stelle des N-tupels bedeutet: Der i-te Kern ist während Δt zerfallen (bzw. nicht zerfallen).

Die Zufallsgröße Z ist definiert als die Anzahl der Zerfälle während Δt. Dann gilt:

$$\left.\begin{array}{ll} \text{Standardabweichung der Normalverteilung:} & \sigma = \sqrt{n \cdot p \cdot (1-p)} \\ \text{Nach Aufgabe 83:} & p = \lambda \cdot \Delta t \end{array}\right\} \Rightarrow$$

$$\left.\begin{array}{l} \Rightarrow \sigma = \sqrt{N \cdot \lambda \cdot \Delta t \cdot (1 - \lambda \cdot \Delta t)} \\ \Rightarrow \text{Nach Aufgabe 80: } |\Delta N| = \lambda \cdot N \cdot \Delta t \Rightarrow \lambda \cdot \Delta t = \frac{|\Delta N|}{N} \end{array}\right\} \Rightarrow$$

$$\left.\begin{array}{l} \Rightarrow \sigma = \sqrt{N \cdot \frac{|\Delta N|}{N} \cdot \left(1 - \frac{|\Delta N|}{N}\right)} \\ 1 - \frac{|\Delta N|}{N} \approx 1, \text{ da } \Delta N << N \end{array}\right\} \Rightarrow \sigma = \sqrt{|\Delta N|} = \sqrt{Z}$$

35. Expansionsnebelkammer

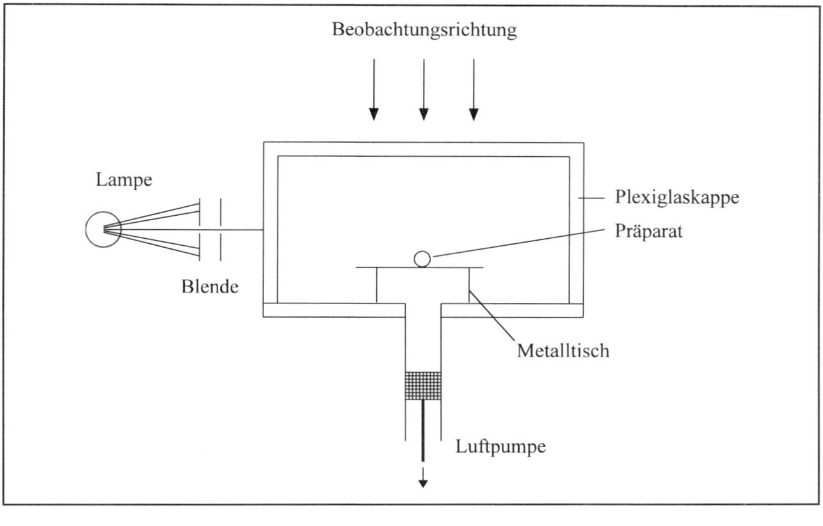

Die Kammer besteht aus einer luftdicht abgeschlossenen Dose mit Plexiglaskappe. In der Kammer liegt auf einem Metalltischchen eine Filzscheibe, die mit einem Wasser-Spiritus-Gemisch getränkt wird. Durch Verdunstung dieses Gemischs ist die Luft im Kammerinneren nach einer Weile mit Wasser und Alkohol in gasförmigem Zustand gesättigt. Wird nun der Gasdruck in der Kammer durch ruckartige Betätigung der Luftpumpe kurzfristig verringert, so kühlt sich die Luft im Kammerinneren ab und ein Teil des Wassers fällt in Form feiner Tröpfchen (Nebel) aus; kältere Luft kann nämlich nicht mehr so viel Wasser in gasförmigem Zustand aufnehmen. Für die Tröpfchenbildung benötigt man Kondensationskeime, die u. a. durch in der Kammer vorhandene Ionen gebildet werden können. Sorgt man dafür, dass die Kammer staubfrei ist und einmal gebildete Ionen abgezogen werden, so bilden sich die Kondensationströpfchen nur entlang der Bahn der Teilchen, die vorher die Kammer ionisierend durchsetzt haben. Diese Tröpfchenspuren können unmittelbar nach der Expansion fotographiert oder mit bloßem Auge beobachtet werden.

Hinweis:

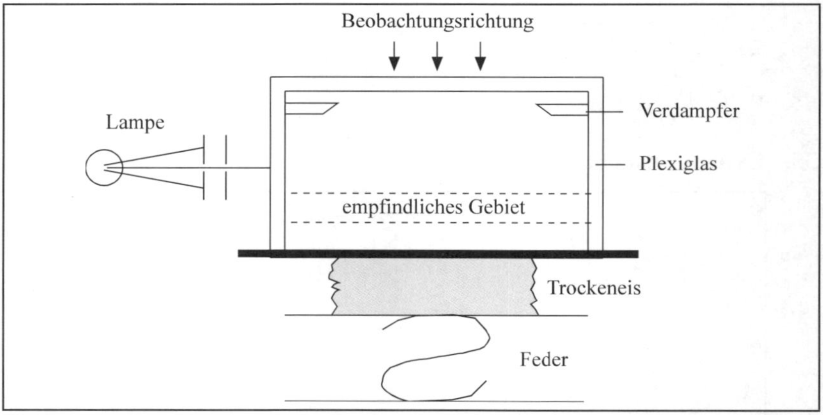

Die 1912 konstruierte wilsonsche Nebelkammer hat den entscheidenden Nachteil, dass man Teilchenspuren nur unmittelbar nach der Expansion 2–3 Sekunden lang beobachten kann. 1939 gelang es, eine kontinuierliche Nebelkammer zu bauen, mit der man mehrere Stunden lang beobachten kann: Methylalkohol, der aus einem Verdampfer strömt, diffundiert von der wärmeren oberen nach unten in die kältere Zone. Diese wird durch gegen ein Blech gepresstes Trockeneis erzeugt. Auf dem Weg nach unten durchquert der Dampf das empfindliche Gebiet der Kammer, in dem die Verhältnisse stets so liegen, wie in der wilsonschen Kammer unmittelbar nach der Expansion. Die Bahnen ionisierender Teilchen werden daher nur in der empfindlichen Zone sichtbar; diese regeneriert sich nach jeder Tröpfchenbildung durch den nachdiffundierenden Dampf selbstständig.

36. Blasenkammer

Die Füllung einer Blasenkammer besteht aus flüssigem Wasserstoff oder einer anderen leicht siedenden Flüssigkeit, die überhitzt ist, aber wegen des hohen Druckes nicht siedet (Dampftopf-Prinzip). Durch eine geringe Volumenvergrößerung des Dampfes wird der Dampfdruck über der Flüssigkeit gesenkt und damit die Flüssigkeit überhitzt, so dass sie siedet und Blasen bildet. Die Erfahrung zeigt, dass sich die Blasen vorwiegend dort bilden, wo sich Ionen befinden. Ein vor die Blasenkammer gesetztes Zählrohr kann die Dampfdruckerniedrigung automatisch einschalten, wenn es von hochenergetischen Teilchen durchflogen wird, so dass die Bahn des Teilchens in der Kammer anhand der Blasen längs der Bahn beobachtet werden kann.

37. Vergleich Nebelkammer/Blasenkammer

Für die Aufnahme von Bahnspuren **hochenergetischer** Teilchen mit großer Reichweite (z. B. Mesonen) sind Nebelkammern nicht mehr geeignet. Die **Gasfüllung** der **Nebelkammer** bremst energiereiche Teilchen nämlich nur geringfügig ab, so dass mit der Nebelkammer nur ein Bruchteil der Bahn des ionisierenden Teilchens erfasst wird. Da die Dichte von Flüssigkeiten etwa tausendmal größer ist als die von Gasen, werden hochenergetische Teilchen in der **Flüssigkeit** der **Blasenkammer** stärker gebremst. Mit der Blasenkammer kann man daher meist die gesamte Bahn des Teilchens beobachten.

38. Vergleich Nebelkammer/Zählrohr

Der große Vorteil der Nebelkammer besteht in der Sichtbarmachung der Teilchenspuren: Aus der Dicke und Länge der Spur bzw. dem Betrag und der Richtung ihrer Krümmung im Magnetfeld kann man Energie, Ladungsbetrag und -vorzeichen, Masse und Impuls des ionisierenden Teilchens bestimmen. Ferner wird die Analyse von Teilchen-Reaktionen, die vollständig in der Kammer ablaufen, durch Winkelmessungen an Bahnspuren der Ausgangsteilchen und der Reaktionsprodukte ermöglicht.

Der große Vorteil eines Zählrohrs besteht in der bequemen Registrierung auch hoher Impulsraten über einen längeren Zeitraum hinweg.

Immer wenn man an den Eigenschaften eines Teilchens interessiert ist, ist die Nebelkammer dem Zählrohr überlegen; wenn es nur auf die Registrierung von Teilchen ankommt, ist das Zählrohr vorzuziehen.

39. Vergleich Zählrohr/Ionisationskammer

In einer Ionisationskammer können ionisierende Teilchen nur dann nachgewiesen werden, wenn sie stark ionisieren und sehr zahlreich vorhanden sind. Der Nachweis einzelner α-, β-oder γ-Teilchen, aber auch der Nachweis zahlreicher β- oder γ-Teilchen ist mit einer Ionisationskammer nicht möglich. Mit einem im Auslösebereich arbeitenden Zählrohr ist der Nachweis einzelner ionisierender Teilchen unabhängig von ihrem Ionisierungsvermögen möglich.

Hinweis:
Der letzte Satz ist mit Vorsicht zu genießen. Das Ansprechvermögen der Zählrohre für γ-Strahlung ist i. a. relativ gering, nämlich 0,1 % – 1 %. Das heißt von 1000 ins Zählrohr gelangenden γ-Quanten werden nur 1–10 registriert.

40. Szintillationszähler

a) Ein Spinthariskop besteht aus einem Zinksulfid-Schirm, der bei vollständiger Dunkeladaption des menschlichen Auges mit einer Lupe oder einem Mikroskop beobachtet wird. Treffen α-Teilchen auf den Schirm, so beobachtet man Lichtblitze. Da jeder Lichtblitz durch *ein* auftreffendes α-Teilchen ausgelöst wird, kann man durch Abzählen der Lichtblitze die Anzahl der absorbierten α-Teilchen ermitteln.

b)

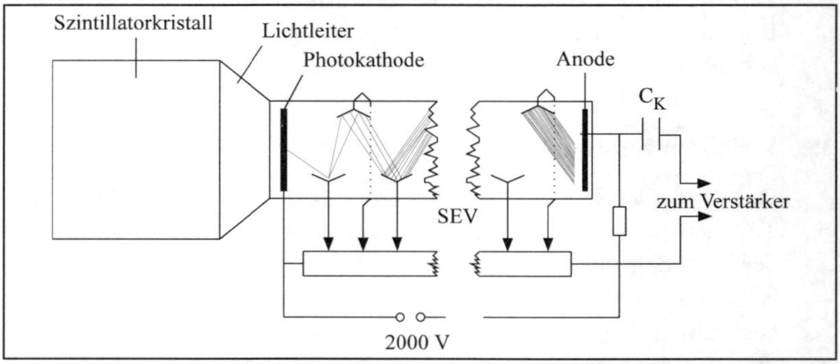

Ein in den Szintillatorkristall (i. a.Thalliumdotierter Natriumjodidkristall) eindringendes γ-Quant gibt seine Energie ganz oder teilweise an Elektronen ab (vgl. Hinweis). Diese erzeugen im Kristall Anregungen, die durch Emission von Photonen wieder abgebaut werden. Ein Teil dieser Photonen gelangt durch einen Lichtleiter auf die Photokathode und löst dort Photoelektronen aus. Sie werden im angebauten Sekundärelektronenvervielfacher (SEV) so vermehrt, dass an seinem Ausgang ein messbarer Impuls entsteht. Die Höhe dieses Impulses ist proportional zur Energie, die das einfallende Teilchen im Szintillator abgegeben hat.

Hinweis:
Die Mechanismen der Wechselwirkung von γ-Quanten mit Materie werden genau in Aufgabe 60 behandelt.

41. Photographisches Verfahren

Kernemulsionen sind bis zu 2 mm dicke Gelatineschichten, in denen kristallines Silberbromid gelöst ist. Treffen Teilchen auf die Schicht, so ionisieren sie entlang ihrer Bahn die Silberbromid-Moleküle, so dass bei der anschließenden Entwicklung entlang der Teilchenbahn eine schwarze Spur von atomarem Silber entsteht. Die Entwicklung kann dabei so vorgenommen werden, dass man bei der Auswertung unter dem Mikroskop die Anzahl der Ionen pro Spurlänge abzählen kann (Energiemessung des Teilchens). Da die Teilchen i. a. nicht parallel zur Schichtebene einfallen, wird gewöhnlich ein Stapel von vielen einzelnen Emulsionsschichten der Strahlung ausgesetzt; man kann so die Spur des Teilchens durch mehrere Schichten verfolgen.

Nachteil:

Man kann einer Spur nicht ansehen, wann sie gebildet worden ist. Kernemulsionen sind daher nicht lagerfähig, da durch die kosmische Strahlung in kurzer Zeit eine erhebliche Zahl von Spuren gebildet wird.

42. Begriffsbestimmung

a) Als **Radioaktivität** bezeichnet man die unter Emission bestimmter Teilchen spontan, ohne irgendwelche äußeren Einflüsse erfolgende Umwandlung instabiler Kerne. Aber auch die spontane Umwandlung von Elementarteilchen (z. B. Zerfall freier Neutronen) fällt unter diesen Begriff.

Natürliche Radioaktivität ist die Radioaktivität instabiler, in der Natur vorkommender Isotope.

Künstliche Radioaktivität ist die Radioaktivität von Isotopen, die künstlich durch Kernreaktionen erzeugt worden sind.

b) In der durch natürliche Radioaktivität entstehenden Strahlung kommen nur α-Teilchen (He4-Kerne), β^--Teilchen (Elektronen) und γ-Quanten (hochenergetische Photonen) vor.

43. Identifizierung über die Reichweite in Luft

a) In Luft von Atmosphärendruck erzeugen

$$\left.\begin{array}{l}\alpha-\text{Teilchen}\\ \beta-\text{Teilchen}\\ \gamma-\text{Quanten}\end{array}\right\}\text{ der Energie 1 MeV längs eines cm ca. }\left\{\begin{array}{c}10^4\\ 10^2\\ 1\end{array}\right.$$

einwertige Elektronen-Ionen-Paare.

b) Wegen $\frac{1\,\text{MeV}}{35\,\text{eV}} = 2{,}9 \cdot 10^4$ können größenordnungsmäßig von jeder Teilchenart 10^4 Elektronen-Ionen-Paare erzeugt werden. Nach Teilaufgabe a beträgt die Reichweite größenordnungsmäßig für

$\alpha-$Teilchen: $\frac{10^4}{10^4}\,\text{cm} = 1\,\text{cm}$

$\beta-$Teilchen: $\frac{10^4}{10^2}\,\text{cm} = 10^2\,\text{cm} = 1\,\text{m}$

$\gamma-$Teilchen: $\frac{10^4}{1}\,\text{cm} = 100\,\text{m}$

c) Handelt es sich um ein α-Präparat P, so zeigt ein Zählrohr in 10 cm Entfernung von P eine deutlich geringere Zählrate an, als in unmittelbarer Nähe von P. Dass die Zählrate nicht auf Null zurückgeht, liegt an der den α-Zerfall begleitenden γ-Strahlung bzw. an eventuell β-aktiven Töchtern, die durch den Zerfall der α-aktiven Mutter im Präparat vorhanden sind.
Zur Unterscheidung, ob β- oder γ-Präparat, müsste das Zählrohr um mehrere Meter vom Präparat entfernt werden. Dann aber wäre in erster Linie das quadratische Abstandsgesetz und nicht mehr der Schwächungseffekt durch Ionisierung von Luftmolekülen für ein Absinken der Zählrate verantwortlich.

Hinweis:
Beachten Sie, dass der Begriff Reichweite für β-Teilchen nur sehr problematisch und für γ-Quanten eigentlich gar nicht definiert werden kann (vgl. Aufgabe 67). Das Wort Reichweite ist daher in obigen Ausführungen für β- und γ-Quanten in Anführungszeichen zu setzen!

44. Identifizierung über Absorber

Zwischen Präparat P und Zählrohr ZR werden entsprechend nebenstehender Skizze nacheinander ein Blatt Papier, eine 1 mm dicke Bleiplatte und eine 5 cm dicke Bleiplatte gebracht.

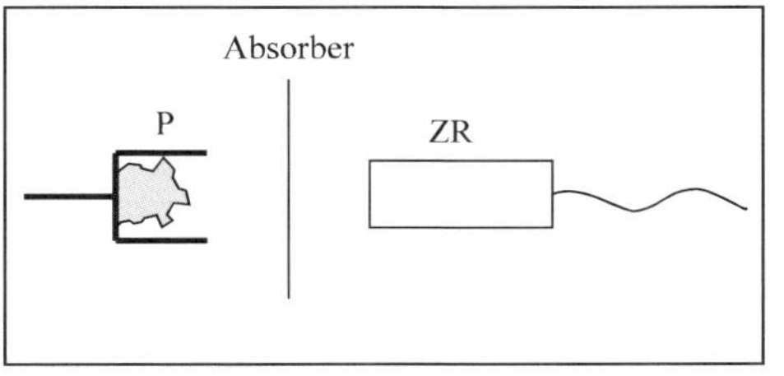

Wird die Strahlung vollständig

bereits durch das Blatt Papier	ausgelöscht, so ist P ein	α – Strahler
bereits durch die dünne Bleiplatte		β – Strahler
erst durch die dicke Bleiplatte		γ – Strahler

45. Identifizierung mittels Zählrohr und Oszillograph

a) Ein Stromimpuls im Zählrohr hat einen Spannungsimpuls am Widerstand R_A zur Folge, der auf das y-Plattenpaar eines Oszillographen weitergeleitet wird. Bei genügend kleiner Kippfrequenz sind die Zählrohrimpulse als senkrechte, von der Nullinie ausgehende Striche auf dem Schirm des Oszillographen (vgl. Hinweis) zu beobachten, die, entsprechend der ins Zählrohr eindringenden ionisierenden Strahlung in unregelmäßigen Abständen auftreten.

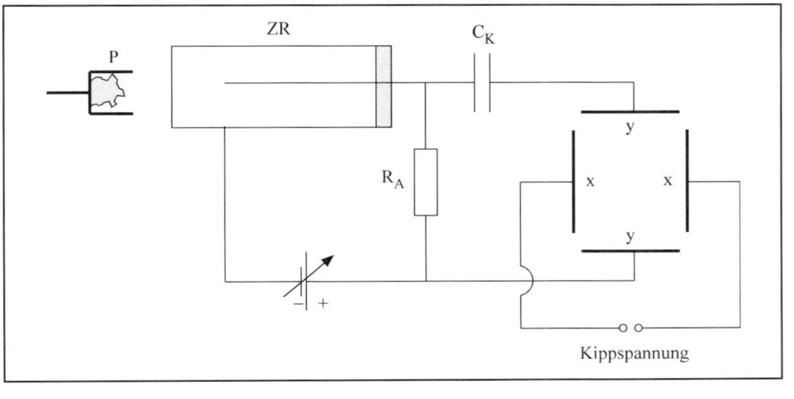

Wird das Zählrohr nun im Proportionalitätsbereich betrieben, so ist die Impulshöhe und damit die Länge der Striche am Oszillographenschirm proportional zur Zahl der primär im Zählrohr gebildeten Ionen. Wegen des unterschiedlichen Ionisierungsvermögens der α-, β- und γ-Strahlung (vgl. Aufgabe 43) erzeugen α-Teilchen dann deutlich längere Striche als β-Teilchen und diese wiederum längere als γ-Quanten.

b) Ist P ein Misch-Präparat und bringt man zwischen P und Zählrohr ein Blatt Papier, so verschwinden die längsten Striche vollständig. Ersetzt man das Papier durch eine 1 mm dicke Bleiplatte, so sind nur noch ganz vereinzelt sehr kurze Striche zu beobachten; die verschwinden, wenn man die dünne gegen eine mehrere cm dicke Bleiplatte austauscht.

Hinweis:
Nebenstehendes Zeit-Spannungs-Diagramm zeigt die Form des am Arbeitswiderstand R_A eines Zählrohrs entstehenden Spannungsimpulses. Seine Höhe U_m hängt im Proportionalitätsbereich von der Zahl der primär im Zählrohr gebildeten Ionen ab.

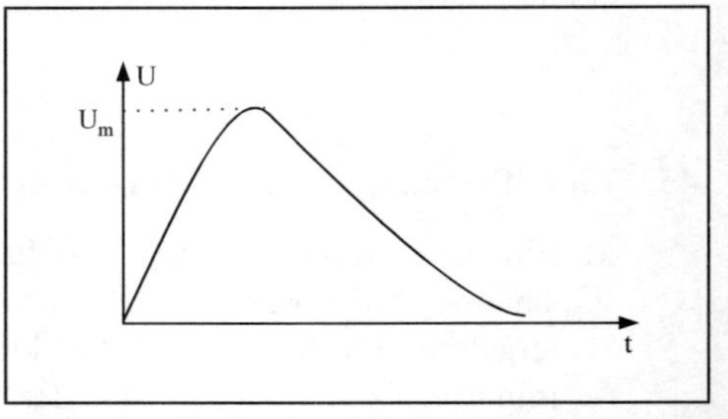

Die übrige Impulsform wird u. a. von der Größe des Arbeitswiderstandes und der Kapazität des Zählrohrs bestimmt.
Durch Verkleinerung der Kippfrequenz des Oszillographen wird das Oszillographenbild parallel zur t-Achse gestaucht. Bei genügend kleiner Kippfrequenz sieht man nur noch einen senkrecht auf der Nullinie aufsitzenden Strich der Länge U_m.

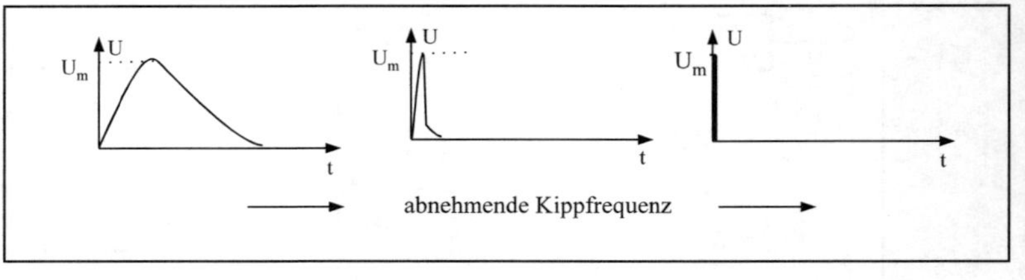

46. Identifizierung mittels Nebelkammer

a) α-Teilchen hinterlassen relativ kurze, kräftige und dicke, geradlinige Spuren.
β-Teilchen hinterlassen lange, dünne perlschnurartige Tröpfchenspuren, die bei energiereichen Teilchen relativ gerade verlaufen, bei energieärmeren aber auch Knicke aufweisen können.
γ-Quanten sind in der Nebelkammer aufgrund ihres geringen Ionisierungsvermögens direkt nicht nachweisbar. Sie erzeugen längs ihrer Bahn Photoelektronen, deren Spuren beobachtet werden können. Die Spur eines γ-Quants erscheint somit fasrig und recht undeutlich.

b)

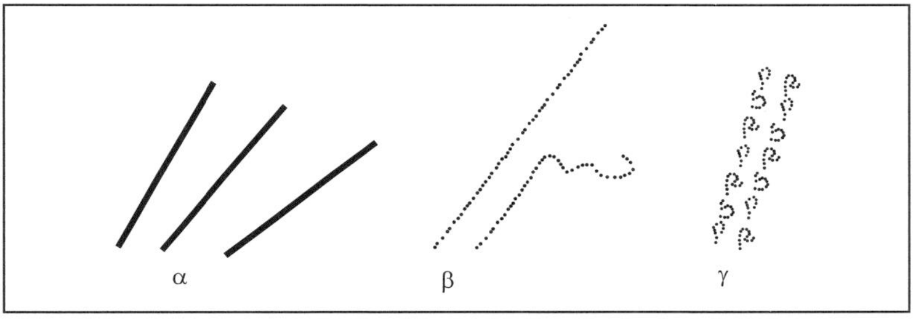

47. Trennung

Da α- und β-Teilchen Ladungen entgegengesetzten Vorzeichens tragen, γ-Quanten aber ungeladen sind, werden α- und β-Teilchen von einem magnetischen oder einem elektrischen Feld in entgegengesetzter Richtung aus dem „Mischstrahl“ heraus abgelenkt, während γ-Quanten ohne Ablenkung durch Felder gelangen können.

48. Ablenkung durch elektrische Felder

a) t_F bezeichne die Zeit, die das Teilchen zum Durchqueren des Feldes benötigt und a_y die Beschleunigung des Teilchens in y-Richtung zwischen den Kondensatorplatten. Dann gilt:

$$\left.\begin{array}{l} \left.\begin{array}{l} t_F = \frac{L}{v_0} \\ d = \frac{1}{2} \cdot a_y \cdot t_F^2 \end{array}\right\} \Rightarrow d = \frac{1}{2} \cdot a_y \cdot \frac{L^2}{v_0^2} \\ F_{\text{elektrisch}} = F_{\text{Newton}} \Rightarrow q \cdot E = m \cdot a_y \Rightarrow a_y = \frac{q}{m} \cdot E \end{array}\right\} \Rightarrow d = \frac{q \cdot E \cdot L^2}{2 \cdot m \cdot v_0^2}$$

b)
$$\left.\begin{array}{l} d_{\beta^-} = \frac{e \cdot E \cdot L^2}{2 \cdot m_{\beta^-} \cdot v_0^2} \\ d_\alpha = \frac{2 \cdot e \cdot E \cdot L^2}{2 \cdot m_\alpha \cdot v_0^2} \end{array}\right\} \Rightarrow \frac{d_{\beta^-}}{d_\alpha} = \frac{m_\alpha}{2 \cdot m_{\beta^-}} = \frac{4{,}0\,u}{2 \cdot 5{,}5 \cdot 10^{-4}\,u} = 3{,}6 \cdot 10^3$$

Die Ablenkung des β^--Teilchens ist wegen der wesentlich kleineren Masse also ca. 4000-mal größer als die der α-Teilchen.

Hinweis:
Die Bewegung geladener Teilchen im homogenen, elektrischen Querfeld finden Sie in Band 94308 (Elektrisches und magnetisches Feld) in den Aufgaben 97, 98, 99 ausführlich dargestellt.

49. Ablenkung durch magnetische Felder

a)
$$\left.\begin{array}{l} F_{\text{Lorentz}} = B \cdot q \cdot v_0 \\ F_{\text{Zentral}} = \frac{m \cdot v_0^2}{r} \end{array}\right\} \Rightarrow \frac{m \cdot v_0^2}{r} = B \cdot q \cdot v_0 \Rightarrow r = \frac{m \cdot v_0}{q \cdot B}$$

b)
$$\left.\begin{array}{l} r_\alpha = \frac{m_\alpha \cdot v_0}{2 \cdot e \cdot B} \\ r_{\beta^-} = \frac{m_{\beta^-} \cdot v_0}{e \cdot B} \end{array}\right\} \Rightarrow \frac{r_\alpha}{r_{\beta^-}} = \frac{m_\alpha}{2 \cdot m_{\beta^-}} = \frac{4{,}0\,u}{2 \cdot 5{,}5 \cdot 10^{-4}\,u} = 3{,}6 \cdot 10^3$$

Der Kreisbahnradius des β^--Teilchens ist also ca. 4000-mal kleiner als der des α-Teilchens. Daher werden auch in Magnetfeldern β^--Teilchen ca. 4000-mal stärker abgelenkt als α-Teilchen.

Hinweis:
Die Bewegung geladener Teilchen in homogenen Magentfeldern wird in Band 94308 (Elektrisches und magnetisches Feld) ausführlich in den Aufgaben 117–123 behandelt.

50. Spezifische Ladung von β^--Teilchen

a) Bedingung für unabgelenktes Durchfliegen des Wienfilters:

$$F_{el} = F_{Lorentz} \Rightarrow q \cdot E = B_1 \cdot q \cdot v \Rightarrow v = \frac{E}{B_1} \Rightarrow v = \frac{3 \cdot 10^6 \frac{V}{m}}{15 \cdot 10^{-3}\,T}$$

$$= 2{,}0 \cdot 10^8 \,\frac{m}{s} = \frac{2}{3} \cdot c$$

b) Berechnung von α:

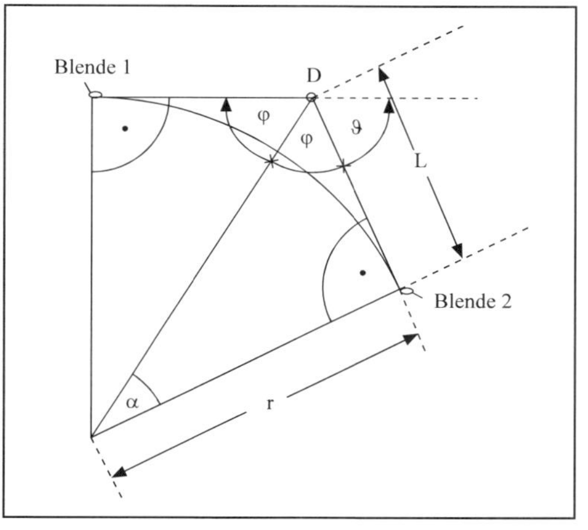

$$\left.\begin{array}{l}\left.\begin{array}{l}2 \cdot \varphi + \vartheta = 180° \Rightarrow \varphi = 90° - \frac{\vartheta}{2} \\ \alpha + \varphi + 90° = 180°\end{array}\right\} \Rightarrow \alpha = \frac{\vartheta}{2} \\ \tan\alpha = \frac{L}{r} \Rightarrow r = \frac{L}{\tan\alpha}\end{array}\right\} \Rightarrow$$

$$\Rightarrow r = \frac{L}{\tan\frac{\vartheta}{2}} = \frac{2{,}6 \cdot 10^{-2}\,m}{\tan 6°} = 0{,}247\,m$$

c)

$$\left.\begin{array}{r}F_{Lorentz} = F_{Zentral} \Rightarrow B_2 \cdot q \cdot v = \frac{m \cdot v^2}{r} \\ m = \frac{m_0}{\sqrt{1-\frac{v^2}{c^2}}}\end{array}\right\} \Rightarrow B_2 \cdot q = \frac{m_0 \cdot v}{r \cdot \sqrt{1-\frac{v^2}{c^2}}}$$

$$\Rightarrow \frac{q}{m_0} = \frac{v}{B_2 \cdot r \cdot \sqrt{1-\frac{v^2}{c^2}}} = \frac{2 \cdot 10^8 \,\frac{m}{s}}{6{,}1 \cdot 10^{-3}\,T \cdot 0{,}247\,m \cdot \sqrt{1-\frac{4}{9}}} = 1{,}78 \cdot 10^{11}\,\frac{C}{kg}$$

d) Es sind nur 2 Teilchen bekannt, deren spezifische Ladung den Wert $1{,}7588 \cdot 10^{11}\,\frac{C}{kg}$ hat, das Elektron und das Positron. Der Messwert von $1{,}78 \cdot 10^{11}\,\frac{C}{kg}$ und die Richtung der Ablenkung weisen daher β^--Teilchen als Elektronen aus.

Hinweis:
Bearbeiten Sie zur Wiederholung in Band 94308 (Elektrisches und magnetisches Feld) die Aufgaben 122 (Ablenkwinkel im Magnetfeld) und 124 (Wiensches Geschwindigkeitsfilter)!

51. Zur Natur der γ-Strahlung

γ-Strahlung verhält sich in allen Versuchen wie die als elektromagnetische Strahlung bekannte hochfrequente Röntgenstrahlung: So sind γ-Quanten auch durch stärkste elektrische und magnetische Felder nicht ablenkbar (wie Röntgenstrahlung), besitzen ein sehr schwaches Ionisierungsvermögen (wie Röntgenstrahlung), können Photo- und Comptoneffekt auslösen (wie Röntgenstrahlung). Stärkstes Indiz aber ist der durch *direkte* Messung gefundene Wert für die Geschwindigkeit von γ-Quanten: Vakuumlichtgeschwindigkeit.

52. Spezifische Ladung von α-Teilchen

a) α-Teilchen werden senkrecht zu den Feldlinien mit der Geschwindigkeit $\vec{v}$ in ein homogenes Magnetfeld der Flussdichte $\vec{B}$ geschossen und beschreiben dort eine Kreisbahn vom Radius r. Gemessen werden v, B, r und man erhält $\frac{q}{m}$ nach:

$$B \cdot q \cdot v = \frac{m \cdot v^2}{r} \Rightarrow \frac{q}{m} = \frac{v}{B \cdot r}$$

b) *Schwierigkeiten:*

- Da α-Teilchen in Luft eine Reichweite von nur wenigen cm besitzen, muss ihre Bahn vollständig im Vakuum verlaufen.
- Aufgrund ihrer großen Masse ist der Bahnradius der α-Teilchen selbst in starken Magnetfeldern sehr groß (vgl. Aufgabe 49).

Man müsste also in einem relativ großen, räumlichen Bereich ein gutes Vakuum und ein starkes, absolut homogenes Magnetfeld erzeugen.

c) In einer relativ kleinen Kammer, die einfach zu evakuieren ist, sind drei Blenden B_1, B_2, B_3 so angeordnet, dass ein durch das Glimmerfenster F_1 eintretendes α-Teilchen nur dann durch das Glimmerfenster F_2 in ein Zählrohr gelangen kann, wenn es eine Kreisbahn vom Radius r = 1,05 m durchlaufen hat

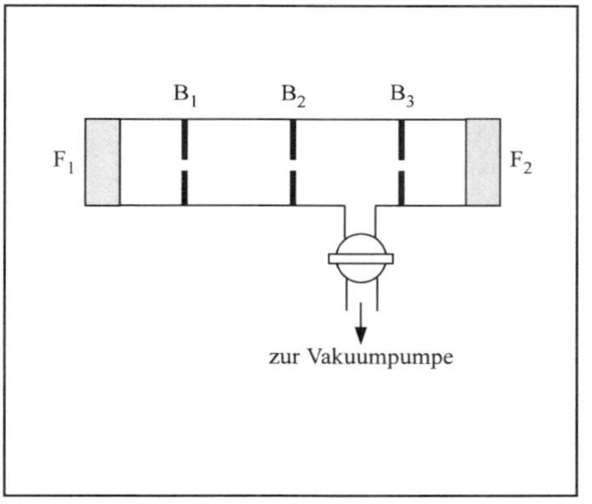

Das hierfür erforderliche, senkrecht zur Zeichenebene gerichtete Magnetfeld der Größenordnung 0,1 T kann von einem Schulelektromagneten in der erforderlichen Homogenität im Bereich der Vakuumkammer erzeugt werden.

Durchführung der Messungen:
Ein α-Präparat, das praktisch nur α-Teilchen einer Geschwindigkeit emittiert, wird unmittelbar vor F_1 gebracht. Dann wird das Magnetfeld allmählich erhöht. Wenn das unmittelbar hinter F_2 angebrachte Zählrohr die größte Zählrate registriert, hat man die zu r = 1,05 m gehörige Flussdichte B gefunden (Messung von B z. B. mittels Hallsonde). Die Messung von v erfolgt in einem zweiten Versuch mittels eines Wienfilters, das sich ebenfalls in einer Vakuumkammer befindet.

d) Bezeichnet m_N die Masse eines Nukleons ($m_p \approx m_n \approx m_N$), so gilt:

$$\left(\frac{q}{m}\right)_\alpha = \frac{2 \cdot e}{4 \cdot m_N} = \frac{e}{2 \cdot m_N};$$

$$\left(\frac{q}{m}\right)_{\text{Deuteron}} = \frac{e}{2 \cdot m_N};$$

$$\left(\frac{q}{m}\right)_{\text{Li6}} = \frac{3 \cdot e}{6 \cdot m_N} = \frac{e}{2 \cdot m_N} \text{ usw.}$$

Es gibt also noch andere Nuklide, die prinzipiell die gleiche spezifische Ladung wie α-Teilchen besitzen. Die kleinen, durch unterschiedliche Bindungsenergien bedingten Abweichungen in den spezifischen Ladungen sind mit der in Teilaufgabe c geschilderten Versuchsanordnung messtechnisch nicht erfassbar.

53. Die Identifizierung der α-Teilchen durch Rutherford und Royds

In einer dünnwandigen Kapillare befindet sich ein Radonpräparat P. Die Kapillarwände sind so beschaffen, dass durch sie die von P emittierten α-Teilchen ins evakuierte Sammelrohr gelangen können. Dort fangen sie Elektronen ein und werden zu He-Atomen. Nach einer Wartezeit von mehreren Tagen wird das im Sammelrohr befindliche Gas durch Einpumpen von Quecksilber nach oben in eine Spektralröhre gepresst.

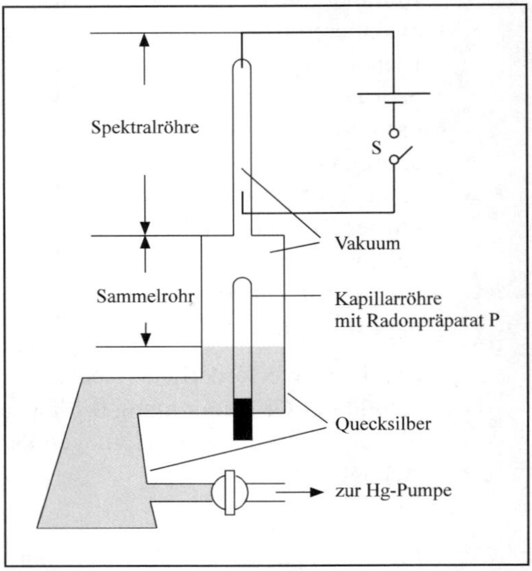

Die anschließend gezündete Glimmentladung emittiert die Spektrallinien des Heliums. In einem zweiten Kontrollversuch wird sichergestellt, dass Helium nicht von außen ins Sammelrohr diffundieren konnte.

54. Verschiebungssätze

a) – Bei einer *α-Umwandlung* nimmt die Ordnungszahl Z des radioaktiven Elements um 2, die Massenzahl A um 4 Einheiten ab.

– Bei einer *β^--Umwandlung* nimmt die Ordnungszahl Z des radioaktiven Elements um eine Einheit zu, die Massenzahl A bleibt unverändert.

– Bei einer *γ-Umwandlung* ändern sich Ordnungszahl Z und Massenzahl A nicht.

b) Veranschaulichung im N-Z-Diagramm

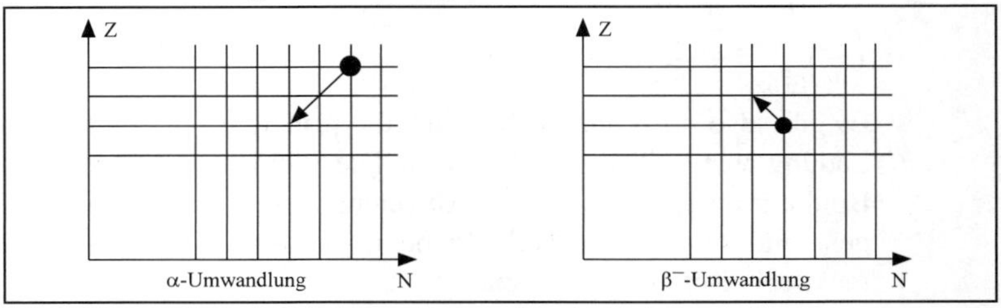

c) Da das α-Teilchen ein $^{4}_{2}$He-Kern und das Elektron ein einfach geladenes Nichtnukleon ist, $^{0}_{-1}e^{-}$, werden die Verschiebungssätze durch folgende Zerfallsgleichungen begründet:

α-Umwandlung. $^{A}_{Z}X \rightarrow {}^{A-4}_{Z-2}Y + {}^{4}_{2}He$

β⁻-Umwandlung: $^{A}_{Z}X \rightarrow {}^{A}_{Z+1}Y + {}^{0}_{-1}e^{-}$

55. Ergänzungsaufgabe

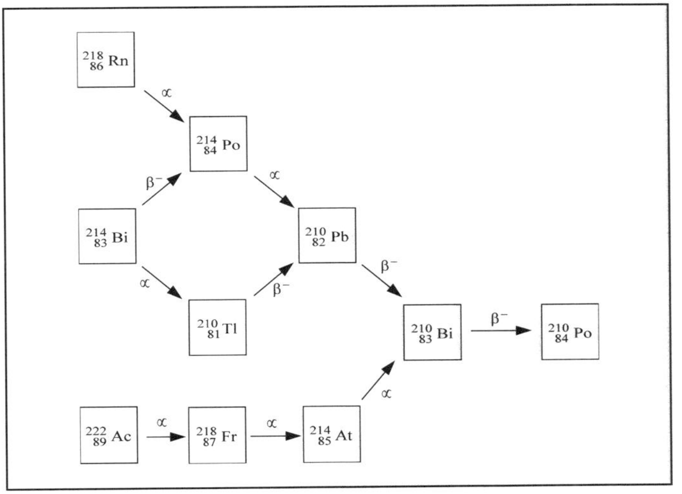

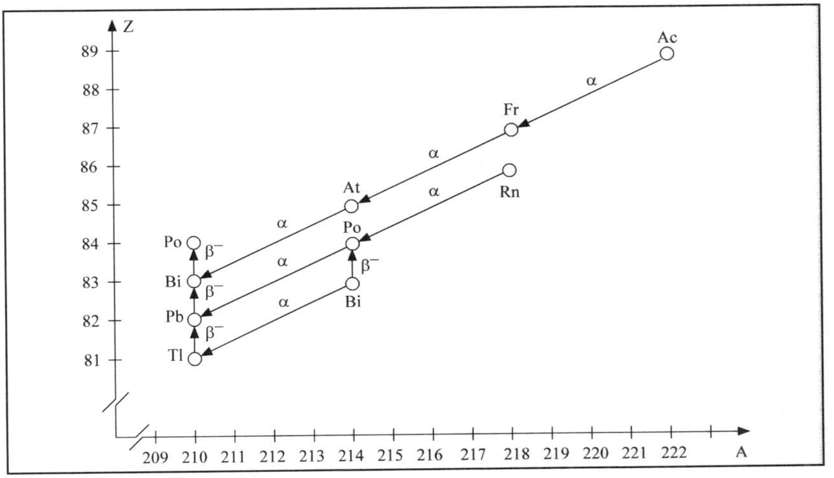

56. Zerfallsreihen

a) Zerfallsprodukte radioaktiver Elemente sind meist wieder radioaktiv. Radioaktive Elemente, die durch Zerfall auseinander hervorgehen, bilden in ihrer Gesamtheit eine Zerfallsreihe. Jede Zerfallsreihe beginnt mit einer Muttersubstanz und endet bei einem stabilen Endprodukt.

b) Nach den Verschiebungssätzen von Fajans und Soddy nimmt beim natürlichen radioaktiven Zerfall die Massenzahl entweder um 4 Einheiten ab oder bleibt unverändert. Besitzt die Massenzahl A der Muttersubstanz einer Zerfallsreihe, z. B. die Darstellung $A = 4n + 1$ mit $n \in \mathbb{N}$, so sind die Massenzahlen sämtlicher Mitglieder dieser Zerfallsreihe also ebenfalls vom Typ $4n + 1$. Da es aber für eine natürliche Zahl A nur die 4 prinzipiell verschiedenen Darstellungen $4n$, $4n + 1$, $4n + 2$, $4n + 3$ gibt, kann es höchstens 4 verschiedene Zerfallsreihen geben.
Der tiefere Grund ist also die Tatsache, dass beim natürlichen radioaktiven Zerfall massenrelevant nur ein Teilchen mit der Massenzahl 4 auftritt.

57. Rechnungen zu Zerfallsreihen

a)

$$\left.\begin{array}{ll} 8\ \alpha\text{-Zerfälle:} & \begin{array}{l}\text{A nimmt um } 8 \cdot 4 = 32 \text{ Einheiten ab} \\ \text{Z nimmt um } 8 \cdot 2 = 16 \text{ Einheiten ab}\end{array} \\ 4\ \beta^-\text{-Zerfälle:} & \begin{array}{l}\text{keine Veränderung bei A} \\ \text{Z nimmt um 4 Einheiten zu}\end{array} \end{array}\right\} \Rightarrow$$

$\Rightarrow$ A nimmt insgesamt um 32 Einheiten, Z um $16 - 4 = 12$ Einheiten ab.

$$\Rightarrow\ {}^{241}_{95}\text{Am} \xrightarrow{8\alpha,\,4\beta} {}^{241-32}_{95-12}\text{X} = {}^{209}_{83}\text{Bi}$$

b) Ausgangsnuklid ${}^{227}_{89}\text{Ac}$ Endnuklid ${}^{207}_{81}\text{Tl}$

Anzahl N_α der α-Zerfälle aus Änderung der Massenzahl A:

$$N_\alpha = \frac{227-207}{4} = \frac{20}{4} = 5$$

Da die Kernladungszahl um 8 abgenommen hat, aber die 5 α-Zerfälle eine Abahme um 10 nach sich ziehen, haben noch 2 β^--Zerfälle stattgefunden.

c) Wegen $237 = 59 \cdot 4 + 1$ und $211 = 52 \cdot 4 + 3$ sind die Masssenzahlen von Np 237 bzw. Po 211 vom Typ $4n + 1$ bzw. $4n + 3$. Da alle Mitglieder einer Zerfallsreihe gleichen Massenzahltyp besitzen, kann Po 211 nicht aus Np 237 entstehen.

58. Wechselwirkung von α-Teilchen mit Materie

a) α-Teilchen verlieren ihre Energie über die Coulombwechselwirkung durch Stöße mit gebundenen Elektronen der Atome im Absorbermaterial. Dabei können die Elektronen entweder auf höhere diskrete Niveaus gehoben (Anregung) oder aus dem Atom gestoßen werden (Ionisation). Bei energiereichen α-Teilchen überwiegt die Ionisation.

b) Durchquert ein α-Teilchen eine Materieschicht (z. B. Gasschicht), so erfährt es wegen der in Teilaufgabe a geschilderten Vorgänge viele Wechselwirkungen. Bei jeder verliert es einen kleinen Energiebetrag und wird um einen kleinen Winkel gestreut. (Wegen seiner großen Masse ist die Bahnablenkung des Teilchens durch die elektrischen Felder des Kerns und der Hülle der Absorberatome fast immer nur geringfügig.) Diese Energieverluste und Ablenkungen addieren sich statistisch so, dass der Strahl hinter dem Absorber nicht länger monoenergetisch ist und eine Winkelverteilung aufweist.

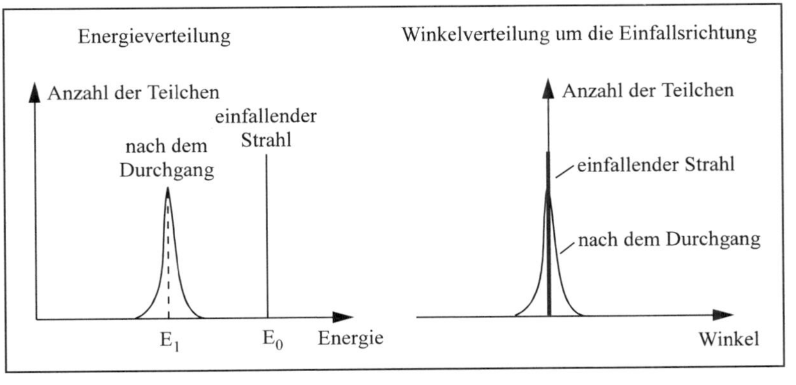

c) Der Energieverlust eines α-Teilchens ist proportional zur Anzahl der Elektronen im Absorber und bei nicht zu großen Teilchengeschwindigkeiten umgekehrt proportional zum Quadrat der Teilchengeschwindigkeit.

Hinweise:

1. Für Perfektionisten hier die vollständige Formel für Teilaufgabe c. Sie wurde klassisch von Bohr und quantenmechanisch von Bethe und Bloch berechnet und läuft heute unter dem Namen Bethe-Bloch-Gleichung.

$$-\frac{dE}{dx} = \frac{16 \cdot \pi \cdot n \cdot e^4}{m_e \cdot v^2} \cdot \left\{ \ln \frac{2 \cdot m_e \cdot v^2}{I \cdot (1 - \frac{v^2}{c^2})} - \frac{v^2}{c^2} \right\}$$

dabei sind: $-\mathrm{d}E$ = Energieverlust in der Dicke d x
n = Anzahl der Elektronen pro cm^3 in der bremsenden Substanz
m_e = Ruhemasse des Elektrons
v = Geschwindigkeit der Teilchen
I = mittlere Ionisationsenergie der Atome in der bremsenden Substanz.

2. Die Abweichung vom Mittelwert der Energie und Bahnrichtung nach dem Durchdringen einer Materieschicht bezeichnet man als „Straggling".

59. Wechselwirkung von β^--Teilchen mit Materie

Die β^--Teilchen erleiden auf ihrem Weg durch Materie Energieverluste und erfahren starke Ablenkungen von der Einfallsrichtung.

Zu den Energieverlusten:

Bezeichnet E die Energie der eingestrahlten Elektronen und $E_k = \frac{600\ \mathrm{MeV}}{Z}$ (Z = Ladungszahl der bremsenden Atome) die sogenannte kritische Energie, so gilt:

- $E < E_k$: Dann verlieren die eingestrahlten β^--Teilchen ihre Energie vorwiegend über die Coulombwechselwirkung, indem sie wie α-Teilchen Anregungen und Ionisation hervorrufen.
- $E > E_k$: Hier verlieren die eingestrahlten β^--Teilchen ihre Energie vorwiegend durch Strahlung: Fliegt ein β^--Teilchen an einem Kern vorbei, so wird es durch die Coulombkraft abgelenkt und dabei beschleunigt oder gebremst. Da beschleunigte Ladungen strahlen, gibt das β^--Teilchen Bremsstrahlung ab.

Zur Ablenkung von der Einfallsrichtung:

Aufgrund ihrer kleinen Masse erfahren die β^--Teilchen bei beiden Arten der Wechselwirkung z. T. gewaltige Ablenkungen von der Einschussrichtung, so dass sie hinter dem Absorber nicht mehr in der ursprünglichen Richtung zu finden sind. Dies führt zu einer zusätzlichen Schwächung der Strahlung.

Hinweis:

Der für $E > E_k$ geschilderte Mechanismus des Energieverlustes durch Bremsstrahlung ist für α-Teilchen unerheblich, da sie aufgrund ihrer großen Masse beim Vorbeiflug kaum abgelenkt und daher kaum beschleunigt werden.

60. Wechselwirkung von γ-Quanten mit Materie

γ-Quanten wechselwirken hauptsächlich über den Photoeffekt, den Comptoneffekt oder die Paarerzeugung mit Materie.
Beim Photoeffekt wird das γ-Quant von einem Atom absorbiert und ein Elektron wird aus der Schale gelöst, das die gesamte Energie des γ-Quants übernimmt. Die kinetische Energie des Photoelektrons ist gleich der um die Bindungsenergie des Elektrons verminderten Energie des γ-Quants.
Beim Comptoneffekt wird das γ-Quant an einem Elektron des Atoms gestreut, ändert seine Richtung und gibt einen Teil seiner Energie an das Elektron ab.
Bei der Paarerzeugung zerfällt das γ-Quant im Coulombfeld eines Kerns, der für den Ausgleich der Energie- und Impulsbilanz sorgt, in ein Elektron-Positron-Paar.

Zur Energieabhängigkeit der drei Prozesse:
Bei niedriger γ-Quant-Energie, unterhalb weniger keV, überwiegt der Photoeffekt; der Comptoneffekt ist dort klein und Paarerzeugung energetisch nicht möglich. Bei mittleren Energien, etwa um 1 MeV dominiert der Comptoneffekt. Ab der Energie $2 \cdot m_0 \cdot c^2 = 1{,}022$ MeV wird die Paarerzeugung möglich. Sie gewinnt mit weiter zunehmender Energie rasch an Bedeutung, bis sie völlig überwiegt.

Hinweis:
Zur genauen Erfassung der Energieabhängigkeit der 3 Prozesse stellt man die zugehörigen Schwächungskoeffizienten μ_{Photo}, $\mu_{Compton}$, μ_{Paar} als Funktion der Energie dar. Die mathematische Herleitung dieser Funktionen geht weit über das Schulniveau hinaus, deshalb werden nur die Graphen dieser Funktionen angegeben.

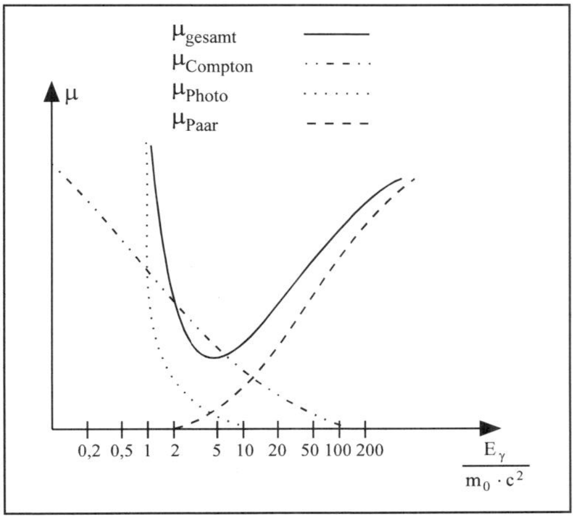

61. Absorptionsgesetz für γ-Quanten

a) Bezeichnet ΔN die Anzahl der γ-Quanten, die durch Wechselwirkung in einer infinitesimal dünnen Schicht der Dicke Δx dem Strahl verlorengehen, so muss gelten: $\Delta N \sim \Delta x$ und $\Delta N \sim N$, N ist dabei die Zahl der γ-Quanten, die auf die infinitesimale Schicht trifft.

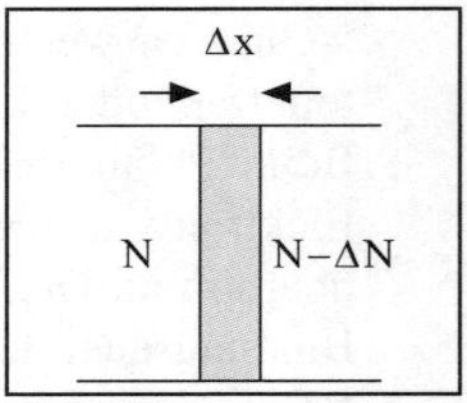

b) $$\left.\begin{array}{l}\Delta N \sim \Delta x \\ \Delta N \sim N\end{array}\right\} \Rightarrow \Delta N \sim N \cdot \Delta x \Rightarrow \Delta N = -\mu \cdot N \cdot \Delta x$$

μ ist eine Proportionalitätskonstante; das Minuszeichen trägt der Tatsache Rechnung, dass die Zahl N mit größerem Δx abnimmt.

$$\Delta N = -\mu \cdot N \cdot \Delta x \Rightarrow \frac{\Delta N}{\Delta x} = -\mu \cdot N \xrightarrow{\Delta x \text{ sehr klein}} N' = -\mu \cdot N \Rightarrow$$

$$\left.\begin{array}{l}
\Rightarrow \dfrac{N'}{N} = -\mu \Rightarrow \displaystyle\int_0^x \frac{N'(\xi)}{N(\xi)} d\xi = \int_0^x -\mu \, d\xi \\
\displaystyle\int_0^x \frac{N'(\xi)}{N(\xi)} d\xi = \left[\ln N(\xi)\right]_0^x = \ln N(x) - \ln N_0 = \ln \frac{N(x)}{N_0} \\
\displaystyle\int_0^x -\mu \, d\xi = \left[-\mu \cdot \xi\right]_0^x = -\mu \cdot x
\end{array}\right\} \Rightarrow$$

$$\ln \frac{N(x)}{N_0} = -\mu \cdot x \Rightarrow \frac{N(x)}{N_0} = e^{-\mu \cdot x} \Rightarrow N(x) = N_0 \cdot e^{-\mu \cdot x}$$

c) γ-Quanten führen „Alles-oder-Nichts-Wechselwirkungen" aus. Ein γ-Quant geht also entweder „ungeschoren" durch den Absorber, oder es wird in einer einzigen „tödlichen Begegnung" vernichtet und geht dem Strahl verloren. (Streng genommen gilt dies auch nur für den Photoeffekt und die Paarerzeugung, nicht aber für den Comptoneffekt). So haben bei γ-Quanten die durch den Absorber gegangenen Strahlen keine Wechselwirkung erfahren und der austretende Strahl hat dieselbe Energie- und Winkelverteilung wie der einfallende. Daher ist für jede differentielle Schichtdicke Δx die Zahl der wechselwirkenden Teilchen proportional zur Anzahl der einfallenden Teilchen und zur Schichtdicke.

α-Teilchen erfahren viele kleine Wechselwirkungen, die sich statistisch addieren, so dass der Strahl hinter dem Absorber zwar in seiner Energie geschwächt und nicht länger monoenergetisch ist, aber noch alle Teilchen enthält. Bei nicht zu dicken Absorbern ist hier also ΔN stets 0. Daher sind hier weder $\Delta N \sim \Delta x$ noch $\Delta N \sim N$ erfüllt.

Hinweis:
Beachten Sie, dass die Herleitung des Absorptionsgesetzes völlig analog zur Herleitung des Gesetzes für den radioaktiven Zerfall in Aufgabe 80 erfolgt.

62. Halbwertsdicke

a) Die Halbwertsdicke ist diejenige Schichtdicke eines Absorbers, nach deren Durchstrahlung mit monoenergetischen γ-Quanten sich die Intensität der Strahlung auf den halben Wert ihres Anfangsbetrages verringert hat.

b) Nach Definition von D gilt: $N(D) = \frac{N_0}{2}$
Nach dem Absorptionsgesetz gilt: $N(D) = N_0 \cdot e^{-\mu \cdot D}$ $\Bigg\}\Rightarrow$

$$\Rightarrow \frac{N_0}{2} = N_0 \cdot e^{-\mu \cdot D} \Rightarrow e^{-\mu \cdot D} = \frac{1}{2} \Rightarrow -\mu \cdot D = \ln\frac{1}{2} \Rightarrow \mu = \frac{\ln 2}{D}$$

Hinweise:
1. Da μ von der Art des Absorbermaterials und der Energie der verwendeten γ-Quanten abhängt (vgl. Hinweis zu Aufgabe 60) ist D ebenfalls von der Art des Absorbermaterials und der Energie der verwendeten γ-Quanten abhängig. D ist also keine Material*konstante*.
2. Beachten Sie, dass die Herleitung der Beziehung $\mu = \frac{\ln 2}{D}$ völlig analog zur Herleitung der Beziehung $\lambda = \frac{\ln 2}{T}$ in Aufgabe 81 erfolgt.

63. Experimentelle Bestätigung des Absorptionsgesetzes

a)

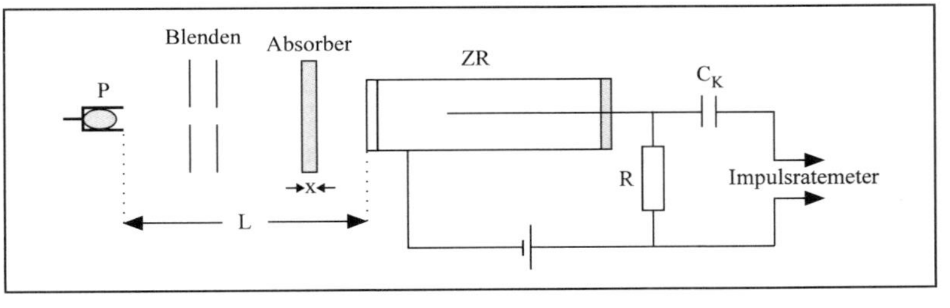

Zwischen ein γ-Präparat P (konstante Aktivität, monoenergetische γ-Quanten) und ein Zählrohr ZR werden nacheinander materialgleiche Absorber unterschiedlicher Dicke x gebracht, ohne dabei den Abstand L zwischen P und ZR zu verändern. Jedesmal wird die zugehörige Zählrate gemessen.

b)

Absorberdicke x in cm	0	1,0	2,0	3,0	4,0	5,0	6,0	7,0
Zählrate Z	166 700	64 450	24 917	9 634	3 725	1 440	557	215
$\ln\frac{Z}{Z(0)}$	0	– 0,95	– 1,90	– 2,85	– 3,80	– 4,75	– 5,70	– 6,65

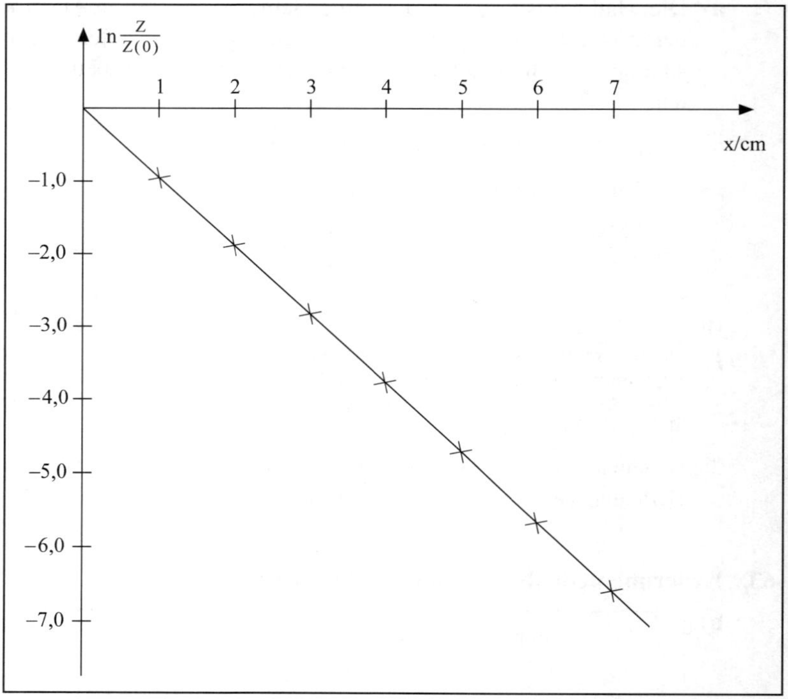

Da die Messwertpaare in einem $x - \ln\frac{Z(x)}{Z(0)}$-Diagramm auf einer Ursprungsgeraden mit der negativen Steigung – m liegen, gilt:

$$\ln\frac{Z(x)}{Z(0)} = -m\cdot x \Rightarrow \frac{Z(x)}{Z(0)} = e^{-m\cdot x} \Rightarrow Z(x) = Z(0)\cdot e^{-m\cdot x}$$

c) Vergleicht man das Ergebnis aus Teilaufgabe b mit dem Absorptionsgesetz, so erhält man $m = \mu$. Der Betrag der Steigung der Geraden im $x - \ln\frac{Z(x)}{Z(0)}$-Diagramm ist der Schwächungskoeffizient μ.

$$\Rightarrow \mu = \frac{6{,}65}{7\,\text{cm}} = 0{,}95\frac{1}{\text{cm}}$$

64. Grundaufgaben zum Absorptionsgesetz

a) $\frac{Z_1}{Z_2} = \frac{Z(d_1)}{Z(d_2)} = \frac{Z_0 \cdot e^{-\mu \cdot d_1}}{Z_0 \cdot e^{-\mu \cdot d_2}} = e^{-\mu \cdot (d_1 - d_2)} \Rightarrow \ln \frac{Z_1}{Z_2} = -\mu \cdot (d_1 - d_2)$

$\Rightarrow \mu = \frac{1}{d_2 - d_1} \cdot \ln \frac{Z_1}{Z_2} = \frac{1}{4{,}0\,\text{cm} - 1{,}0\,\text{cm}} \cdot \ln \frac{3867\,\text{min}^{-1}}{223\,\text{min}^{-1}} = 0{,}95 \frac{1}{\text{cm}}$

b) $Z_1 = Z(0) \cdot e^{-\mu \cdot d_1} \Rightarrow Z(0) = Z_1 \cdot e^{\mu \cdot d_1} = 3867\,\text{min}^{-1} \cdot e^{0{,}95\,\text{cm}^{-1} \cdot 1{,}0\,\text{cm}}$
$10^4\,\text{min}^{-1}$

c) $D = \frac{\ln 2}{\mu} \overset{a}{=} \frac{\ln 2}{0{,}95\,\text{cm}^{-1}} = 0{,}73\,\text{cm}$

d)
$$\left.\begin{array}{l} \frac{Z(x)}{Z(0)} \overset{!}{=} 0{,}03 \\ \frac{Z(x)}{Z(0)} = e^{-\mu \cdot x} \end{array}\right\} \Rightarrow e^{-\mu \cdot x} = 0{,}03 \Rightarrow -\mu \cdot x = \ln 0{,}03 \Rightarrow$$

$$x = \frac{\ln 0{,}03}{-\mu} = \frac{\ln 0{,}03}{-0{,}95\,\text{cm}^{-1}} = 3{,}7\,\text{cm}$$

65. Das Exponentialgesetz für die Schwächung von β^--Strahlung

β^--Teilchen führen in Materie nicht die „Alles-oder-Nichts-Wechselwirkung“ der γ-Quanten aus, die Voraussetzung für eine exponentielle Schwächung ist (vgl. Aufgabe 59 und 61). Daher kann für einen monoenergetischen Elektronenstrahl keine exponentielle Schwächung erwartet werden. Die von Sr90 emittierten Elektronen besitzen aber ein kontinuierliches Energiespektrum. Für jeden Energiebereich dieses Spektrums ergibt sich eine zur skizzierten ähnliche Schwächungskurve. Durch die Überlagerung dieser vielen einzelnen z. T. recht unterschiedlichen Schwächungskurven entsteht aber eine Gesamtschwächungskurve, die in weiten Bereichen durch ein Exponentialgesetz der Form $N(x) = N_0 \cdot e^{-\mu \cdot x}$ beschrieben werden kann.

Das exponentielle Schwächungsverhalten der Sr90 Elektronen beruht also letztlich auf einem Täuschungseffekt.

66. Massenschwächungskoeffizient

a) Bezeichnet μ den Schwächungskoeffizient im Schwächungsgesetz für γ- bzw. β^--Strahlung und ρ die Dichte des Absorbermaterials, so versteht man unter dem Massenschwächungskoeffizienten den Quotienten $\frac{\mu}{\rho}$.

b₁) Das vom Elektronenstrahl der Querschnittsfläche A durchstrahlte Materievolumen beträgt nach nebenstehender Skizze V = A · d. (*).
Da die Schwächung bei beiden Absorberfolien gleich ist, gilt aufgrund des Schwächungsgesetzes:

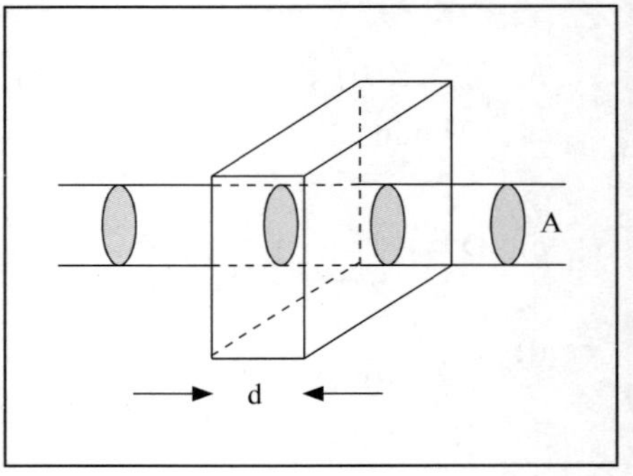

$$N_0 \cdot e^{-\mu_1 \cdot d_1} = N_0 \cdot e^{-\mu_2 \cdot d_2}$$

$$\left.\begin{array}{l} \Rightarrow \mu_1 \cdot d_1 = \mu_2 \cdot d_2 \Rightarrow \dfrac{\mu_1}{\mu_2} = \dfrac{d_2}{d_1} \\ \dfrac{\mu}{\rho} \text{ unabhängig von der Absorberart } \Rightarrow \dfrac{\mu_1}{\rho_1} = \dfrac{\mu_2}{\rho_2} \Rightarrow \dfrac{\mu_1}{\mu_2} = \dfrac{\rho_1}{\rho_2} \end{array}\right\} \Rightarrow$$

$$\frac{d_2}{d_1} = \frac{\rho_1}{\rho_2} \Rightarrow d_2 \cdot \rho_2 = d_1 \cdot \rho_1 \Rightarrow d_1 \cdot \rho_1 \cdot A = d_2 \cdot \rho_2 \cdot A \overset{(*)}{\Rightarrow} \rho_1 \cdot V_1 =$$
$$= \rho_2 \cdot V_2 \Rightarrow m_1 = m_2$$

b₂) Mit den Bezeichnungen aus Teilaufgabe b_1 gilt:

$$\left.\begin{array}{l} \dfrac{\mu_1}{\rho_1} = \dfrac{\mu_2}{\rho_2} \\ d_1 = d_2 \end{array}\right\} \Rightarrow \frac{\mu_1}{\rho_1} \cdot d_1 = \frac{\mu_2}{\rho_2} \cdot d_2 \Rightarrow e^{-\frac{\mu_1}{\rho_1} \cdot d_1} = e^{-\frac{\mu_2}{\rho_2} \cdot d_2}$$

Wenn $\rho_1 > \rho_2 > 0 \Rightarrow$

$$\Rightarrow e^{-\mu_1 \cdot d_1} < e^{-\mu_2 \cdot d_2} \Rightarrow N_0 \cdot e^{-\mu_1 \cdot d_1} < N_0 \cdot e^{-\mu_2 \cdot d_2} \Rightarrow$$

$N(d_1) < N(d_2) \Rightarrow$ Absorber mit größerer Dichte schwächt stärker.

67. Grundsätzliches zur Reichweite

a) Unter der Reichweite eines Teilchens versteht man diejenige Schichtdicke, die ein Teilchen durchdringt, bis es seine gesamte Energie verloren hat.

b) γ-Quanten geben, vom Comptoneffekt einmal abgesehen, ihre gesamte Energie in einem einzigen „Alles-oder-Nichts-Prozess" vollständig ab. Da diese Vernichtung des γ-Quants mit gleicher Wahrscheinlichkeit an jeder Stelle des Absorbers erfolgen kann, ist eine Festlegung der Reichweite in obigem Sinn nicht möglich.

c) Misst man die Zahl N (x) der α-Teilchen, die aus einem gut gebündelten, monoenergetischen Strahl nach Durchlaufen einer absorbierenden Gasschicht noch im Detektor ankommen, in Abhängigkeit von der Schichtdicke x, so erhält man das skizzierte Diagramm.

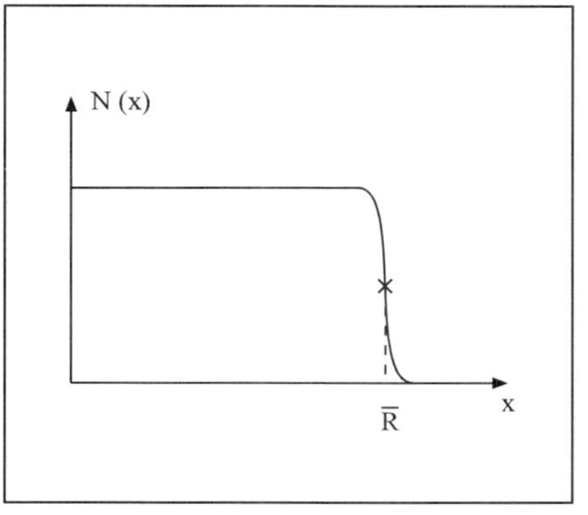

Die Schichtdicke $\overline{R}$, bei der die Funktion N (x) einen Wendepunkt besitzt, definiert man als mittlere Reichweite der α-Teilchen.

Da die α-Teilchen als schwere Teilchen durch die Coulombstöße mit den Hüllenelektronen kaum abgelenkt werden, sind ihre Bahnen geradlinig und ihre Reichweiten praktisch gleich ihren Bahnlängen.

d) Da β^--Teilchen bei einem Stoß bis zur Hälfte ihrer Energie abgeben können und sich auf Zick-Zack-Bahnen durch den Absorber bewegen, schwanken die Schichtdicken, innerhalb derer β^--Teilchen ihre Energie verlieren, sehr stark und ihre Bahnlängen sind wesentlich größer als diese Schichtdicken.

Als mittlere Reichweite definiert man daher diejenige Schichtdicke $\overline{R}$, nach der die Elektronenzahl auf die Hälfte der ursprünglichen Zahl abgenommen hat.

68. Reichweitenmessung für α-Teilchen mit der Bragg-Kammer

a) β^-- und γ-Strahlung werden wegen ihres geringen Ionisierungsvermögens von Ionisationskammern nicht festgestellt. Zum Nachweis, dass nur α-Teilchen für den Ionisationsstrom I_{Ion} verantwortlich sind, bringt man vor das Metallgitter ein Blatt Papier. Dann sinkt I_{Ion} sofort auf Null. Würden auch β^--Teilchen oder γ-Quanten in nennenswertem Maß zu I_{Ion} beitragen, so müsste auch mit dem Papierabsorber, der für sie ja kein Hindernis darstellt, ein Strom I_{Ion} messbar sein.

b$_1$) Für $x_P > x_3$ werden alle vom Präparat P ausgesandten α-Teilchen durch die Luftschicht vor dem Gitter G absorbiert, I_{Ion} ist Null. Verringert man den Abstand $\overline{PG}$, so gelangen zunächst die weitreichendsten α-Teilchen durch G in die Kammer und lösen dort durch die Ionisierung der Luftmoleküle im Kammerinneren I_{Ion} aus. Je kleiner x_P, desto mehr α-Teilchen gelangen in die Kammer und desto größer wird I_{Ion}. Das Maximum ist erreicht, wenn alle von P pro Zeiteinheit emittierten α-Teilchen bis zur Auffängerelektrode K gelangen.

b$_2$) Folgerungen hinsichtlich der Reichweite:
- Die Reichweite ist ziemlich einheitlich.
- Die größte Reichweite R_{max} beträgt: $R_{max} = x_3$.
- Die kürzeste Reichweite R_{min} kann nicht eindeutig bestimmt werden, da der Anstieg von I_{Ion} bei kleiner werdendem x_P nicht nur durch die zusätzlich in die Kammer eintretenden α-Teilchen, sondern auch durch die zwischen K und G zunehmende Ionisation bedingt wird.

c) Wenn $0 < x_P < x_2$ erreichen alle von P während Δt emittierten α-Teilchen K. Daher bleibt die Zahl der zwischen K und G in Δt erzeugten Ionen-Elektronen-Paare und damit auch I_{Ion} konstant.
Das Ionisierungsvermögen eines α-Teilchens ist aber nach Aufgabe 58 um so größer, je kleiner seine Geschwindigkeit ist. Daher besitzen α-Teilchen am Ende ihrer Flugbahn ($x_1 < x_P < x_2$) ein größeres Ionisierungsvermögen und daher steigt I_{Ion} über den für $x_P < x_1$ konstanten Wert zu dem Höcker an.

69. Theoretische Herleitung des quadratischen Abstandsgesetzes

Da pro Zeiteinheit durch die gesamte Oberfläche $4 \cdot \pi \cdot r^2$ einer Kugel um M mit Radius r N_0 Teilchen treten, treten nach Dreisatz durch ein Flächenstück des Inhalts A von dieser Kugeloberfläche $\frac{N_0}{4 \cdot r^2 \cdot \pi} \cdot A$ Teilchen pro Zeiteinheit.

Daher gilt:

$$\left.\begin{aligned} N_1 &= \frac{N_0}{4 \cdot r_1^2 \cdot \pi} \cdot A \\ N_2 &= \frac{N_0}{4 \cdot r_2^2 \cdot \pi} \cdot A \end{aligned}\right\} \Rightarrow \frac{N_1}{N_2} = \frac{\frac{N_0}{4 \cdot r_1^2 \cdot \pi} \cdot A}{\frac{N_0}{4 \cdot r_2^2 \cdot \pi} \cdot A} = \frac{\frac{1}{r_1^2}}{\frac{1}{r_2^2}} = \left(\frac{r_2}{r_1}\right)^2$$

70. Experimentelle Bestätigung des quadratischen Abstandsgesetzes

a)

r/cm	5,0	7,5	10,0	12,5	15,0	17,5	20,0
$Z(r)/\text{min}^{-1}$	15 000	6 600	3 750	2 390	1 670	1 230	930
$\frac{1}{\sqrt{Z(r)}} / \sqrt{\text{min}}$	0,008	0,012	0,016	0,020	0,024	0,029	0,033

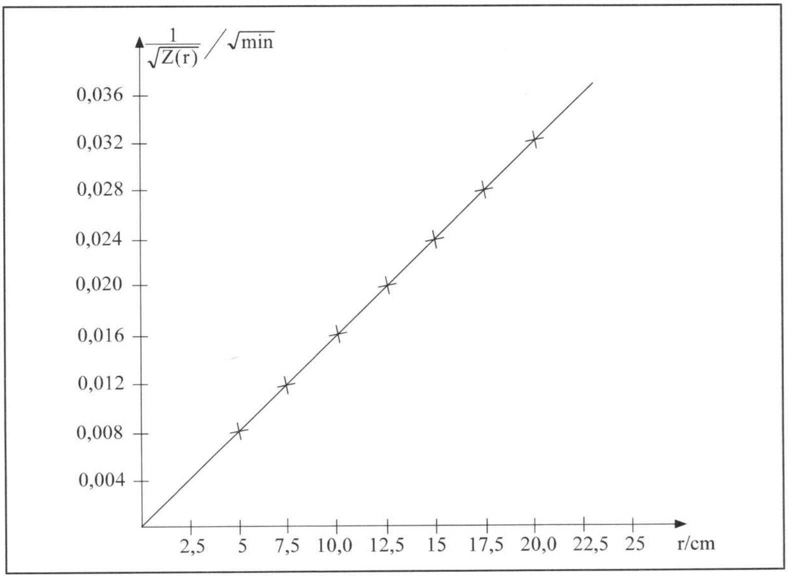

b) Da das $r-\frac{1}{\sqrt{Z(r)}}$-Diagramm eine Ursprungsgerade mit positiver Steigung m ist, gilt:

$$\frac{1}{\sqrt{Z(r)}} = m \cdot r \Rightarrow \frac{1}{Z(r)} = m^2 \cdot r^2 \Rightarrow Z(r) = \frac{1}{m^2} \cdot \frac{1}{r^2} \Rightarrow$$

$$\Rightarrow \frac{Z(r_1)}{Z(r_2)} = \frac{\frac{1}{m^2 \cdot r_1^2}}{\frac{1}{m^2 \cdot r_2^2}} = \left(\frac{r_2}{r_1}\right)^2$$

c) Mit Worten: Die Zählraten in zwei verschiedenen Abständen von einem radioaktiven Präparat verhalten sich umgekehrt wie die Quadrate dieser Abstände.

d) $$\frac{Z(r_1)}{Z(r_2)} = \left(\frac{r_2}{r_1}\right)^2 \Rightarrow Z(r_1) = Z(r_2) \cdot \left(\frac{r_2}{r_1}\right)^2 \Rightarrow$$

$$\Rightarrow Z(25\,\text{cm}) = Z(5\,\text{cm}) \cdot \left(\frac{5\,\text{cm}}{25\,\text{cm}}\right)^2 = 15000\,\frac{1}{\text{min}} \cdot \frac{1}{25} = 600\,\frac{1}{\text{min}}$$

71. Abstand oder Abschirmung

a) Emittiert P in einer Minute N_0 γ-Quanten, so können nach dem Schwächungsgesetz

$$N(1{,}5\,\text{cm}) = N_0 \cdot e^{-\mu \cdot 1{,}5\,\text{cm}} = N_0 \cdot e^{-\frac{\ln 2}{D} \cdot 1{,}5\,\text{cm}} = N_0 \cdot e^{-\frac{\ln 2}{1{,}7\,\text{cm}} \cdot 1{,}5\,\text{cm}} =$$

$0{,}542 \cdot N_0$ γ-Quanten die Eisenabschirmung überwinden.

Auf die Fläche A des Zählrohrfensters treffen in $r_1 = 0{,}9$ m Entfernung vom Kugelmittelpunkt pro Minute dann

$$N_{0,9;\text{mit}} = \frac{N(1{,}5\,\text{cm})}{4 \cdot r_1^2 \cdot \pi} \cdot A = \frac{0{,}542 \cdot N_0 \cdot A}{4 \cdot 0{,}9^2\,\text{m}^2 \cdot \pi} = 0{,}053 \frac{1}{\text{m}^2} \cdot N_0 \cdot A$$

γ-Quanten.

Vom nicht abgeschirmten Präparat treffen in r m Entfernung von P auf die Fläche A des Zählrohrfensters pro Minute

$$N_{r,\text{ohne}} = \frac{N_0}{4 \cdot r^2 \cdot \pi} \cdot A \quad \gamma\text{-Quanten.}$$

$$N_{0,9;\text{mit}} \overset{!}{=} N_{r,\text{ohne}} \Rightarrow 0{,}053 \frac{1}{\text{m}^2} \cdot N_0 \cdot A = \frac{N_0 \cdot A}{4 \cdot r^2 \cdot \pi} \Rightarrow$$

$$\Rightarrow r = \sqrt{\frac{1}{4 \cdot \pi \cdot 0{,}053}}\,\text{m} = 1{,}22\,\text{m}$$

b) $\frac{N_{r_2,mit}}{N_{r_1,mit}} = \left(\frac{r_1}{r_2}\right)^2 \Rightarrow N_{r_2,mit} = \left(\frac{r_1}{r_2}\right)^2 \cdot N_{r_1,mit} \Rightarrow$

$$Z_{r_2,mit} = \left(\frac{r_1}{r_2}\right)^2 \cdot Z_{r_1,mit} \Rightarrow Z_{r_2,mit} = \left(\frac{0,90\ m}{1,22\,m}\right)^2 \cdot 7000\ \frac{1}{min} = 3809\ \frac{1}{min}$$

72. Schwierigere Rechnungen zum quadratischen Abstandsgesetz

a) Bezeichnungen: N_i = Zahl der von P_i pro Zeiteinheit emittierten γ-Quanten. $N_i\,(r)$ = Zahl der γ-Quanten, die von P_i pro Zeiteinheit auf die Zählrohrfensterfläche A treffen, wenn P_i vom Zählrohr r entfernt ist. (i = 1,2)

$$\left.\begin{aligned} N_1(r_1) &= \frac{N_1}{4\cdot\pi\cdot r_1^2}\cdot A \\ N_2(r_2) &= \frac{N_2}{4\cdot\pi\cdot r_2^2}\cdot A \\ N_1(r_1) &= 3\cdot N_2(r_2) \end{aligned}\right\} \Rightarrow \frac{N_1\cdot A}{4\cdot\pi\cdot r_1^2} = 3\cdot\frac{N_2\cdot A}{4\cdot\pi\cdot r_2^2} \Rightarrow \frac{N_1}{N_2} = 3\cdot\left(\frac{r_1}{r_2}\right)^2 \Rightarrow$$

$$\frac{N_1}{N_2} = 3\cdot\left(\frac{0,6m}{0,9m}\right)^2 = \frac{4}{3}$$

Die Aktivität von P_2 beträgt also nur 75 % der Aktivität von P_1.

b)
$$\left.\begin{aligned} &\frac{N_1(1,0\,m)}{N_1(0,5\,m)} = \left(\frac{0,5\,m}{1,0\,m}\right)^2 = 0,25 \Rightarrow N_1(1,0\,m) = \frac{1}{4}\cdot N_1(0,5\,m) = \frac{1}{4}\cdot Z_0 \\ &\text{Bedingungen: } N_1(1,0\,m) + N_2(r_2) \stackrel{!}{=} 2\cdot Z_0 \end{aligned}\right\}\Rightarrow$$

$$\Rightarrow \frac{1}{4}\cdot Z_0 + N_2(r_2) = 2\cdot Z_0 \Rightarrow N_2(r_2) = \frac{7}{4}\cdot Z_0 \quad (*)$$

$$\left.\begin{aligned} &\left.\begin{aligned} N_2(r_2) &= \frac{N_2\cdot A}{4\cdot\pi\cdot r_2^2} \\ \text{Aufgabe a: } N_2 &= \frac{3}{4}\cdot N_1 \end{aligned}\right\} \Rightarrow N_2(r_2) = \frac{\frac{3}{4}\cdot N_1\cdot A}{4\cdot\pi\cdot r_2^2} = \frac{3\cdot N_1\cdot A}{16\cdot\pi\cdot r_2^2} \\ &Z_0 = N_1(0,5\,m) = \frac{N_1\cdot A}{4\cdot 0,5^2\,m^2\cdot\pi} = \frac{N_1\cdot A}{\pi\,m^2} \Rightarrow \frac{N_1\cdot A}{\pi} = Z_0 m^2 \end{aligned}\right\}\Rightarrow$$

$$\left.\begin{aligned} &\Rightarrow N_2(r_2) = \frac{3\cdot Z_0}{16\cdot r_2^2}m^2 \\ &(*) N_2(r_2) = \frac{7}{4}\cdot Z_0 \end{aligned}\right\} \Rightarrow \frac{3\cdot Z_0}{16\cdot r_2^2}m^2 = \frac{7}{4}\cdot Z_0 \Rightarrow r_2 = \sqrt{\frac{3\cdot 4}{16\cdot 7}}\ m \Rightarrow$$

$$\Rightarrow r_2 = \sqrt{\frac{3}{28}}\ m = 0,33m$$

P_2 muss also 33 cm vom ZR entfernt aufgestellt werden.

73. Biologische Strahlenwirkung

Trifft radioaktive Strahlung auf einen Organismus, so kommt es dort innerhalb eines Bruchteils einer tausendstel Sekunde zur Anregung und Ionisation von Atomen und Molekülen (physikalische Primärreaktion). Diese ionisierten Atome oder Moleküle können sich innerhalb von Sekundenbruchteilen bis hin zu Minuten durch chemische Umwandlungen reversibel oder irreversibel zu neuen Verbindungen (auch toxischen) zusammenschließen (chemische Sekundärreaktion).

Auf diese ersten chemischen Umwandlungen folgen Veränderungen von Funktionsabläufen (z. B. Veränderungen der Durchlässigkeit der Zellwände) oder Veränderungen im Stoffwechsel (biochemische Reaktion).

Diese biochemischen Reaktionen führen schließlich zum manifesten biologischen Strahlenschaden (vgl. Hinweis).

Hinweise:

1. Radioaktive Strahlung kann z. B. die **Zellteilung** sogenannter Stammzellen in Mausergeweben (richtiger: aktiv prolieferierende Zellerneuerungssysteme), also z. B. Knochenmark, innere Darmwand, Oberhaut, Haare, kleine Blutgefäße, ... stören oder völlig unterbinden und so dazu führen, dass die in diesen Geweben fortlaufenden natürlichen Zellverluste nicht mehr ausgeglichen werden. Ein Zusammenbruch des Organs mangels Zellnachschub ist die Folge.
2. Sie kann aber auch die **Zelldifferenzierung** in der Embryonalentwicklung oder beim Erwachsenen (z. B. bei der Nachbildung spezieller Blutzellen im Knochenmark) stören oder unterbinden und dadurch schwerste Schäden hervorrufen.
3. Ausdifferenzierte, auf einen bestimmten Aufgabenbereich spezialisierte Zellen sind zwar weit weniger empfindlich gegenüber radioaktiver Strahlung, können jedoch in ihrer **Zellfunktion** durch biochemische Reaktionen gestört werden und dadurch Funktionsstörungen des betreffenden Organs hervorrufen.
4. Schließlich kann die **Regulation der Zelle im Zellverband**, also die Fähigkeit der Zelle, sich im Zellverband ein- und unterzuordnen, durch radioaktive Strahlung verlorengehen und so aus einer normalen Zelle eine Krebszelle entstehen.

All diese Prozesse sind jedoch hochkomplex und noch lange nicht bis ins Letzte genau bekannt!

74. Klassifizierung von Strahlenschäden

a) Nichtstochastische Strahlenschäden sind Schäden, die erst nach Überschreiten einer Schwellendosis auftreten, Schäden, deren Schweregrad von der Höhe der Dosis abhängt. Ursachen sind Zellteilungsstörungen.

Bei nichtstochastischen Schäden handelt es sich um ein multizelluläres Ereignis. Beispiele sind: die akute Strahlenkrankheit, Rötung der Haut, Fertilitätsstörungen.

b) Stochastische Strahlenschäden sind Schäden, für deren Eintreten **kein** Schwellenwert angegeben werden kann, deren Eintritts**wahrscheinlichkeit** von der Höhe der Dosis abhängt. Ursachen sind Mutationen an den Körper- oder Keimzellen, deren Zellteilungsfähigkeit erhalten geblieben ist. Es handelt sich um ein unizelluläres Ereignis. Beispiele sind strahlenbedingte bösartige Geschwülste oder Erbkrankheiten.

c) Genetische Schäden sind Schäden an den Keimzellen (Eizelle der Frau bzw. Samenzelle des Mannes) und an den Geweben, die diese Keimzellen produzieren (Eierstöcken bzw. Hoden).

d) Somatische Schäden sind alle nicht genetischen, also den übrigen Körper betreffende Schäden.

75. Dosisbegriffe

Unter der **Energiedosis D** versteht man den Quotienten aus der vom Körper absorbierten Energie ΔE und der Masse Δm des Körpers:

$$D = \frac{\Delta E}{\Delta m}$$

Die Einheit der Energiedosis ist das Gray (Gy): $1\,\text{Gy} = \frac{1\,\text{J}}{1\,\text{kg}}$

Da verschiedene Strahlenarten bei gleicher Energiedosis biologisch unterschiedlich wirksam sind, führt man die **Äquivalenzdosis H** ein. H erhält man aus D durch Multiplikation mit dem empirisch ermittelten Faktor q der relativen biologischen Wirksamkeit (RBW-Faktor):

$$H = q \cdot D$$

Für α- bzw. γ-Strahlen hat q den Wert 20 bzw. 1. Will man also mit α-Strahlen den gleichen biologischen Effekt wie mit γ-Strahlen erzielen, so benötigt man nur $\frac{1}{20}$ der Energiedosis der γ-Strahlen.

Die Einheit der Äquivalenzdosis ist das Sievert (Sv): $1\,\text{Sv} = \frac{1\,\text{J}}{1\,\text{kg}}$

Unter der **Dosisleistung** versteht man den Quotienten aus der Energiedosis D bzw. der Äquivalenzdosis H und der Einwirkungszeit Δt der Strahlung, also $\frac{D}{\Delta t}$ bzw. $\frac{H}{\Delta t}$.

Hinweise:

1. Die Definitionsgleichungen für D und H finden Sie in der Formelsammlung auf Seite 62 / 7.5 bzw. 7.6.
2. Die Energiedosis ist eine recht trügerische Größe, da sie nicht zum Ausdruck bringt, dass radioaktive Strahlung verglichen mit anderen Formen der Energiezufuhr biologisch äußerst wirksam ist: so entspricht z. B. die Energiezufuhr in

Form radioaktiver Strahlung der Energiedosis 7 Gy (Ganzkörperbestrahlung), eine absolut tödliche Dosis, gerade der durch die Termperaturdifferenz zur Körpertemperatur bedingten Wärmeenergie, einer Tasse Kaffee!

3. Merken Sie sich als Anhaltspunkte folgende Daten (die von Ihnen in Prüfungen aber nicht verlangt werden):
   RBW-Faktoren für

Röntgen-, γ-, β-Strahlen	:	q = 1
Neutronen	:	q = 5 bis 10
α-Strahlen	:	q = 10 bis 20

   Ca. 4 Sv als Ganzkörperbestrahlung auf einen Schlag gegeben, töten ca. 50 von 100 Menschen innerhalb von 30 Tagen.
   Ca. 1 mSv pro Jahr beträgt die natürliche Strahlenbelastung, der die Menschheit seit Anbeginn ausgesetzt ist.

76. Rechenaufgabe zu den Dosisbegriffen

a) $\left.\begin{array}{l}\text{FS. S. 62/7.6} \quad H = q \cdot D \\ q = 1 \text{ für } \beta^- \text{- und } \gamma\text{-Strahlen}\end{array}\right\} \Rightarrow H = 1 \cdot 2{,}5 \cdot 10^{-4}\,\frac{\text{Sv}}{\text{h}} = 2{,}5 \cdot 10^{-4}\,\frac{\text{Sv}}{\text{h}}$

b) Bezeichnet t die Zahl der Arbeitsstunden pro Tag, so gilt:

$$2{,}5 \cdot 10^{-4}\,\frac{\text{Sv}}{\text{h}} \cdot t \cdot 320 \leq 0{,}05\text{ Sv}$$

$$\Rightarrow \; t \leq \frac{0{,}05\,\text{Sv}}{2{,}5 \cdot 10^{-4}\,\frac{\text{Sv}}{\text{h}} \cdot 320} = 0{,}625\text{ h} = 37{,}5\text{ min}$$

Der Fahrer darf pro Tag höchstens 37 min arbeiten.

c) Bezeichnet H(r) die Äquivalenzdosisleistung in der Entfernung r von der Ladefläche, so gilt nach dem quadratischen Abstandsgesetz:

$$\frac{H(3{,}5\,\text{m})}{H(2{,}5\,\text{m})} = \left(\frac{2{,}5\,\text{m}}{3{,}5\,\text{m}}\right)^2 \Rightarrow H(3{,}5\text{ m}) = \left(\frac{2{,}5\,\text{m}}{3{,}5\,\text{m}}\right)^2 \cdot H(2{,}5\text{ m})$$

$$\Rightarrow \; H(3{,}5\text{ m}) = \left(\frac{2{,}5}{3{,}5}\right)^2 \cdot 2{,}5 \cdot 10^{-4}\,\frac{\text{Sv}}{\text{h}} = 1{,}28 \cdot 10^{-4}\,\frac{\text{Sv}}{\text{h}}$$

Bezeichnet t' die zulässige Zahl der Arbeitsstunden pro Tag, so gilt wie bei Teilaufgabe b:

$$t' \leq \frac{0{,}05\,\text{Sv}}{1{,}28 \cdot 10^{-4}\,\frac{\text{Sv}}{\text{h}} \cdot 320} = 1{,}22\text{ h} = 73{,}2\text{ min}$$

Der Fahrer dürfte täglich ca. 36 min länger arbeiten.

d) Je gleichmäßiger eine bestimmte Äquivalenzdosis über einen Zeitraum verteilt absorbiert wird und je länger dieser Zeitraum ist, desto kleiner ist die Wahrscheinlichkeit für einen Strahlenschaden bzw. desto geringer ist der Strahlenschaden. Daher ist es für den Fahrer günstiger, jeweils nur 1 Fass zu transportieren und länger zu arbeiten.

77. Innere und äußere Bestrahlung

Befindet sich die α-Strahlen-Quelle außerhalb des Körpers, so stellen die α-Teilchen keine ernstliche Bedrohung für den Menschen dar. In Luft haben sie nur eine Reichweite von weniger als 10 cm und können den Körper nur erreichen, wenn man sich sehr nahe an der Strahlungsquelle befindet. Aber selbst wenn α-Teilchen zum Körper gelangen, werden sie von der Kleidung absorbiert und führen höchstens an unbedeckten Stellen zu einer Hautdosis, da sie nicht in den Körper eindringen.
Werden jedoch α-emittierende Radionuklide über die Nahrung, durch Inhalation oder durch Wunden in den Körper aufgenommen, werden also die Strahlungsquellen selbst inkorporiert, so richten die im Körper emittierten, aus nächster Nähe auf die Zellen treffenden α-Teilchen aufgrund ihrer hohen Ionisationsfähigkeit einen verheerenden biologischen Schaden an.

Hinweise:

1. Unter Radiotoxizität versteht man die Gefährlichkeit eines radioaktiven Stoffes, die durch die Energie und Art der Strahlung, durch die Halbwertszeit und die Art und Weise der Anreicherung bzw. des Verbleibs im Körper bestimmt ist. Alle Transurane, also Neptunium, Plutonium, Americium, ... (fast alle Isotope dieser Elemente sind α-Strahler), haben eine hohe Radiotoxizität.
   Ein Zahlenbeispiel: Laut Auskunft der amerikanischen AEC (Atomic Energy Commission) ist die Mindestmenge Plutonium, die inhaliert Lungenkrebs verursacht, so gering, dass sie nicht ermittelt werden kann; 10^{-6} g Plutonium gelten jedoch als tödliche Inhalationsdosis. Aber auch inkorporierte β^--, bzw. γ-Strahler, wie z. B. Sr90, können trotz ihrer wesentlich geringeren Ionisationsfähigkeit eine hohe Radiotoxizität aufweisen: Sr steht im Periodensystem in der selben Gruppe wie Ca und wird, einmal vom Körper aufgenommen, wie Ca vor allem in die Knochen eingebaut. Dort richtet dieser β^--Strahler mit einer Halbwertszeit von 28 a Schäden im blutbildenden Knochenmark an.
2. Prägen Sie sich die wichtigsten Schutzmaßnahmen beim Umgang mit radioaktiven Präparaten ein! Diese lauten:
   a) Inkorporation vermeiden!
   b) Abstand halten!
   c) Abschirmen!
   d) Kurze Bestrahlungszeiten einhalten!

78. Der Ionisationskammerversuch

a) Durch den radioaktiven Zerfall des Thoriumsalzes entsteht gasförmiges $^{220}_{86}Rn$, das aus der Plastikflasche in die Ionisationskammer gedrückt werden kann.

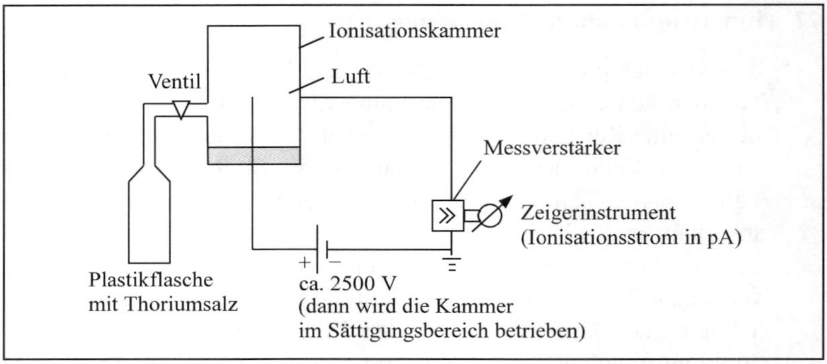

b)

t/s	0	10	20	30	40	50	60	70	80	90	100
$I/10^{-11}$ A	40	35,2	31,2	27,2	24	21,2	18,8	16,4	14,4	12,8	11,2
$\ln\frac{I(t)}{I(0)}$	0	−0,13	−0,25	−0,39	−0,51	−0,63	−0,76	−0,89	−1,02	−1,14	−1,27

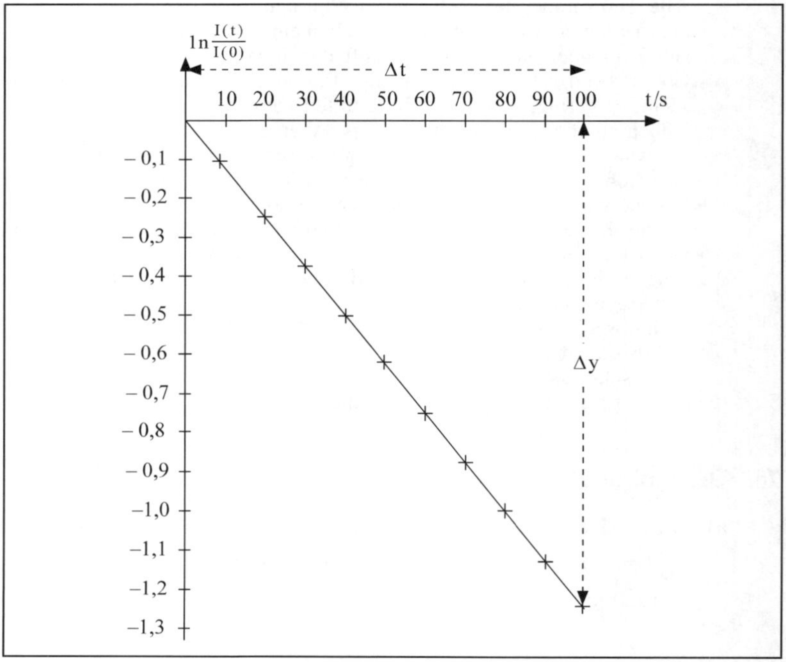

Die Messwertpaare liegen also auf einer Ursprungsgeraden mit negativer Steigung (Bezeichnung $-\lambda$)

$$\Rightarrow \ln\frac{I(t)}{I(0)} = -\lambda \cdot t \Rightarrow \frac{I(t)}{I(0)} = e^{-\lambda \cdot t} \Rightarrow I(t) = I(0) \cdot e^{-\lambda \cdot t}$$

c) λ ist der Betrag der Steigung der Ursprungsgeraden in Teilaufgabe b

$$\lambda = \frac{|\Delta y|}{\Delta t} = \frac{1{,}27}{100\,\text{s}} = 0{,}0127\,\frac{1}{\text{s}}$$

79. Experimentelle Bestätigung des Zerfallsgesetzes

a) Wegen $T_2 \ll T_1$ wandelt sich bei $\text{Rn} \xrightarrow[T_1]{\alpha} \text{Po} \xrightarrow[T_2]{\alpha} \text{Pb}$ ein Rn-Kern unter praktisch gleichzeitiger Emission zweier α-Teilchen in einen Pb-Kern um. Erzeugen die α-Teilchen von Rn bzw. Po im Mittel n_1 bzw. n_2 Elektronen-Ionenpaare in der Ionisationskammer, so entstehen durch den Zerfall eines Rn-Kerns praktisch sofort $n_1 + n_2$ Elektronen-Ionen-Paare.

Der Pb-Kern kann wegen $T_3 \gg T_1$ während der Versuchsdauer praktisch als stabil angesehen werden; außerdem tragen die von Pb 212 emittierten β^--Teilchen aufgrund ihres geringen Ionisierungsvermögens nicht nennenswert zum Ionisationsstrom bei.

Der Zerfall von Rn 220 hat also insgesamt für den Ionisationsstrom die gleiche Wirkung, als wenn Rn 220 unter Emission *eines* α-Teilchens, das in der Kammer $n_1 + n_2$ Elektronen-Ionen-Paare erzeugt, in ein stabiles Nuklid überginge.

b) Sind die in Teilaufgabe a genannten Elektronen-Ionen-Paare einwertig, so entsteht beim Zerfall von ΔN Rn 220-Kernen der für den Ionisationsstrom I relevante Ladungsbetrag ΔQ:

$\Delta Q = \Delta N \cdot (n_1 + n_2) \cdot e$ (vgl. Teilaufgabe a und Aufgabe 28)

$$\Rightarrow I(t) = \lim_{\Delta t \to 0} \frac{\Delta Q}{\Delta t} = \lim_{\Delta t \to 0} (n_1 + n_2) \cdot e \cdot \frac{\Delta N}{\Delta t} = \underbrace{(n_1 + n_2) \cdot e}_{:=k} \cdot \lim_{\Delta t \to 0} \frac{\Delta N}{\Delta t}$$

$$= k \cdot \dot{N}(t) \Rightarrow I(t) \sim \dot{N}(t)$$

c) $$\left.\begin{array}{l} 79\text{b}: I(t) = k\cdot\dot{N}(t) \\ 78\text{b}: I(t) = I(0)\cdot e^{-\lambda\cdot t}\end{array}\right\} \Rightarrow k\cdot\dot{N}(t) = I(0)\cdot e^{-\lambda\cdot t} \Rightarrow \dot{N} = \frac{I(0)}{k}\cdot e^{-\lambda\cdot t}$$

$$\left.\begin{array}{l} \Rightarrow \int\limits_0^t \dot{N}(\tau)d\tau = \int\limits_0^t \frac{I(0)}{k}\cdot e^{-\lambda\cdot\tau}d\tau \\ \int\limits_0^t \dot{N}(\tau)d\tau = N(t) + C_1 \\ \int\limits_0^t \frac{I(0)}{k}\cdot e^{-\lambda\cdot\tau}d\tau = -\frac{I(0)}{k\cdot\lambda}e^{-\lambda\cdot t} + C_2 \end{array}\right\} \Rightarrow N(t) + C_1 = -\frac{I(0)}{k\cdot\lambda}\cdot e^{-\lambda\cdot t} + C_2$$

$$\Rightarrow N(t) = \underbrace{-\frac{I(0)}{k\cdot\lambda}}_{:=C_3}\cdot e^{-\lambda\cdot\tau} \underbrace{+C_2 - C_1}_{:=C_4} = C_3\cdot e^{-\lambda\cdot\tau} + C_4$$

Bestimmung der Konstanten C_3, C_4

Nach hinreichend langer Zeit sind praktisch alle Kerne zerfallen:

$$\left.\begin{array}{l} \lim\limits_{t\to\infty} N(t) \overset{!}{=} 0 \\ \lim\limits_{t\to\infty} N(t) = \lim\limits_{t\to\infty}(C_3\cdot e^{-\lambda\cdot t} + C_4) = C_4 \end{array}\right\} \Rightarrow C_4 = 0$$

somit: $$\left.\begin{array}{l} N(t) = C_3\cdot e^{-\lambda\cdot t} \\ N(0) = C_3\cdot e^{-\lambda\cdot 0} = C_3 \end{array}\right\} \Rightarrow N(t) = N(0)\cdot e^{-\lambda\cdot t}$$

80. Zerfallsgesetz aus Rutherfords Hypothese

a) ΔN bezeichne die Zahl derjenigen Kerne, die in einem Zeitintervall Δt zerfallen und N (t) die Zahl der Kerne, die zum Zeitpunkt t noch unzerfallen vorhanden sind.

Für sehr kleines Δt macht Rutherford dann die beiden Annahmen:

(1) $\Delta N \sim N(t)$ (Zerfallen von 100 000 Kernen in der nächsten Sekunde z. B. 10 Kerne, so ist es naheliegend anzunehmen, dass von 200 000, 300 000, ... Kernen in der nächsten Sekunde 20, 30, ... Kerne zerfallen.)

(2) $\Delta N \sim \Delta t$ (Zerfallen von 100 000 Kernen in der nächsten Sekunde z. B. 10 Kerne, so ist es naheliegend anzunehmen, dass in den nächsten 2, 3, ... Sekunden 20, 30, ... Kerne zerfallen. Allerdings darf Δt nicht zu groß werden.)

b) $\left.\begin{array}{l}\Delta N \sim N(t) \\ \Delta N \sim \Delta t\end{array}\right\} \Rightarrow \Delta N \sim N(t)\cdot\Delta t \Rightarrow \Delta N = -\lambda\cdot N(t)\cdot\Delta t$

Durch das Minuszeichen wird die Abnahme von N (t) mit fortschreitender Zeit berücksichtigt.

$$\Delta N = -\lambda\cdot N(t)\cdot\Delta t \Rightarrow \frac{\Delta N}{\Delta t} = -\lambda\cdot N(t) \xrightarrow{\Delta t \text{ sehr klein}} \dot{N} = -\lambda\cdot N(t) \Rightarrow$$

$$\left.\begin{array}{l}\Rightarrow \frac{\dot{N}(t)}{N(t)} = -\lambda \Rightarrow \int\limits_0^t \frac{\dot{N}(\tau)}{N(\tau)}d\tau = \int\limits_0^t -\lambda d\tau \\ \int\limits_0^t \frac{\dot{N}(\tau)}{N(\tau)}d\tau = [\ln N(\tau)]_0^t = \ln N(t) - \ln N(0) = \ln\frac{N(t)}{N(0)} \\ \int\limits_0^t -\lambda d\tau = [-\lambda\cdot\tau]_0^t = -\lambda\cdot t\end{array}\right\} \Rightarrow$$

$$\Rightarrow \ln\frac{N(t)}{N(0)} = -\lambda\cdot t \Rightarrow \frac{N(t)}{N(0)} = e^{-\lambda\cdot t} \Rightarrow N(t) = N(0)\cdot e^{-\lambda\cdot t}$$

Hinweis:
Beachten Sie, dass die Herleitung des Zerfallsgesetzes völlig analog zur Herleitung des Absorptionsgesetzes für γ-Quanten in Aufgabe 61 erfolgt.

81. Halbwertszeit und Zerfallskonstante

a) Die Halbwertszeit ist diejenige Zeitspanne T, nach der eine ursprünglich vorhandene Anzahl radioaktiver Kerne zur Hälfte zerfallen ist.

b) $\left.\begin{array}{ll}\text{Nach Definition von T:} & N(T) = \frac{N(0)}{2} \\ \text{Nach Zerfallsgesetz:} & N(T) = N(0)\cdot e^{-\lambda\cdot T}\end{array}\right\} \Rightarrow \frac{N(0)}{2} = N(0)\cdot e^{-\lambda\cdot T}$

$$\Rightarrow e^{-\lambda\cdot T} = \tfrac{1}{2} \Rightarrow -\lambda\cdot T = \ln\tfrac{1}{2} \Rightarrow \lambda = \tfrac{\ln 2}{T}$$

Hinweis:
Beachten Sie, dass die Herleitung der Beziehung $T = \frac{\ln 2}{\lambda}$ völlig analog zur Herleitung der Beziehung $\mu = \frac{\ln 2}{D}$ in Aufgabe 62 erfolgt.

82. Mittlere Lebensdauer

a) Die Kerne, die zum Zeitpunkt t unzerfallen vorhanden sind, zum Zeitpunkt $t + \Delta t$ aber nicht mehr, sind die Kerne, die genau die Zeit t leben. Für ihre Zahl Z_t gilt:

$$Z_t = |N(t+\Delta t) - N(t)| = |\Delta N| \overset{80}{=} \lambda \cdot N(t) \cdot \Delta t \qquad (*)$$

Für eine diskrete Verteilung wäre nun

$$\tau = \frac{\sum\limits_{t=0}^{\infty} |\Delta N| \cdot t}{\sum\limits_{t=0}^{\infty} |\Delta N|}$$

Für eine kontinuierliche Verteilung wird $\sum\limits_{t=0}^{\infty}$ durch $\int\limits_0^{\infty}$ ersetzt.

$$\tau = \frac{\int\limits_0^{\infty} |\Delta N| \cdot t}{\int\limits_0^{\infty} |\Delta N|} \overset{(*)}{=} \frac{\int\limits_0^{\infty} \lambda \cdot N(t) \cdot t\, dt}{\int\limits_0^{\infty} \lambda \cdot N(t) dt}$$

b) $$\tau = \frac{\int\limits_0^{\infty} \lambda \cdot N(t) \cdot t dt}{\int\limits_0^{\infty} \lambda \cdot N(t) dt} = \frac{\int\limits_0^{\infty} \lambda \cdot N(0) \cdot e^{-\lambda \cdot t} \cdot t dt}{\int\limits_0^{\infty} \lambda \cdot N(0) \cdot e^{-\lambda \cdot t} dt} = \frac{\int\limits_0^{\infty} e^{-\lambda \cdot t} \cdot t dt}{\int\limits_0^{\infty} e^{-\lambda \cdot t} dt}$$

$$\int\limits_0^{\infty} e^{-\lambda \cdot t} dt = \left[-\frac{1}{\lambda} \cdot e^{-\lambda \cdot t} \right]_0^{\infty} = \frac{1}{\lambda}$$

$$\int\limits_0^{\infty} \underbrace{e^{-\lambda \cdot t}}_{v'} \cdot \underbrace{t}_{u} \, dt = \left[\underbrace{t}_{u} \cdot \left(\underbrace{-\frac{1}{\lambda} \cdot e^{-\lambda \cdot t}}_{v} \right) \right]_0^{\infty} - \int\limits_0 \underbrace{-\frac{1}{\lambda} \cdot e^{-\lambda \cdot t}}_{v} \cdot \underbrace{1}_{u'} \, dt =$$

$$= 0 - \left[\frac{1}{\lambda^2} \cdot e^{-\lambda \cdot t} \right]_0^{\infty} = \frac{1}{\lambda^2}$$

$$\Rightarrow \tau = \frac{\frac{1}{\lambda^2}}{\frac{1}{\lambda}} = \frac{1}{\lambda}$$

c) Gleichung der Tangenten g: $y(x) = f(x_0) + f'(x_0) \cdot (x - x_0)$
$f(x_0) = N(0), \quad x_0 = 0 \quad f'(x_0) = \dot{N}(0) = -\lambda \cdot N(0)$ $\Rightarrow$

$\Rightarrow$ g: $y(t) = N(0) - \lambda \cdot N(0) \cdot t$

Nullstellen von g: $y = 0 \Rightarrow N(0) = \lambda \cdot N(0) \cdot t_0 \Rightarrow t_0 = \frac{1}{\lambda}$

Anschauliche Deutung von $\tau = \frac{1}{\lambda}$

Die Zeit, nach der alle Kerne zerfallen wären, wenn der Zerfall linear mit der anfänglichen Abnahmegeschwindigkeit fortgeschritten wäre, ist τ.

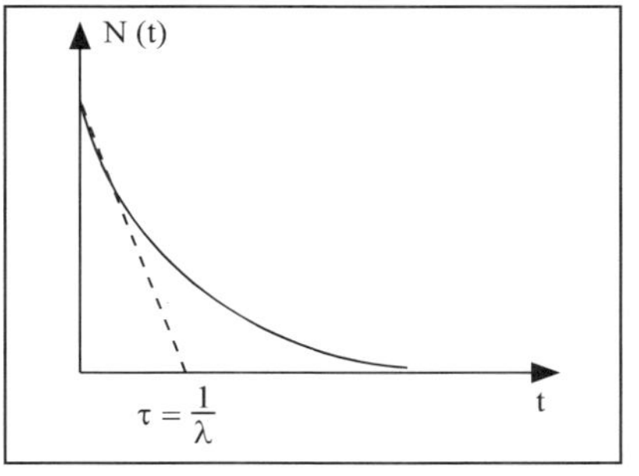

d) $\left.\begin{array}{l} \tau = \frac{1}{\lambda} \\ \lambda = \frac{\ln 2}{T} \end{array}\right\} \Rightarrow \tau = \frac{T}{\ln 2}$

83. Atome altern nicht

a) Sind zu irgendeinem Zeitpunkt t N (t) Kerne unzerfallen vorhanden, so zerfallen im anschließenden Zeitintervall Δt davon $|\Delta N|$ Kerne.

$\Rightarrow P = \frac{|\Delta N|}{N(t)}$

Rutherfords Hypothese: $\Delta N = -\lambda \cdot N(t) \cdot \Delta t$

$\Rightarrow P = \frac{\lambda \cdot N(t) \cdot \Delta t}{N(t)} = \lambda \cdot \Delta t$

b) Da λ eine zeitunabhängige Konstante ist, ist die Wahrscheinlichkeit, innerhalb der nächsten Zeitspanne Δt zu zerfallen, für alle Kerne, die die Zerfallskonstante λ besitzen *unabhängig von der Zeit, die sie bisher „gelebt" haben*, gleich groß.

Bei einem Alterungsprozeß würde die Zerfalls- = "Sterbe"-Wahrscheinlichkeit mit zunehmendem „Lebensalter" steigen.

c) FS. S. 92/93 Neptunium-Reihe: $T_{Am\,241} = 4{,}3 \cdot 10^2$ a

$\lambda = \frac{\ln 2}{T} = \frac{\ln 2}{4{,}3 \cdot 10^2 \cdot 365 \cdot 24 \cdot 60 \cdot 60\,\text{s}} = 5{,}1 \cdot 10^{-11} \frac{1}{\text{s}}$

$\Rightarrow P = \lambda \cdot \Delta t = 5{,}1 \cdot 10^{-11} \frac{1}{\text{s}} \cdot 3\text{s} = 1{,}5 \cdot 10^{-10}$

84. T, τ, λ aus Diagramm

Auswertung von Abbildung 1:

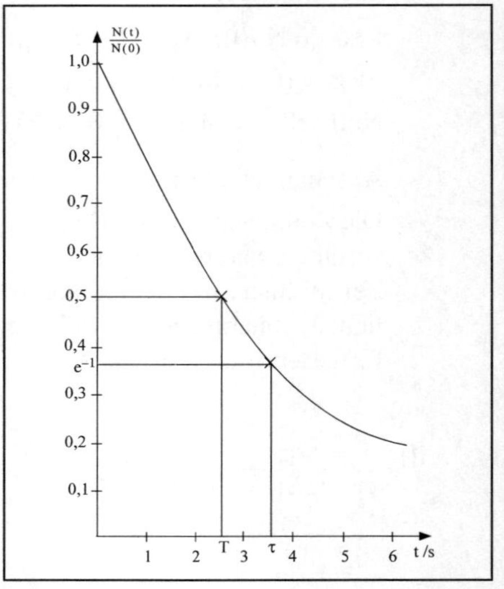

T = 2,5 s

Begründung:

$$\frac{N(T)}{N(0)} = \frac{0{,}5 \cdot N(0)}{N(0)} = 0{,}5$$

τ = 3,6 s

Begründung:

$$\frac{N(\tau)}{N(0)} = \frac{N(0) \cdot e^{-\lambda \cdot \tau}}{N(0)} =$$

$$= e^{-\lambda \cdot \tau} \overset{(\tau = \lambda^{-1})}{=} e^{-1}$$

λ muss berechnet werden:

$$\lambda = \frac{1}{\tau} = \frac{1}{3{,}6\,s} = 0{,}28\,\frac{1}{s}$$

Auswertung von Abbildung 2:

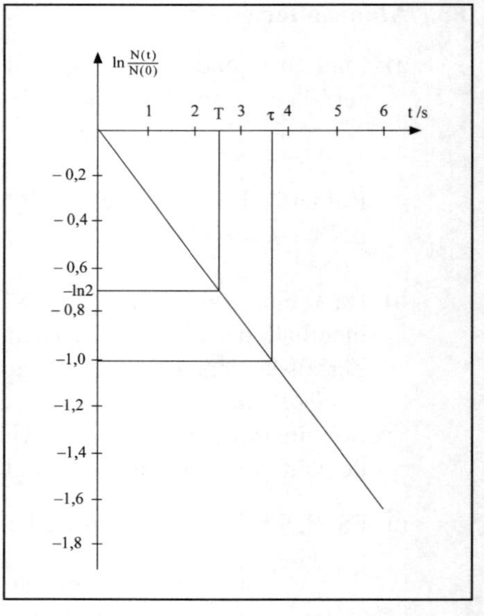

T = 2,5 s

Begründung:

$$\ln\frac{N(T)}{N(0)} = \ln\frac{0{,}5 \cdot N(0)}{N(0)} = -\ln 2$$

τ = 3,6 s

Begründung:

$$\ln\frac{N(\tau)}{N(0)} = \ln\frac{N(0) \cdot e^{-\lambda \cdot \tau}}{N(0)} =$$

$$= \ln e^{-\lambda \cdot \tau} \overset{(\tau = \lambda^{-1})}{=} \ln e^{-1} = -1$$

$$\lambda = 0{,}28\,\frac{1}{s}$$

Begründung:

$$\ln\frac{N(t)}{N(0)} = \ln\frac{N(0) \cdot e^{-\lambda \cdot t}}{N(0)} =$$

$$= \ln e^{-\lambda \cdot t} = -\lambda \cdot t$$

λ ist der Betrag der Steigung der Geraden. Aus einem geeigneten Steigungsdreieck erhält man λ.

85. Aktivität

a) Die Aktivität A ist die zeitliche Änderung der Zahl der unzerfallenen Kerne, also

$$A(t) := \left| \frac{\Delta N}{\Delta t} \right| = | \dot{N}(t) |$$

b)
$$\left. \begin{array}{l} A(t) = | \dot{N}(t) | \\ N(t) = N(0) \cdot e^{-\lambda \cdot t} \Rightarrow \dot{N}(t) = -\lambda \cdot N(0) \cdot e^{-\lambda \cdot t} \end{array} \right\} \Rightarrow$$

$$\Rightarrow A(t) = | -\lambda \cdot N(0) \cdot e^{-\lambda \cdot t} | \Rightarrow$$

$$\Rightarrow A(t) = \underbrace{| -\lambda \cdot N(0) |}_{:=A(0)} \cdot e^{-\lambda \cdot t} \Rightarrow A(t) = A(0) \cdot e^{-\lambda \cdot t}$$

Hinweis:
Als Benennung für die Aktivität verwendet man je nach der Halbwertszeit des Radionuklids $\frac{1}{s}, \frac{1}{min}, \frac{1}{d}, \frac{1}{a}$ (d: Tag; a: Jahr).
Eine alte Einheit ist das Ci (Curie). 1 Ci = $3{,}7 \cdot 10^{10} \frac{1}{s}$ ist die Anzahl der α-Zerfälle, die in 1 g reinen Radiums in 1 Sekunde stattfinden.
Seit 1985 verwendet man nur noch das Becquerel (Bq): 1 Bq = $\frac{1}{s}$

86. Elementare Rechenaufgaben zum Zerfallsgesetz

a) $N(t) = N(0) \cdot e^{-\lambda \cdot t} \Rightarrow N(0) = N(t) \cdot e^{\lambda \cdot t} = N(t) \cdot e^{\frac{\ln 2}{T} \cdot t} =$

$$= 6 \cdot 10^{19} \cdot e^{\frac{\ln 2}{8{,}7h} \cdot 2{,}3h} = 7{,}2 \cdot 10^{19}$$

b_1) $N(0) = 7{,}2 \cdot 10^{19}$; $N(t) = 3 \cdot 10^{19}$

$$N(t) = N(0) \cdot e^{-\lambda \cdot t} \Rightarrow -\lambda \cdot t = \ln \frac{N(t)}{N(0)} \Rightarrow t = -\frac{T}{\ln 2} \cdot \ln \frac{N(t)}{N(0)} =$$

$$= -\frac{8{,}7h}{\ln 2} \cdot \ln \frac{3 \cdot 10^{19}}{7{,}2 \cdot 10^{19}} \approx 11h$$

b_2) $N(0) = 7{,}2 \cdot 10^{19}$; $N(0) - N(t) = 3 \cdot 10^{19}$

$$N(0) - N(t) = N(0) - N(0) \cdot e^{-\lambda \cdot t} = N(0) \cdot (1 - e^{-\lambda \cdot t}) \Rightarrow (1 - e^{-\lambda \cdot t}) =$$

$$\frac{N(0)-N(t)}{N(0)} \Rightarrow e^{-\lambda \cdot t} = 1 - \frac{N(0)-N(t)}{N(0)} \Rightarrow -\lambda \cdot t = \ln \left(1 - \frac{N(0)-N(t)}{N(0)}\right)$$

$$\Rightarrow t = -\frac{T}{\ln 2} \cdot \ln \left(1 - \frac{N(0)-N(t)}{N(0)}\right) = -\frac{8{,}7h}{\ln 2} \cdot \ln \left(1 - \frac{3 \cdot 10^{19}}{7{,}2 \cdot 10^{19}}\right) =$$

$$= 6{,}8h$$

b$_3$) $\frac{N(t)}{N(0)} = 0{,}12$

Wie bei b_1 erhält man: $t = -\frac{T}{\ln 2} \cdot \ln \frac{N(t)}{N(0)} = -\frac{8{,}7h}{\ln 2} \cdot \ln 0{,}12 = 26{,}6h$

b$_4$) $\frac{N(0)-N(t)}{N(0)} = 0{,}12$

Wie bei b_2 erhält man: $t = -\frac{T}{\ln 2} \cdot \ln\left(1 - \frac{N(0)-N(t)}{N(0)}\right) =$

$= -\frac{8{,}7h}{\ln 2} \cdot \ln(1 - 0{,}12) = 1{,}6h$

c$_1$) $N(t) = N(0) \cdot e^{-\lambda \cdot t} = N(0) \cdot e^{-\frac{\ln 2}{T} \cdot t} \Rightarrow N(10h) = 7{,}2 \cdot 10^{19} \cdot e^{-\frac{\ln 2}{8{,}7h} \cdot 10h}$

$= 3{,}2 \cdot 10^{19}$

c$_2$) $N(0) - N(10h) \overset{c1)}{=} 7{,}2 \cdot 10^{19} - 3{,}2 \cdot 10^{19} = 4{,}0 \cdot 10^{19}$

c$_3$) $\frac{3{,}2 \cdot 10^{19}}{7{,}0 \cdot 10^{19}} = 45{,}7\%$ bei c_1; $\frac{4{,}0 \cdot 10^{19}}{7{,}2 \cdot 10^{19}} = 55{,}6\%$ bei c_2

d) FS. S. 61 / 7.2.5: $A(0) = \lambda \cdot N(0) = \frac{\ln 2}{T} \cdot N(0) = \frac{\ln 2}{8{,}7h} \cdot 7{,}2 \cdot 10^{19} =$

$= 5{,}7 \cdot 10^{18} \frac{1}{h} = 1{,}6 \cdot 10^{15} \frac{1}{s}$

FS. S. 61 / 7.2.5: $A(t) = A(0) \cdot e^{-\lambda \cdot t} = A(0) \cdot e^{-\frac{\ln 2}{T} \cdot t} \Rightarrow$

$A(3h) = 1{,}6 \cdot 10^{15} \frac{1}{s} \cdot e^{-\frac{\ln 2}{8{,}7h} \cdot 3h} = 1{,}3 \cdot 10^{15} \frac{1}{s}$

87. Massenbestimmung über Isotopenmarkierung

FS. S. 61 / 7.2.5: $A(0) = \lambda \cdot N(0) = \frac{\ln 2}{T} \cdot N(0) \Rightarrow N(0) = \frac{A(0) \cdot T}{\ln 2} \Rightarrow$

$N(0) = \frac{30 \frac{1}{s} \cdot 47 \cdot 24 \cdot 60 \cdot 60 s}{\ln 2} = 1{,}76 \cdot 10^8$

$\left.\begin{array}{l} \frac{1}{100}\% \mathrel{\hat{=}} 1{,}76 \cdot 10^8 \text{ Atomen} \Rightarrow 100\% \mathrel{\hat{=}} 1{,}76 \cdot 10^{12} \text{ Atomen} \\ \text{FS. S. 86: Mittlere Masse eines Hg-Atoms: 200,59 u} \end{array}\right\} \Rightarrow$

$\Rightarrow m = 1{,}76 \cdot 10^{12} \cdot 200{,}59 \cdot 1{,}66 \cdot 10^{-27} \text{ kg} = 5{,}9 \cdot 10^{-13} \text{ kg}$

88. Messung „normaler" Halbwertszeiten

FS. S. 61 / 7.2.5: $A(t) = A(0) \cdot e^{-\lambda \cdot t} = A(0) \cdot e^{-\frac{\ln 2}{T} \cdot t} \Rightarrow -\frac{\ln 2 \cdot t}{T} = \ln \frac{A(t)}{A(0)} \Rightarrow$

$$\Rightarrow T = \frac{-\ln 2 \cdot t}{\ln \frac{A(t)}{A(0)}} = \frac{-\ln 2 \cdot 2h}{\ln \frac{330\,s^{-1}}{400\,s^{-1}}} = 7{,}2h$$

89. Messung „sehr langer" Halbwertszeiten

a) $\left.\begin{array}{l} \frac{A(0) - A(t)}{A(0)} \triangleq 10^{-3}\% \triangleq 10^{-5} \\ \frac{A(0) - A(t)}{A(0)} = \frac{A(0) - A(0) \cdot e^{-\lambda \cdot t}}{A(0)} = 1 - e^{-\lambda \cdot t} \end{array}\right\} \Rightarrow e^{-\lambda \cdot t} = 1 - 10^{-5} \Rightarrow$

$$\Rightarrow -\lambda \cdot t = \ln(1 - 10^{-5}) \Rightarrow t = -\frac{1}{\lambda} \cdot \ln(1 - 10^{-5}) = -\frac{T}{\ln 2} \cdot \ln(1 - 10^{-5}) =$$

$$= \frac{-4{,}47 \cdot 10^9\,a}{\ln 2} \cdot \ln(1 - 10^{-5}) = 6{,}45 \cdot 10^4\,a$$

Es dauert also ca. 64 500 Jahre!

b) Man misst, wie viel Kerne ΔN während eines gegenüber T infinitesimal kleinen Zeitintervalls Δt zerfallen, und berechnet aus der Masse des Präparats die Zahl N (t) der zum Messzeitpunkt unzerfallenen Kerne. Nach Aufgabe 80 gilt dann:

$$|\Delta N| = \lambda \cdot N(t) \cdot \Delta t = \frac{\ln 2}{T} \cdot N(t) \cdot \Delta t \Rightarrow T = \frac{\ln 2 \cdot N(t) \cdot \Delta t}{|\Delta N|}$$

c) Da 1 mol natürliches Kalium eine Masse von 39,098 g (vgl. FS. S. 86/87) besitzt, befinden sich in 10 g natürlichem Kalium

$$\frac{10g \cdot 6{,}022 \cdot 10^{23}}{39{,}098g} = 1{,}540 \cdot 10^{23} \text{ K-Atome}$$

0,011 % davon, also $1{,}540 \cdot 10^{23} \cdot 0{,}011 \cdot 10^{-2} = 1{,}694 \cdot 10^{19}$ sind K40 Atome $\Rightarrow$ N (t) = $1{,}7 \cdot 10^{19}$.

$\left.\begin{array}{l} \text{Teilaufgabe b: } T = \frac{\ln 2 \cdot N(t) \cdot \Delta t}{|\Delta N|} \\ \text{Aufgabenstellung: } 300s^{-1} = A(t) = \frac{|\Delta N|}{\Delta t} \end{array}\right\} \Rightarrow T = \frac{\ln 2 \cdot 1{,}7 \cdot 10^{19}}{300\,s^{-1}} =$

$$= 3{,}9 \cdot 10^{16}\,s = \frac{3{,}9 \cdot 10^{16}\,a}{365 \cdot 24 \cdot 60 \cdot 60} = 1{,}2 \cdot 10^9\,a$$

90. Messung „kurzer" Halbwertszeiten

Sei $\Delta t = 5s$

$$\left.\begin{aligned} Z_1 &= N(0) - N(\Delta t) = N(0) - N(0)\cdot e^{-\lambda\cdot\Delta t} = N(0)\cdot(1 - e^{-\lambda\cdot\Delta t}) \\ Z_2 &= N(\Delta t) - N(2\cdot\Delta t) = N(0)\cdot e^{-\lambda\cdot\Delta t} - N(0)\cdot e^{-2\cdot\lambda\cdot\Delta t} = \\ &= N(0)\cdot e^{-\lambda\cdot\Delta t}\cdot(1 - e^{-\lambda\cdot\Delta t}) \end{aligned}\right\}$$

$$\Rightarrow \frac{Z_1}{Z_2} = \frac{N(0)\cdot(1-e^{-\lambda\cdot\Delta t})}{N(0)\cdot e^{-\lambda\cdot\Delta t}(1-e^{-\lambda\cdot\Delta t})} = e^{\lambda\cdot\Delta t} \Rightarrow \lambda\cdot\Delta t = \ln\frac{Z_1}{Z_2} \Rightarrow$$

$$\Rightarrow \frac{\ln 2}{T}\cdot\Delta t = \ln\frac{Z_1}{Z_2} \Rightarrow T = \frac{\ln 2\cdot\Delta t}{\ln\frac{Z_1}{Z_2}} = \frac{\ln 2\cdot 5s}{\ln\frac{295169}{4767}} = 0{,}84s$$

91. Das Uran-Blei-Alter

a) $N_A = N_A(0)\cdot e^{-\lambda_A\cdot t} \Rightarrow -\lambda_A\cdot t = \ln\frac{N_A}{N_A(0)} \Rightarrow -\frac{\ln 2}{T}\cdot t = \ln\frac{N_A}{N_A(0)}$

$$\left.\begin{aligned} &\Rightarrow t = \frac{-T}{\ln 2}\cdot\ln\frac{N_A}{N_A(0)} \\ &N_A + N_B = N_A(0) \end{aligned}\right\} \Rightarrow t = \frac{-T}{\ln 2}\cdot\ln\frac{N_A}{N_A+N_B} = \frac{T}{\ln 2}\cdot\ln\frac{N_A+N_B}{N_A}$$

$$\Rightarrow t = \frac{T}{\ln 2}\cdot\ln\left(1+\frac{N_B}{N_A}\right)$$

b$_1$) $6{,}825 = \frac{m(U\,238)}{m(Pb\,206)} = \frac{238\cdot N_A}{206\cdot N_B} \Rightarrow \frac{N_A}{N_B} = \frac{206}{238}\cdot 6{,}825$

Teilaufgabe a: $t = \frac{T}{\ln 2}\cdot\ln\left(1+\frac{N_B}{N_A}\right) = \frac{4{,}5\cdot 10^9\,a}{\ln 2}\cdot\ln\left(1+\frac{238}{206\cdot 6{,}825}\right) =$

$= 1{,}02\cdot 10^9\,a$

b$_2$) Da nach der Formelsammlung S. 92/93 in der Uran-Radium-Reihe alle Folgeprodukte von U 238 im Vergleich zur Halbwertszeit von U 238 durchwegs kurze Halbswertszeiten besitzen (die größte vorkommende Halbwertszeit von $2{,}5\cdot 10^5$ a beträgt nur 0,005 % der Halbwertszeit von U 238) kann in guter Näherung ein direkter Zerfall U → Pb angenommen werden.

Wegen $N_A(0) > N_A + N_B$ gilt:

$$t_{wirklich} = \frac{T}{\ln 2}\cdot\ln\frac{N_A(0)}{N_A} > \frac{T}{\ln 2}\cdot\ln\frac{N_A+N_B}{N_A} = t_{berechnet}$$

Das wirkliche Alter ist also größer als das unter der Annahme des direkten Zerfalls errechnete.

92. Das Kalium-Argon-Alter

a) Ca ist das fünfthäufigste Element der Erdkruste. Es kommt daher in fast allen Gesteinen so häufig vor, dass es nicht möglich ist, die durch den Zerfall K40 →€Ca40 entstandenen kleinen Mengen Ca von den ursprünglich schon vorhandenen Ca-Mengen zu unterscheiden.

b)
$$\left.\begin{aligned} N_K &= N(0)\cdot e^{-\lambda\cdot t} \Rightarrow \frac{N(0)}{N_K} = e^{\lambda\cdot t} \\ N_{Ar} &= 0{,}11\cdot\left(N(0)-N_K\right) \Rightarrow N(0) = \frac{N_{Ar}}{0{,}11}+N_K \end{aligned}\right\} \Rightarrow e^{\lambda\cdot t} = \frac{\frac{N_{Ar}}{0{,}11}+N_K}{N_K} \Rightarrow$$

$$\Rightarrow \frac{N_{Ar}}{0{,}11\cdot N_K}+1 = e^{\lambda\cdot t} \Rightarrow \frac{N_{Ar}}{N_K} = 0{,}11\cdot(e^{\lambda\cdot t}-1) =$$

$$= 0{,}11\cdot\left(e^{\frac{\ln 2\cdot 1{,}75\cdot 10^6\,a}{1{,}27\cdot 10^9\,a}}-1\right) = 1{,}05\cdot 10^{-4}$$

93. Radiokarbonmethode

a) Die kosmische Strahlung erzeugt in der Atmosphäre Neutronen, die mit den Stickstoffkernen der Luft über die Reaktion

$${}^{14}_{7}N + {}^{1}_{0}n \rightarrow {}^{14}_{6}C + {}^{1}_{1}p$$

das radioaktive Kohlenstoffisotop C14 erzeugen.

Nimmt man an, dass sich in den letzten 100 000 Jahren die kosmische Strahlung nicht geändert hat, so hat sich aufgrund des Zerfalls und der Neuentstehung des C14 ein Gleichgewicht eingestellt, das Verhältnis $N_{C14} : N_{C12}$ für das Kohlendioxid der Atmosphäre ist konstant.

In lebenden Organismen liegt wegen der ständigen Aufnahme von Kohlendioxid das gleiche Verhältnis $N_{C14} : N_{C12}$ vor. Sterben sie aber, so endet die Aufnahme von Kohlenstoff, und das Verhältnis $N_{C14} : N_{C12}$ nimmt wegen des Zerfalls von C14 ab.

Aus dem in toten Organismen gefundenen Verhältnis $N_{C14} : N_{C12}$ lässt sich das Todesdatum des Organismus berechnen.

b) $A(t) = A(0)\cdot e^{-\lambda\cdot t} \Rightarrow -\lambda\cdot t = \ln\frac{A(t)}{A(0)} \Rightarrow$

$$\Rightarrow t = -\frac{1}{\lambda}\cdot\ln\frac{A(t)}{A(0)} = -\frac{T}{\ln 2}\cdot\ln\frac{A(t)}{A(0)}$$

$$\left.\begin{aligned} A(t) &= 1{,}35\,\tfrac{1}{s} \\ A(0) &= 25 \cdot 15{,}3\,\frac{1}{\min} = \frac{25 \cdot 15{,}3}{60}\,\frac{1}{s} = 6{,}375\,\frac{1}{s} \end{aligned}\right\} \Rightarrow$$

$$\Rightarrow t = -\frac{5730\,a}{\ln 2} \cdot \ln \frac{1{,}35\,s^{-1}}{6{,}375\,s^{-1}} = 12832\,a$$

c) Berechnung der Anzahl N (0) der C14 Kerne in 1g natürlichen Kohlenstoff:

$$A(0) = \lambda \cdot N(0) = \frac{\ln 2}{T} \cdot N(0) \Rightarrow N(0) = \frac{A(0) \cdot T}{\ln 2} =$$

$$= \frac{15{,}3\,\min^{-1} \cdot 5730 \cdot 365 \cdot 24 \cdot 60\,\min}{\ln 2} = 6{,}65 \cdot 10^{10}$$

Anzahl Z der Kohlenstaffatome in 1g natürlichen Kohlenstoff

$$Z = \frac{10^{-3}\,kg}{12{,}01 \cdot 1{,}66 \cdot 10^{-27}\,kg} = 5{,}02 \cdot 10^{22}$$

$$\Rightarrow N_{C14} : N_{C12} = N(0) : Z = 6{,}65 \cdot 10^{10} : 5{,}02 \cdot 10^{22} \approx 1 : 10^{12}$$

Auf ein C14 Atom treffen also ca. 10^{12} C12 Atome.

d) Das von den Autos ausgestoßene CO_2 ist durch Verbrennung des fossilen Kraftstoffs Benzin entstanden, enthält also einen extrem niedrigen Anteil an C14. Die Pflanzen in Straßennähe nehmen dieses „fossile CO_2“ in verstärktem Maße auf und haben somit einen kleineren Anteil an C14 als Pflanzen, die „normales Atmosphären-CO_2“ aufnehmen. Der errechnete Alterswert wird also zu hoch.

94. Abschätzung des Erdalters

$$\left.\begin{aligned} & \left.\begin{aligned} N_{238}(t) &= N_{238}(0) \cdot e^{-\lambda_{238} \cdot t} \\ N_{235}(t) &= N_{235}(0) \cdot e^{-\lambda_{235} \cdot t} \end{aligned}\right\} \overset{N_{238}(0)=N_{235}(0)}{\Longrightarrow} \frac{N_{238}(t)}{N_{235}(t)} = \frac{e^{-\lambda_{238} \cdot t}}{e^{-\lambda_{235} \cdot t}} \\ & \frac{N_{238}(t)}{N_{235}(t)} = 140 \end{aligned}\right\} \Rightarrow$$

$$\Rightarrow \frac{e^{-\lambda_{238} \cdot t}}{e^{-\lambda_{235} \cdot t}} = 140 \Rightarrow e^{(\lambda_{235} - \lambda_{238}) \cdot t} = 140 \Rightarrow$$

$$\left.\begin{aligned} & \Rightarrow (\lambda_{235} - \lambda_{238}) \cdot t = \ln 140 \Rightarrow t = \frac{\ln 140}{\lambda_{235} - \lambda_{238}} = \frac{\ln 140}{\frac{\ln 2}{T_{235}} - \frac{\ln 2}{T_{238}}} \\ & \text{FS. S. 92/93}: T_{238} = 4{,}5 \cdot 10^9\,a \quad T_{235} = 7{,}0 \cdot 10^8\,a \end{aligned}\right\} \Rightarrow$$

$$\Rightarrow t = \frac{\ln 140}{\ln 2 \cdot \left(\frac{1}{7{,}0 \cdot 10^8\,\text{a}} - \frac{1}{4{,}5 \cdot 10^9\,\text{a}} \right)} = 5{,}9 \cdot 10^9\,\text{a}$$

Die Erde wäre demnach ca. 6 Milliarden Jahre alt.

95. Radioaktives Gleichgewicht

a) Werden in der Zerfallskette alle in der Zeit Δt zerfallenden P32 Kerne in der gleichen Zeit Δt durch den Zerfall der Muttersubstanz Si32 nachgeliefert, so spricht man vom radioaktiven Gleichgewicht.

b) ΔN_{Si} bzw. ΔN_P bezeichne die Zahl der in Δt zerfallenden Si32- bzw. P32-Kerne.

$$\left.\begin{array}{l} \text{Im radioaktiven Gleichgewicht gilt: } \Delta N_{Si} = \Delta N_P \\ \text{Aufgabe 80: } \Delta N_{Si} = -\lambda_{Si} \cdot N_{Si} \cdot \Delta t \\ \text{Aufgabe 80: } \Delta N_P = -\lambda_P \cdot N_P \cdot \Delta t \end{array}\right\} \Rightarrow$$

$$\left.\begin{array}{r} \Rightarrow -\lambda_{Si} \cdot N_{Si} \cdot \Delta t = -\lambda_P \cdot N_P \cdot \Delta t \Rightarrow \lambda_{Si} \cdot N_{Si} = \lambda_P \cdot N_P \\ \lambda = \frac{\ln 2}{T} \end{array}\right\} \Rightarrow$$

$$\Rightarrow \frac{\ln 2}{T_{Si}} \cdot N_{Si} = \frac{\ln 2}{T_P} \cdot N_P \Rightarrow N_{Si} \cdot T_P = N_P \cdot T_{Si}$$

c)

$$\left.\begin{array}{l} \text{FS. S. 61/7.2.5} \quad A(0) = \lambda \cdot N(0) = \frac{\ln 2}{T} \cdot N(0) \\ N(0) = \frac{10 \cdot 10^{-9}\,\text{kg}}{32 \cdot 1{,}66 \cdot 10^{-27}\,\text{kg}} = 1{,}88 \cdot 10^{17} \end{array}\right\} \Rightarrow$$

$$\Rightarrow A(0) = \frac{\ln 2}{280 \cdot 365 \cdot 24 \cdot 60 \cdot 60\,\text{s}} \frac{1}{\text{s}} \cdot 1{,}88 \cdot 10^{17} = 1{,}48 \cdot 10^7 \,\frac{1}{\text{s}}$$

d_1)

$$A(t) = A(0) \cdot e^{-\lambda \cdot t} = A(0) \cdot e^{-\frac{\ln 2}{T} \cdot t} \stackrel{c}{=} 1{,}48 \cdot 10^7 \,\frac{1}{\text{s}} \cdot e^{-\frac{\ln 2}{280\,\text{a}} \cdot 40\,\text{a}} = $$

$$= 1{,}34 \cdot 10^7 \,\frac{1}{\text{s}}$$

Die Aktivität der noch vorhandenen Si32 Kerne beträgt $1{,}34 \cdot 10^7 \frac{1}{\text{s}}$. Da nach 40 Jahren sicherlich radioaktives Gleichgewicht vorliegt, zerfallen in 1 Sekunde genau so viele P32–Kerne wie Si32-Kerne. Die Gesamtaktivität des Präparats beträgt also $2 \cdot 1{,}34 \cdot 10^7 \frac{1}{\text{s}} = 2{,}68 \cdot 10^7 \frac{1}{\text{s}}$.

$$\left.\begin{array}{l}\mathbf{d_2)}\text{ Teilaufgabe b: } N_P(t) = \frac{T_P}{T_{Si}} \cdot N_{Si}(t) \\ \text{Zerfallsgesetz: } N_{Si}(t) = N_{Si}(0) \cdot e^{-\lambda_{Si} \cdot t}\end{array}\right\} \Rightarrow$$

$$\Rightarrow N_P(t) = \frac{T_P}{T_{Si}} \cdot N_{Si}(0) \cdot e^{-\lambda_{Si} \cdot t} \Rightarrow$$

$$\Rightarrow N_P(40a) \overset{c)}{=} \frac{14{,}3d}{280 \cdot 365d} \cdot 1{,}88 \cdot 10^{17} \cdot e^{-\frac{\ln 2}{280\,a} \cdot 40a} = 2{,}38 \cdot 10^{13}$$

96. Beryllium-Strahlung

a$_1$) Wegen FS. S. 56/2.3: $\lambda' - \lambda = \frac{h}{m_0 \cdot c} \cdot (1 - \cos\vartheta)$ ist $\lambda' - \lambda$ und damit der Energieübertrag maximal, wenn $\cos\vartheta = -1$, also $\vartheta = 180°$.

$$\left.\begin{array}{l}\mathbf{a_2)}\ \Delta E = E_{Be} - E'_{Be} = \frac{h \cdot c}{\lambda} - \frac{h \cdot c}{\lambda'} \\ \lambda' - \lambda = \frac{h}{m_0 \cdot c} \cdot (1 - \cos\vartheta) = \frac{h \cdot c}{m_0 \cdot c^2} \cdot (1 - \cos\vartheta) = \\ = \frac{h \cdot c}{E_{0,p}} \cdot (1 - \cos\vartheta) \overset{\vartheta = 180°}{\Rightarrow} \lambda' = \lambda + \frac{2 \cdot h \cdot c}{E_{0,p}}\end{array}\right\} \Rightarrow$$

$$\Rightarrow \Delta E = \frac{h \cdot c}{\lambda} - \frac{h \cdot c}{\lambda + \frac{2 \cdot h \cdot c}{E_{0,p}}} = h \cdot c \cdot \frac{\lambda + \frac{2 \cdot h \cdot c}{E_{0,p}} - \lambda}{\lambda \cdot \left(\lambda + \frac{2 \cdot h \cdot c}{E_{0,p}}\right)} = 2 \cdot \frac{h \cdot c}{\lambda} \cdot \frac{\frac{h \cdot c}{E_{0,p}}}{\lambda + \frac{2 \cdot h \cdot c}{E_{0,p}}} =$$

$$= 2 \cdot E_{Be} \cdot \frac{\frac{1}{E_{0,p}}}{\frac{\lambda}{h \cdot c} + \frac{2}{E_{0,p}}} = 2 \cdot E_{Be} \cdot \frac{\frac{1}{E_{0,p}}}{\frac{1}{E_{Be}} + \frac{2}{E_{0,p}}} = 2 \cdot E_{Be} \cdot \frac{1}{\frac{E_{0,p}}{E_{Be}} + 2} =$$

$$= 2 \cdot E_{Be} \cdot \frac{E_{Be}}{E_{0,p} + 2 \cdot E_{Be}} = \frac{2 \cdot E_{Be}^2}{E_{0,p} + 2 \cdot E_{Be}}$$

b) $\Delta E = \frac{2 \cdot E_{Be}^2}{E_{0,p} + 2 \cdot E_{Be}} \Rightarrow E_{Be}^2 - \Delta E \cdot E_{Be} - \frac{E_{0,p} \cdot \Delta E}{2} = 0$

$$\Rightarrow E_{Be} = \frac{\Delta E \pm \sqrt{\Delta E^2 + 2 \cdot E_{0,p} \cdot \Delta E}}{2} =$$

$$= \frac{5{,}7 \pm \sqrt{5{,}7^2 + 2 \cdot 938{,}3 \cdot 5{,}7}}{2}\,\text{MeV} = 54{,}6\ \text{MeV}$$

c) $$\left.\begin{array}{l} D_\gamma = \frac{\ln 2}{\mu} = \frac{\ln 2}{1{,}0\,\text{cm}^{-1}} = 0{,}69\ \text{cm} \\ D_{Be} = 3{,}0\ \text{cm} \end{array}\right\} \Rightarrow \text{Berylliumstrahlen sind keine } \gamma\text{-Quanten}$$

$\Rightarrow$ Hypothese ist falsch.

97. Beryllium-Strahlung ist Neutronenstrahlung

a) Der Energieübertrag von einem Teilchen auf einen ruhenden Kern ist bei einem geraden zentralen Stoß maximal. Da es sich bei

$$E_p = 5{,}7\ \text{MeV und } E_N = 1{,}2\ \text{MeV}$$

jeweils um Maximalenergien handelt, ist es vernünftig, gerade, zentrale Stöße vorauszusetzen.

b) Mit Be, N, p werden im folgenden Größen indiziert, die zu den Korpuskeln der Berylliumstrahlung, zum N14-Kern oder zum Proton gehören.

FS. S. 16 Stoßgesetze: $u_2 = \frac{m_2 \cdot v_2 + m_1 \cdot (2 \cdot v_1 - v_2)}{m_1 + m_2} \overset{v_2=0}{=} \frac{2 \cdot m_1 \cdot v_1}{m_1 + m_2}$

$$\Rightarrow v_p = \frac{2 \cdot m_{Be} \cdot v_{Be}}{m_{Be} + m_p} \text{ und } v_N = \frac{2 \cdot m_{Be} \cdot v_{Be}}{m_{Be} + m_N} \Rightarrow$$

$$\left.\begin{array}{l} \Rightarrow \frac{v_p}{v_N} = \frac{m_{Be} + m_N}{m_{Be} + m_p} \Rightarrow \frac{v_p^2}{v_N^2} = \left(\frac{m_{Be} + m_N}{m_{Be} + m_p}\right)^2 \\ \left.\begin{array}{l} E_p = \frac{1}{2} \cdot m_p \cdot v_p^2 \\ E_N = \frac{1}{2} \cdot m_N \cdot v_N^2 \end{array}\right\} \Rightarrow \frac{E_p}{E_N} = \frac{m_p \cdot v_p^2}{m_N \cdot v_N^2} \Rightarrow \frac{v_p^2}{v_N^2} = \frac{m_N \cdot E_p}{m_p \cdot E_N} \end{array}\right\} \Rightarrow$$

$$\left.\begin{array}{l} \Rightarrow \left(\frac{m_{Be} + m_N}{m_{Be} + m_p}\right)^2 = \frac{m_N}{m_p} \cdot \frac{E_p}{E_N} \\ m_N \approx 14\text{u},\ m_p \approx 1\text{u} \end{array}\right\} \Rightarrow \frac{m_{Be} + 14\text{u}}{m_{Be} + 1\text{u}} = \sqrt{\frac{14 \cdot 5{,}7}{1{,}2}} = 8{,}15$$

$$\Rightarrow m_{Be} + 14\text{u} = 8{,}15 \cdot m_{Be} + 8{,}15\text{u} \Rightarrow 7{,}15 \cdot m_{Be} = 5{,}85\text{u} \Rightarrow$$

$$\Rightarrow m_{Be} = \frac{5{,}85\text{u}}{7{,}15} = 0{,}82\,\text{u}$$

c) Da die Korpuskeln der Berylliumstrahlung etwa die Masse 1u besitzen und ungeladen sind, kann man vermuten, dass es sich dabei um Neutronen handelt.

98. Radioaktiver Zerfall freier Neutronen

a) Zerfallsgleichung: ${}_{0}^{1}n \xrightarrow{T=10,6\,\text{min}} {}_{1}^{1}p + {}_{-1}^{0}e^{-} + {}_{0}^{0}\overline{\nu}$

(Die Existenz des Antineutrinos ${}_{0}^{0}\overline{\nu}$ brauchen Sie an dieser Stelle noch nicht zu wissen!)

b) Der in Teilaufgabe a beschriebene Zerfall kann für Neutronen in stabilen Kernen nicht ablaufen. Es müsste nämlich mehr Energie aufgewendet werden, um ein im Kern gebundenes Neutron auf das Nullniveau des Neutronentopfes hochzuheben, als beim anschließenden Zerfall des freien Neutrons und beim anschließenden Einbau des beim Zerfall entstandenen Protons in den Protonentopf insgesamt frei wird.

c) $m_p + m_e - m_n = 1{,}007276\ u + 5{,}4858 \cdot 10^{-4}\ u - 1{,}008665\ u =$
$= -\ 8{,}40 \cdot 10^{-4}\ u$
Wegen des negativen Massendefekts kann ein Neutron nicht aus einem Elektron und einem Proton zusammengesetzt sein.

Hinweis:
Zur Lösung von c kann man auch analog zu Aufgabe 6 (Nichtexistenz von Kernelektronen) argumentieren.

99. Neutronenerzeugung

a) Erzeugung *schneller Neutronen* nach: ${}_{4}^{9}Be + {}_{2}^{4}He \rightarrow {}_{6}^{12}C + {}_{0}^{1}n$
Man schließt hierfür ein Gemisch aus Radiumsulfat (α-Teilchen-Quelle) und Berylliumpulver in ein Metallröhrchen. Durch dessen Wand können nur die Neutronen nach außen treten.

b) Erzeugung *langsamer Neutronen* nach: ${}_{4}^{9}Be + \gamma \rightarrow 2\ {}_{2}^{4}He + {}_{0}^{1}n$
Man bestrahlt ein Be-target mit γ-Quanten gerade ausreichender Energie (ca 2 MeV).

Hinweise:

1. Die ergiebigsten Neutronenquellen sind Kernreaktoren. Sie liefern im Experimentierkanal pro Sekunde ca. 10^{14} Neutronen auf 1 cm^2 strahlende Fläche.
2. Beschießt man Kerne mit Deuteronen extrem hoher Energien, so löst sich beim Aufprall die Bindung des Deuterons. Häufig bleibt sein Proton im Kern stecken, während sein Neutron mit der halben kinetischen Energie weiterfliegt. Mit Deuteronenenergien von ca. 200 MeV kann man so Neutronen von ca. 100 MeV kinetischer Energie erzeugen.

100. Neutronenquelle

a) Ra 226 ist die α-Teilchen-Quelle

Zerfallsgleichung für α-Zerfall des Ra 226: ${}^{226}_{88}\mathrm{Ra} \rightarrow {}^{222}_{86}\mathrm{Rn} + {}^{4}_{2}\mathrm{He}$

Gleichung für Neutronenerzeugung: ${}^{9}_{4}\mathrm{Be} + {}^{4}_{2}\mathrm{He} \rightarrow {}^{12}_{6}\mathrm{C} + {}^{1}_{0}\mathrm{n}$

b) FS. S. 61 / 7.2.5 $\quad A(0) = \lambda \cdot N(0) = \frac{\ln 2}{T} \cdot N(0)$

$N(0) = \frac{0{,}76\,g}{226\,g} \cdot 6{,}02 \cdot 10^{23}$ $\Rightarrow$

FS. S. 92 / 93 Uran-Radium-Reihe $\quad T = 1{,}6 \cdot 10^3\,a$

$$\Rightarrow A(0) = \frac{\ln 2 \cdot 0{,}76 \cdot 6{,}02 \cdot 10^{23}}{226 \cdot 1{,}6 \cdot 10^3 \cdot 365 \cdot 24 \cdot 60 \cdot 60\,s} = 2{,}78 \cdot 10^{10}\,\frac{1}{s}$$

c) FS. S. 92/93 Uran-Radium-Reihe $\Rightarrow$ Nach ${}^{226}_{88}\mathrm{Ra}$ folgen in der Zerfallsreihe bis ${}^{210}_{82}\mathrm{Pb}$ nur Tochterkerne mit kurzen Halbwertszeiten. Daher befinden sich die Tochtersubstanzen bis ${}^{210}_{82}\mathrm{Pb}$ kurz nach der Herstellung von ${}^{226}_{88}\mathrm{Ra}$ im radioaktiven Gleichgewicht.

$\Rightarrow$ Mit jedem α-Zerfall von ${}^{226}_{88}\mathrm{Ra}$ finden noch drei weitere α-Zerfälle statt.

d) $N_{Be} = \frac{5{,}3\,g \cdot 6{,}02 \cdot 10^{23}}{9\,g} = 3{,}5 \cdot 10^{23}$;

$N_{Ra} = \frac{0{,}76\,g \cdot 6{,}02 \cdot 10^{23}}{226\,g} = 2{,}0 \cdot 10^{21}$

$\frac{N_{Be}}{N_{Ra}} = \frac{3{,}5 \cdot 10^{23}}{2{,}0 \cdot 10^{21}} = 175 \Rightarrow$ Es gibt 175-mal mehr Berylliumkerne als Radiumkerne, so dass man in guter Näherung die Existenz der Radiumkerne vernachlässigen kann.

e) $m = \rho \cdot V = 1{,}7\,\frac{g}{cm^3} \cdot 1\,cm^3 = 1{,}7\,g$

Da in 5,3 g Be nach Teilaufgabe d $3{,}5 \cdot 10^{23}$ Be-Kerne enthalten sind, sind in 1,7 g also in 1 cm³ $n = \frac{3{,}5 \cdot 10^{23}}{5{,}3\,g} \cdot 1{,}7\,g = 1{,}1 \cdot 10^{23}$ Be-Kerne enthalten.

f) Bezeichnet ΔN die Zahl der α-Teilchen, die in einer Sekunde mit Be-Kernen in Wechselwirkung treten (also die Zahl der pro Sekunde erzeugten Neutronen) und N die Zahl der pro Sekunde entstehenden α-Teilchen, so gilt: $p = \frac{\Delta N}{N}$ und daher

$$\left.\begin{array}{l} \Delta N = p \cdot N = \frac{\sigma \cdot n \cdot V}{A} \cdot N \\ R = \frac{V}{A} \text{ (vgl. Hinweis)} \end{array}\right\} \Rightarrow \Delta N = \sigma \cdot n \cdot R \cdot N =$$

$$= 3{,}0 \cdot 10^{-29}\,\text{m}^2 \cdot 1{,}1 \cdot 10^{23} \frac{1}{10^{-6}\,\text{m}^3} \cdot 30 \cdot 10^{-6}\,\text{m} \cdot 4 \cdot 2{,}78 \cdot 10^{10}\,\frac{1}{\text{s}} =$$

$$= 1{,}1 \cdot 10^7\,\frac{1}{\text{s}}$$

Pro Sekunde werden also ca. 11 Mio. Neutronen erzeugt.

Hinweis:
Sollten Sie mit $R = \frac{V}{A}$ oder mit dem Begriff „Wirkungsquerschnitt“ Schwierigkeiten haben, so beachten Sie Aufgabe 117.

101. Neutronenklassifizierung

a) Thermische Neutronen sind Neutronen, die sich im thermischen Gleichgewicht mit dem Medium befinden, durch das sie diffundieren. Ein Gas thermischer Neutronen besitzt also die Temperatur des umgebenden Mediums. I. a. haben thermische Neutronen kinetische Energien unter 0,1 eV.

b) Da bei Neutronenexperimenten in der Schule in der Regel Zimmertemperatur 20° C = 293 K herrscht, ergibt sich

$$\overline{E_{kin}} = \frac{3}{2} \cdot k \cdot T = 1{,}5 \cdot 1{,}38 \cdot 10^{-23}\,\frac{\text{J}}{\text{K}} \cdot 293\,\text{K} = 6{,}1 \cdot 10^{-21}\,\text{J} =$$
$$= 3{,}8 \cdot 10^{-2}\,\text{eV}$$

$$\overline{E_{kin}} = \frac{1}{2} \cdot m \cdot \overline{v^2} \Rightarrow \overline{v^2} = \frac{2 \cdot \overline{E_{kin}}}{m} \Rightarrow \overline{v} = 0{,}92 \cdot \sqrt{\frac{2 \cdot \overline{E_{kin}}}{m}} =$$
$$= 0{,}92 \cdot \sqrt{\frac{2 \cdot 6{,}1 \cdot 10^{-21}\,\text{J}}{1{,}67 \cdot 10^{-27}\,\text{kg}}} = 2{,}5 \cdot 10^3\,\frac{\text{m}}{\text{s}}$$

c) Als schnelle (mittlere) Neutronen werden i. a. Neutronen bezeichnet, deren kinetische Energie ≥ 1 MeV ($10^2\,\text{eV} < E_{kin} < 1\,\text{MeV}$)

Hinweis:
Die Klassifizierung nach Energien wird recht unterschiedlich gehandhabt und ist nicht verbindlich geregelt:
- So werden manchmal schon Neutronen mit Energien oberhalb von 1 keV als schnell bezeichnet.
- Den Faktor $\frac{3}{2}$ bei thermischen Neutronen ersetzt man oft durch 1. Bei Teilaufgabe b ergäbe sich dann $\overline{E_{kin}} \approx 2{,}5 \cdot 10^{-2}$ eV.
- Neutronen oberhalb des thermischen Bereichs bezeichnet man als epithermisch, legt aber keine exakte obere Grenze fest (0,1 eV – einige 10 eV). Epithermische und thermische Neutronen bezeichnet man auch als langsame Neutronen.

102. Thermische Neutronen

a) Die Wahrscheinlichkeit für eine Kernreaktion steigt mit der Aufenthaltsdauer des Geschossteilchens in Kernnähe, ist also für langsame Geschosse größer als für schnelle. Geladene Geschossteilchen müssen aber den Coulombwall des Targetkerns überwinden. Langsame, geladene Teilchen können daher überhaupt keine Kernreaktion auslösen. Für die ungeladenen Neutronen gibt es aber keinen Coulombwall. Die langsamen thermischen Neutronen sind somit ideale Geschosse für die Auslösung von Kernreaktionen.

b) Schnelle Neutronen können in Moderatoren durch Stöße mit den Kernen des Moderatorenmaterials auf thermische Energien abgebremst werden. Ein Moderator erfüllt seine Aufgabe um so besser, je schneller er abbremst (vgl. Aufgabe 105) und je weniger Neutronen er einfängt. Unter diesen Gesichtspunkten sind Deuteronen ideale Moderatoren.

103. Wechselwirkung von Neutronen mit Materie

Neutronen können als ungeladene Teilchen nicht mit der Atomhülle, sondern nur mit den Atomkernen in Wechselwirkung treten. Wegen der geringen Reichweite der Kernkräfte und der kleinen räumlichen Ausdehnung der Kerne können so auch energiearme Neutronen erstaunlich dicke Materieschichten durchdringen. Da sie nach der Absorption durch Kerne auch oft wieder ausgeschleudert werden, bewegen sie sich auf regellosen Bahnen (vergleichbar der Bewegung eines Gasatoms) durch Materie. Im Einzelnen können sie drei verschiedene Arten von Wechselwirkung machen: Elastische Streuung an Kernen (vgl. Aufgabe 108), inelastische Streuung an Kernen (vgl. Aufgabe 109), Kernreaktionen mit Erzeugung von geladenen Teilchen oder weiteren Neutronen, z. B. (n; α)-, (n; p)-, (n; 2n)-Reaktionen.

104. Nachweis von Neutronen mit Zählrohren

a) Neutronen können das Zählrohrgas nicht ionisieren und somit keine Gasentladungen auslösen.

b) Die ins Zählrohr eindringenden Neutronen schlagen aus dem stark wasserstoffhaltigen Paraffin schnelle Protonen heraus (vgl. Aufgabe 105c). Diese können als geladene Teilchen das Zählrohrgas ionisieren und werden so vom Zählrohr angezeigt.

c) Thermische Neutronen bringen mit ihrer kinetischen Energie, die unter 0,1 eV liegt, nicht genügend Energie mit, um die mit mehreren eV im Paraffin gebundenen Wasserstoffkerne herausschlagen zu können.
Aber selbst wenn dieses „Freischlagen" von Protonen gelänge, besäßen die Protonen mit weniger als 0,1 eV nicht genügend Energie für die Ionisation von Zählrohrgasatomen (einige eV wären hierfür erforderlich!).

d) Das Zählrohr wird mit einem borhaltigen Gas (z. B. BF_3) gefüllt. Mit den Borkernen reagieren die Neutronen dann entsprechend

$${}^{10}_{5}B + {}^{1}_{0}n \rightarrow {}^{7}_{3}Li + {}^{4}_{2}He$$

Der Nachweis der Neutronen erfolgt dann wieder indirekt über den Nachweis der bei dieser Reaktion entstandenen energiereichen α-Teilchen.

e) Die Wahrscheinlichkeit für die in d angegebene Kernreaktion sinkt mit zunehmender Geschwindigkeit der Neutronen ganz erheblich.

105. Moderation von Neutronen

a) v_n bzw. v_K (v_n' bzw. v_K') bezeichne die Geschwindigkeit des Neutrons bzw. des Kerns vor (nach) dem Stoß.

FS. S. 16 / 6.1 $$v_n' = \frac{m_n \cdot v_n + m_K \cdot (2 \cdot v_K - v_n)}{m_n + m_K} \overset{v_K=0}{=} \frac{v_n \cdot (m_n - m_K)}{m_n + m_K}$$

$$\Delta E = \frac{1}{2} \cdot m_n \cdot v_n^2 - \frac{1}{2} \cdot m_n \cdot v_n'^2 = \frac{1}{2} \cdot m_n \cdot v_n^2 - \frac{1}{2} \cdot m_n \cdot v_n^2 \cdot \left(\frac{m_n - m_K}{m_n + m_K}\right)^2 =$$

$$= \frac{1}{2} \cdot m_n \cdot v_n^2 \cdot \left(1 - \left(\frac{m_n - m_K}{m_n + m_K}\right)^2\right) = \frac{1}{2} \cdot m_n \cdot v_n^2 \cdot \frac{4 \cdot m_n \cdot m_K}{(m_n + m_K)^2} =$$

$$= \frac{4 \cdot m_n \cdot m_K}{(m_n + m_K)^2} \cdot E_n$$

b) $f(x)=\frac{4\cdot x}{(x+1)^2} \Rightarrow f'(x)=4\cdot\frac{(1-x)}{(x+1)^3}$

$f'(x)>0 \Leftrightarrow 4\cdot\frac{(1-x)}{(x+1)^3}>0 \overset{x\in\mathbb{R}_0^+}{\Leftrightarrow} 1-x>0 \Leftrightarrow x<1$

$\Rightarrow$ Auf $[\,0,1\,[$ ist f streng monoton steigend und auf $]1,\infty[$ streng monoton fallend.

$\Rightarrow$ Bei $x_0 = 1$ besitzt f ein relatives Maximum, das für $x \in \mathbb{R}_0^+$ zugleich auch absolutes Maximum ist.

c) $\Delta E=\frac{4\cdot m_n\cdot m_K}{(m_n+m_K)^2}\cdot E_n \overset{\text{(Kürzen mit } m_K^2)}{=} \frac{4\cdot\frac{m_n}{m_K}}{\left(\frac{m_n}{m_K}+1\right)^2}\cdot E_n$

Mit $x:=\frac{m_n}{m_K}$ gilt daher: $\Delta E=\frac{4\cdot x}{(x+1)^2}\cdot E_n$

Nach Teilaufgabe b ist der Energieverlust ΔE des Neutrons maximal, wenn $x = 1$, d. h. wenn $m_n = m_K$. Die Kerne, die der Forderung $m_K = m_n$ noch am besten genügen, sind H-Kerne.

d) Die Masse eines Bleikerns ist ca. 207-mal größer als die Neutronenmasse, wogegen Paraffin als Gemisch diverser Kohlenwasserstoffe relativ viel H-Kerne enthält.
Wegen $(\Delta E)_{Pb} \approx 0{,}02 \cdot E_n$ und $(\Delta E)_H \approx E_n$ verliert das Neutron bei einem geraden zentralen Stoß mit einem H-Kern fast seine gesamte Energie, während es beim gleichen Stoß mit einem Bleikern nur ca. 2 % seiner Energie verliert.

106. Geschwindigkeitsfilter für Neutronen

Bezeichnet $\lambda = \frac{h}{m_n\cdot v}$ die de-Broglie-Wellenlänge eines Neutrons, so werden bei hinreichender Dicke D durch Bragg-Reflexion alle Neutronen aus dem Strahl entfernt, welche die Beziehung $2 \cdot d \cdot \sin\alpha_k = k \cdot \lambda$ erfüllen. Da wegen der regellosen Lage der Mikrokristallite α_k sämtliche Werte aus [0°, 90°] annehmen kann, lautet die Bedingung dafür, dass ein Neutron Bragg-Reflexion erleiden kann:

$$\left.\begin{aligned}\lambda&=\frac{2\cdot d\cdot\sin\alpha_k}{k}\le 2\cdot d\cdot\sin\alpha_k\le 2\cdot d\\ \lambda&=\frac{h}{m_n\cdot v}\end{aligned}\right\}\Rightarrow \frac{h}{m_n\cdot v}\le 2\cdot d \Rightarrow v\ge\frac{h}{2\cdot m_n\cdot d}$$

Alle anderen Neutronen, also die mit $v < \frac{h}{2 \cdot m_n \cdot d}$ können keine Bragg-Reflexion erleiden und gelangen durch P.

107. Modellvorstellungen

a) Unter einer Kernreaktion versteht man eine Umwandlung von Atomkernen, die durch Wechselwirkung mit Elementarteilchen oder Kernen hervorgerufen wird.
Zur Notation: Bei fast allen einfachen Kernreaktionen trifft ein Geschossteilchen a auf einen Targetkern A. Dabei entsteht ein Endkern B und ein Endteilchen b. Man schreibt dann: $A + a \rightarrow B + b$ oder kurz A(a, b)B.

b) Das Geschossteilchen a wird vom Targetkern A eingefangen. Für Weiteres steht dann die Energie E zur Verfügung, die sich aus der kinetischen Energie E_S der Partner A und a im Schwerpunktsystem von A und a und der durch die Bindung des Geschosses a an den Kern A frei werdenden Bindungsenergie E_a zusammensetzt: $E = E_S + E_a$.

b_1) direkte Reaktion: Die Energie E wird sehr schnell (innerhalb von ca. 10^{-22} s $\mathrel{\hat{=}}$ Flugzeit eines Nukleons durch den Kern) auf ein anderes Teilchen im Kern übertragen, das dann den Kern wieder verlässt.

b_2) Compound-Reaktion: Die Energie E wird statistisch auf viele Nukleonen übertragen. Daher hat kein Nukleon mehr genügend Energie, den Kern zu verlassen. Diese Verteilung ändert sich dann in komplizierter Weise so lange, bis auf ein Teilchen wieder einmal so viel Energie übertragen wird, dass es den Kern verlassen kann. Compound-Reaktionen laufen daher um den Faktor 10^6 langsamer ab als direkte Reaktionen.

108. Elastische Streuung des Geschosses

Das Geschoss bleibt entweder außerhalb des Kerns, indem es z. B. als geladenes Teilchen Coulombwechselwirkung mit dem Kern macht (z. B. Rutherfordstreuung), oder es dringt in den Kern ein, der dann ein gleichartiges Teilchen wieder emittiert. Der Kern ändert in beiden Fällen seinen Energiezustand nicht. Auch die gesamte kinetische Energie des Systems Kern/Geschoss ändert sich bei der elastischen Streuung nicht. Das Geschossteilchen erleidet jedoch i. A. durch den „Zusammenstoß“ mit dem i. A. ruhenden Kern einen Verlust an kinetischer Energie.

109. Inelastische Streuung

Das Geschoss kann, ohne in den Kern einzudringen, einen Teil seiner kinetischen Energie dafür hergeben, dass der Kern in einen angeregten Zustand gebracht wird. Dabei können nur solche Energiebeträge übertragen werden, die den diskreten Energieniveaus des Targetkerns entsprechen.
Das Geschoss kann aber auch in den Kern eindringen. Dann behält der Kern einen Teil der eingebrachten Energie und emittiert ein gleichartiges Teilchen entsprechend kleinerer Energie (z. B. Franck-Hertz-Versuch am Kern, vgl. Aufgabe 17). In beiden Fällen kehrt der Kern aus dem angeregten Zustand durch Emission entsprechender γ-Quanten in den Grundzustand zurück.

110. Austauschreaktion

Bei einer Austauschreaktion wird ein anderes Teilchen emittiert als eingeschossen wurde. Austauschreaktionen können direkte Reaktionen, z. B. ^{35}Cl (d,p) ^{36}Cl, oder auch Compound Reaktionen, z. B. ^{14}N (α, p) ^{17}O, sein. Neben den bereits angegebenen (d, p) bzw. (α, p) Reaktionen gibt es
(p, n)-Reaktion z. B. [^{7}Li (p, n) ^{7}Be], (p, α)-Reaktion z. B. [^{7}Li (p, α) ^{4}He]
(n, p)-Reaktion z. B. [^{14}N (n, p) ^{14}C], (n, α)-Reaktion z. B. [^{11}B (n, α) ^{8}Li]
(α, n)-Reaktion z. B. [^{9}Be (α, n) ^{12}C], (γ, n)-Reaktion z. B. [^{2}H (γ, n) $^{1}_{1}H$]
(γ, p)-Reaktion z. B. [^{12}C (γ,p) ^{11}B] usw.

Hinweis:
Die in eckigen Klammern stehenden konkreten Reaktionsgleichungen brauchen Sie nicht alle zu wissen, vgl. Aufgabe 115.

111. Kernphotoeffekt

Wird ein γ-Quant ausreichender Energie von einem Kern absorbiert, so entsteht i. A. ein Compoundkern, der Protonen, Neutronen oder α-Teilchen emittiert:

$$A + \gamma \rightarrow A^* \rightarrow B + b$$

Der Effekt kann in Analogie zum Photoeffekt gesehen werden, bei dem die Absorption eines Photons die Ablösung eines Elektrons aus der Atomhülle bewirkt. So wie der Photoeffekt nur dann zu beobachten ist, wenn das Photon größere Energie als die Auslösearbeit besitzt, so tritt der Kernphotoeffekt nur dann auf, wenn das γ-Quant mindestens die Bindungsenergie des „abzulösenden“ Nukleons mitbringt.

Hinweise:

1. Für niederenergetische γ-Quanten liegt beim Kernphotoeffekt meist eine Compound-Reaktion vor, für höherenergetische γ-Quanten ist eine direkte Reaktion wahrscheinlicher.
2. Die Reaktion ${}^{2}_{1}H + \gamma \rightarrow {}^{1}_{1}H + {}^{1}_{0}n$ wird auch als Photodissoziation des Deuterons bezeichnet.

112. Stripping und Pick-up

a) Ohne Bildung eines Zwischenkerns wird ein Nukleon oder eine Nukleonengruppe vom einfallenden Teilchen durch den Targetkern abgestreift und dann mit dem Targetkern vereinigt. Sehr häufige Stripping-Reaktionen sind Reaktionen vom Typ (d,n) und (d,p), bei denen wegen der relativ schwachen Bindung zwischen Proton und Neutron der Targetkern vom Deuteron das Neutron abstreift, während das Proton weiterfliegt oder umgekehrt. Bei Deuteronenenergien von einigen MeV ist die Reaktion (d,p) wahrscheinlicher als (d,n), bei höheren Deuteronenenergien sind (d,p) und (d,n) gleich wahrscheinlich.

b) Bei Pick-up-Reaktionen absorbiert umgekehrt, wieder ohne Bildung eines Zwischenkerns, das vorbeifliegende Geschossteilchen ein Nukleon oder eine Nukleonengruppe aus dem Targetkern.

113. Direkte oder Compoundreaktion

a) In einer direkten Stripping-Reaktion wird durch den Targetkern Na23 vom vorbeifliegenden Deuteron ein Neutron abgestreift und vom Targetkern einverleibt. Dadurch entsteht der Kern Na24. Das vom Deuteron übrig gebliebene Proton fliegt weiter.

b) Prinzipiell wäre es denkbar, dass das vorbeifliegende Proton dem Li7 in einer Pick-up-Reaktion ein Triton H3 entreißt. Da aber das Triton instabil ist, ist die Wahrscheinlichkeit, dass es im Kern zum Zeitpunkt des Vorbeifluges des Protons bereits gebildet vorliegt, sehr, sehr klein. Viel wahrscheinlicher ist es, aufgrund der hohen Stabilität des α-Teilchens, dass der Compoundkern ${}^{8}_{4}Be^{*}$ in zwei α-Teilchen zerfällt.

114. Spallation

Beschießt man einen schweren Kern mit Teilchen sehr hoher Energie (größer als 100 MeV), so kann der angeregte Zwischenkern je nach Größe der Anregungsenergie eine mehr oder weniger große Anzahl von Protonen, Neutronen, α-Teilchen oder anderen Teilchen abgeben.

Beispiele:

$^{238}_{92}U(\alpha;\ 20p\ \ 35n)^{187}_{74}W$ oder $^{65}_{29}Cu\,(d;\ 15p\ \ 20n)^{32}_{15}P$

Statt Kernsplitterung sagt man auch **partielle Kernverdampfung** oder **Spallation**.

115. Spezielle Kernreaktionen

a)	$^{14}_{7}N + ^{4}_{2}He \rightarrow ^{17}_{8}O + ^{1}_{1}H$	$^{14}_{7}N\ (\alpha;p)\ ^{17}_{8}O$
b)	$^{9}_{4}Be + ^{4}_{2}He \rightarrow ^{12}_{6}C + ^{1}_{0}n$	$^{9}_{4}Be\ (\alpha;n)\ ^{12}_{6}C$
c)	$^{9}_{4}Be + \gamma \rightarrow 2\,^{4}_{2}He + ^{1}_{0}n$	$^{9}_{4}Be\ (\gamma,n)\ 2\,^{4}_{2}He$
d)	$^{10}_{5}B + ^{1}_{0}n \rightarrow ^{7}_{3}Li + ^{4}_{2}He$	$^{10}_{5}B\ (n,\alpha)\ ^{7}_{3}Li$
e)	$^{27}_{13}Al + ^{4}_{2}He \rightarrow ^{30}_{15}P^{*} + ^{1}_{0}n$	$^{27}_{13}Al\ (\alpha,n)\ ^{30}_{15}P$
f)	$^{7}_{3}Li + ^{1}_{1}H \rightarrow ^{4}_{2}He + ^{4}_{2}He$	$^{7}_{3}Li\ (p,\alpha)\ ^{4}_{2}He$
g)	$^{107}_{47}Ag + ^{1}_{0}n \rightarrow ^{108}_{47}Ag^{*} + \gamma$	$^{107}_{47}Ag\ (n,\gamma)\ ^{108}_{47}Ag$

116. Ergänzung und Klassifizierung von Reaktionsgleichungen

	Reaktionsgleichung	Kurzschreibweise	Reaktionstyp
a)	$^{16}_{8}O + \gamma \rightarrow ^{15}_{8}O + ^{1}_{0}n$	$^{16}_{8}O\,(\gamma,n)\ ^{15}_{8}O$	F/E/B
b)	$^{59}_{27}Co + ^{1}_{0}n \rightarrow ^{60}_{27}Co + \gamma$	$^{59}_{27}Co\,(n,\gamma)\ ^{60}_{27}Co$	E/B
c)	$^{9}_{4}Be + ^{4}_{2}He \rightarrow ^{12}_{6}C + ^{1}_{0}n$	$^{9}_{4}Be\ (\alpha,n)\ ^{12}_{6}C$	E/B
d)	$^{26}_{12}Mg + \gamma \rightarrow ^{25}_{11}Na + ^{1}_{1}p$	$^{26}_{12}Mg\ (\gamma,p)\ ^{25}_{11}Na$	F/E/B
e)	$^{238}_{92}U + \alpha \rightarrow 20\,^{1}_{1}H + 35\,^{1}_{0}n + ^{187}_{74}W$	$^{238}_{92}U\ (\alpha;\ 20p,\ 35n)\ ^{187}_{74}W$	G/B
f)	$^{51}_{23}V + p \rightarrow ^{51}_{24}Cr + ^{1}_{0}n$	$^{51}_{23}V\ (p,n)\ ^{51}_{24}Cr$	E/A
g)	$^{130}_{52}Te + d \rightarrow ^{131}_{52}J + p$	$^{130}_{52}Te\ (d,p)\ ^{131}_{52}J$	E/C/A
h)	$^{208}_{82}Pb + ^{16}_{8}O \rightarrow ^{207}_{82}Pb + ^{17}_{8}O$	$^{208}_{82}Pb\ \left(^{16}_{8}O,\ ^{17}_{8}O\right)\ ^{207}_{82}Pb$	E/D/A

Hinweis:
Sie haben für die Lösung dieser Aufgabe Erhaltungssätze für die „unten" und „oben" stehenden Zahlen verwendet, die allgemein für alle Teilchenprozesse gelten.
Man ordnet entsprechend folgender Tabelle den im Unterricht behandelten Elementarteilchen eine Ladungszahl Q (steht bei uns unten), eine Baryonenzahl B (steht bei uns oben) und eine Leptonenzahl L (taucht in obigen Gleichungen nicht auf) zu.

	p	$\overline{p}$	n	$\overline{n}$	e^-	e^+	γ	ν	$\overline{\nu}$
Ladungszahl Q	+1	–1	0	0	–1	+1	0	0	0
Baryonenzahl B	+1	–1	+1	–1	0	0	0	0	0
Leptonenzahl L	0	0	0	0	+1	–1	0	+1	–1

Möglich sind dann nur solche Teilchenprozesse, bei denen die Energie, der Impuls, die Ladungszahl, die Baryonenzahl und die Leptonenzahl erhalten bleiben.
${}^{1}_{1}p + {}^{0}_{-1}e^- \rightarrow {}^{0}_{0}\gamma + {}^{0}_{0}\gamma$ ist z. B. unmöglich, weil die Baryonenzahlsumme auf der linken und rechten Seite der Gleichung verschieden ist.
Es gibt noch weitere Quantenzahlen, für die analoge Erhaltungssätze gelten, auf die aber im Schulunterricht nicht eingegangen werden kann. Deshalb seien hier nur einige Namen erwähnt: die Strangeness, die Hyperladung, die 3. Komponente des Isospins u.a.

117. Wirkungsquerschnitt

a)
- Je höher die Geschosszahl N, desto höher auch die Zahl ΔN der ausgelösten Kernreaktionen: $\Delta N \sim N$
- Je größer die Zahl $n \cdot V$ der Targetkerne im durchstrahlten Volumen V, desto höher auch die Zahl ΔN der ausgelösten Kernreaktionen: $\Delta N \sim n \cdot V$
- Je größer A bei unverändertem N, desto weniger Geschosse pro Flächeneinheit, desto kleiner auch die Zahl ΔN der ausgelösten Kernreaktionen: $\Delta N \sim \frac{1}{A}$

$\Rightarrow$

$$\Rightarrow \Delta N \sim \frac{N \cdot n \cdot V}{A} \Rightarrow \Delta N = \sigma \cdot \frac{N \cdot n \cdot V}{A} \Rightarrow \frac{\Delta N}{N} = \sigma \cdot \frac{n \cdot V}{A}$$

$$A \cdot \Delta x = V \Rightarrow \frac{V}{A} = \Delta x$$

$\Rightarrow$

$$\Rightarrow \frac{\Delta N}{N} = \sigma \cdot n \cdot \Delta x$$

b) Da $n \cdot V$ die Zahl aller Targetkerne im durchstrahlten Volumen und $\frac{\Delta N}{N}$ die Wahrscheinlichkeit für einen Treffer ist, ist σ wegen $\sigma = \frac{\Delta N}{N} \cdot \frac{A}{n \cdot V}$ die Zielfläche, die ein Kern dem Geschoss bietet.

c) Berechnung von n: FS. S. 78 $\rho_{Au} = 19{,}3\ g \cdot cm^{-3} \Rightarrow$ In 1 cm^3 sind

$$n = \frac{6{,}02 \cdot 10^{23} \cdot 19{,}3}{197} = 5{,}9 \cdot 10^{22} \text{ Kerne}$$

$$\frac{\Delta N}{N} = \sigma \cdot n \cdot \Delta x = 58 \cdot 10^{-24}\ cm^2 \cdot 5{,}9 \cdot 10^{22}\ \frac{1}{cm^3} \cdot 0{,}05 \cdot 10^{-1}\ cm =$$

$$= 1{,}7 \cdot 10^{-2}$$

d) $r_{Au} = r_0 \cdot \sqrt[3]{A} = 1{,}4 \cdot 10^{-15} \cdot \sqrt[3]{197}\,m = 8{,}1 \cdot 10^{-15}\ m$

$\Rightarrow$ geometrische Ausdehnung eines Kerns: $r_{Au}^2 \cdot \pi = 2{,}1 \cdot 10^{-28}\ m^2$

Wirkungsquerschnitt: $\sigma = 58 \cdot 10^{-24}\ cm^2 = 5{,}8 \cdot 10^{-27}\ m^2$

Der Wirkungsquerschnitt ist also fast 28mal größer als die geometrische Querschnittsfläche eines Goldkerns.

118. Q-Wert einer Kernreaktion

a) Besitzt ein Teilchen c die kinetische Energie $E_{kin,c}$ und ist es unter Umständen mit der Energie $E_c{}^*$ über dem Grundzustand angeregt, so bezeichne $E_c = E_{kin,c} + E_c{}^*$.

Der Q-Wert einer Kernreaktion $a + A \rightarrow B + b$ ist dann definiert als:

$Q = (E_B + E_b) - (E_A + E_a)$

b) Bezeichnet m_c die relativistische Masse des Teilchens c und m_{oc} seine Ruhemasse, so gilt nach dem Energieerhaltungssatz wegen

$m_c \cdot c^2 = E_c + m_{oc} \cdot c^2$ für die Kernreaktion $a + A \rightarrow B + b$:

$$m_a \cdot c^2 + m_A \cdot c^2 = m_B \cdot c^2 + m_b \cdot c^2$$

$$\Leftrightarrow\ E_a + m_{oa} \cdot c^2 + E_A + m_{oA} \cdot c^2 = E_B + m_{oB} \cdot c^2 + E_b + m_{ob} \cdot c^2$$

$$\Leftrightarrow\ m_{oa} \cdot c^2 + m_{oA} \cdot c^2 - (m_{oB} \cdot c^2 + m_{ob} \cdot c^2) = E_B + E_b - E_a - E_A$$

$$\Leftrightarrow\ Q = (m_{oa} + m_{oA} - m_{oB} - m_{ob}) \cdot c^2$$

c) Bei $Q < 0$ ist die Reaktion mit Absorption von Energie verbunden und heißt endotherm. Bei $Q > 0$ ist die Reaktion von Energieabgabe begleitet und heißt exotherm.

Hinweis:
Merken Sie sich:
Q-Wert = Summe der Ruheenergien der Ausgangsteilchen (a, A) minus Summe der Ruheenergien der Reaktionsprodukte (b, B)
oder
Q-Wert = Summe der kinetischen Energien (einschließlich eventueller Anregungsenergien) der Reaktionsprodukte minus Summe der kinetischen Energien (einschließlich eventueller Anregungsenergien) der Ausgangsteilchen.

Bei der Berechnung des Q-Wertes dürfen Sie auf keinen Fall die in der Formelsammlung auf S. 90/91 angegebenen Kernmassen m_K verwenden. Dann werden nämlich die Energiebeiträge nicht berücksichtigt, die beim Umbau der Elektronenhüllen der an der Reaktion beteiligten Nuklide auftreten.
Sie erhalten aber stets richtige Q-Werte, wenn Sie mit Atommassen oder Nuklidmassen (vgl. Aufgaben 20) rechnen!

119. Einfache Rechnungen zum Q-Wert

a) (R_1) ${}^{7}_{3}Li\,(p,\alpha)\,{}^{4}_{2}He$ oder ${}^{7}_{3}Li + {}^{1}_{1}H \rightarrow {}^{4}_{2}He + {}^{4}_{2}He$

(R_2) ${}^{6}_{3}Li\,(d,\alpha)\,{}^{4}_{2}He$ oder ${}^{6}_{3}Li + {}^{2}_{1}H \rightarrow {}^{4}_{2}He + {}^{4}_{2}He$

(R_3) ${}^{6}_{3}Li\,(p,\alpha)\,{}^{3}_{2}He$ oder ${}^{6}_{3}Li + {}^{1}_{1}H \rightarrow {}^{4}_{2}He + {}^{3}_{2}He$

b)
$$Q_{R_1} = [m_A\,(Li7) + m_A\,(H1) - 2 \cdot m_A\,(He4)\,] \cdot c^2 =$$
$$= (7{,}016005u + 1{,}00782522u - 2 \cdot 4{,}0026036u) \cdot c^2 =$$
$$= 0{,}018623u \cdot c^2 = 17{,}35\ \text{MeV}$$
$$Q_{R_2} = [m_A\,(Li6) + m_A\,(H2) - 2 \cdot m_A\,(He\ 4)] \cdot c^2 =$$
$$= (6{,}015126u + 2{,}0141022u - 2 \cdot 4{,}0026036u) \cdot c^2 =$$
$$= 0{,}024021u \cdot c^2 = 22{,}38\ \text{MeV}$$
$$Q_{R_3} = [m_A\,(Li6) + m_A\,(H1) - m_A\,(He4) - m_A\,(He3)] \cdot c^2 =$$
$$= (6{,}015126u + 1{,}00782522u - 4{,}0026036u - 3{,}0160299u) \cdot c^2 =$$
$$= 0{,}004317u \cdot c^2 = 4{,}02\ \text{MeV}$$

Bei R_2 wird also mit 22,38 MeV am meisten Energie freigesetzt.

120. Einfache Rechnung zum Q-Wert

$$Q_{R_1} - Q_{R_2} = [m_A(\text{Li6}) + m_A(\text{H2}) - m_A(\text{Be7}) - m(n)] \cdot c^2 - [m_A(\text{Li6}) + m_A(\text{H2}) - m_A(\text{He4}) - m_A(\text{He3}) - m(n)] \cdot c^2$$

$$= [m_A(\text{He4}) + m_A(\text{He3}) - m_A(\text{Be7})] \cdot c^2 =$$

$$= (4{,}0026036\text{u} + 3{,}0160299\text{u} - 7{,}0169300\text{u}) \cdot c^2 =$$

$$= 0{,}0017035\text{u} \cdot c^2 > 0$$

$\Rightarrow Q_{R_1} > Q_{R_2} \Rightarrow$ Bei R_1 wird mehr Energie frei als bei R_2.

Da $m_A(\text{Be7}) < m_A(\text{He4}) + m_A(\text{He3})$, erhält das Neutron bei R_1 eine größere kinetische Energie als bei R_2.

121. Schwerpunktsenergie

a) Unmittelbar nach dem Einfang von a durch A bewegt sich das System A/a mit der Geschwindigkeit v_s. Die hierfür nötige Energie

$E_s = \frac{1}{2} \cdot (m_a + m_A) \cdot v_s^2$ steht also für die Kernreaktion nicht mehr zur Verfügung, sondern nur mehr $E_a - E_s$.

b) A ruht vor dem Stoß $\Rightarrow$ gerader zentraler Stoß.
A, a „verkleben" kurzzeitig $\Rightarrow$ inelastischer Stoß. $\Big\}\ \overset{v_A=0}{\underset{\text{FS.S.16/6.2}}{\Longrightarrow}}$

$$\left.\begin{aligned} &\Rightarrow v_s = \frac{m_a \cdot v_a}{m_a + m_A} \\ &E_a' = E_a - E_s = \frac{1}{2} \cdot m_a \cdot v_a^2 - \frac{1}{2} \cdot (m_a + m_A) \cdot v_s^2 \end{aligned}\right\} \Rightarrow$$

$$\Rightarrow E_a' = \frac{1}{2} \cdot m_a \cdot v_a^2 - \frac{1}{2} \cdot (m_a + m_A) \cdot \frac{(m_a \cdot v_a)^2}{(m_a + m_A)^2} =$$

$$= \frac{1}{2} \cdot m_a \cdot v_a^2 \cdot \left(1 - \frac{m_a}{m_a + m_A}\right) = \frac{1}{2} \cdot m_a \cdot v_a^2 \cdot \frac{m_A}{m_a + m_A} = \frac{m_A}{m_a + m_A} \cdot E_a$$

c) Da bei endothermen Reaktionen $Q < 0$, muss das Geschossteilchen unter Berücksichtigung des Rückstoßeffektes aus Teilaufgabe b mindestens die kinetische Energie $E_a = |Q| + E_s$ mitbringen.

$$\left.\begin{aligned} &E_a' \geq |Q| \\ &E_a' = \frac{m_A}{m_a + m_A} \cdot E_a \end{aligned}\right\} \Rightarrow \frac{m_A}{m_a + m_A} \cdot E_a \geq |Q| \Rightarrow E_a \geq \frac{m_a + m_A}{m_A} \cdot |Q|$$

$$\Rightarrow E_{min} = \frac{m_a + m_A}{m_A} \cdot |Q|$$

d) $Q = [m_A(\text{N14}) + m_A(\text{He4}) - m_A(\text{O17}) - m_A(\text{H1})] \cdot c^2 =$
$= (14{,}0030744\text{u} + 4{,}0026036\text{u} - 16{,}9991334\text{u} - 1{,}00782522\text{u}) \cdot c^2 =$
$= -\ 0{,}0012806\text{u} \cdot c^2 = -\ 1{,}19\ \text{MeV}$

e) $E_{min} = \frac{m_A(\text{He4}) + m_A(\text{N14})}{m_A(\text{N14})} \cdot |-1{,}19|\,\text{MeV} = \frac{4+14}{14} \cdot |-1{,}19|\,\text{MeV} =$
$= 1{,}53\ \text{MeV}$

122. Anwendung von Energie- und Impulssatz

$Q = [2 \cdot m_A(\text{H3}) - m_A(\text{He4}) - 2 \cdot m(\text{n})] \cdot c^2 =$
$= [2 \cdot 3{,}0160494\ \text{u} - 4{,}0026036\ \text{u} - 2 \cdot 1{,}008665\ \text{u}] \cdot c^2 =$
$= 0{,}0121652\ \text{u} \cdot c^2 = 11{,}3\ \text{MeV}$

$$\left.\begin{array}{l} Q = 2 \cdot E_{kin}(\text{n}) + E_{kin}(\text{He4}) - 2 \cdot E_{kin}(\text{H3}) \\ Q = 11{,}3\ \text{MeV},\ E_{kin}(\text{H3}) = 0{,}5\ \text{MeV} \end{array}\right\} \Rightarrow$$

$\Rightarrow 2\,E_{kin}(\text{n}) + E_{kin}(\text{He4}) = 11{,}3\ \text{MeV} + 2 \cdot 0{,}5\ \text{MeV} = 12{,}3\ \text{MeV}$

Impulsbetrachtung: $\overrightarrow{p_1} + \overrightarrow{p_2} = \vec{0} = \overrightarrow{p_{ges}} = 2 \cdot \overrightarrow{p_n} + \overrightarrow{p_\alpha}$

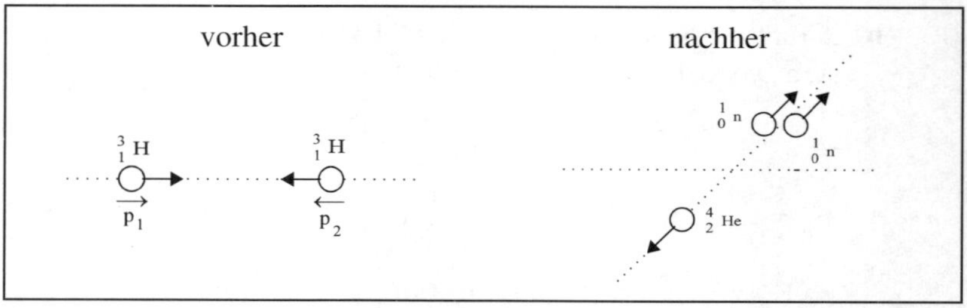

Es gilt also $p_\alpha = -2 \cdot p_n$. Hieraus und aus der Energiebilanz folgt unter Beachtung von $E_{kin} = \frac{1}{2} \cdot m \cdot v^2 = \frac{m^2 \cdot v^2}{2 \cdot m} = \frac{p^2}{2 \cdot m}$:

$$12{,}3\ \text{MeV} = 2 \cdot E_{kin}(\text{n}) + E_{kin}(\text{He4}) = 2 \cdot \frac{p_n^2}{2 \cdot m_n} + \frac{p_\alpha^2}{2 \cdot m_\alpha} =$$

$$= 2 \cdot \frac{p_n^2}{2 \cdot m_n} + \frac{4 \cdot p_n^2}{2 \cdot m_\alpha} = \frac{p_n^2}{2 \cdot m_n} \cdot \left(2 + 4 \cdot \frac{m_n}{m_\alpha}\right) = \frac{p_n^2}{2 \cdot m_n} \cdot \left(2 + 4 \cdot \frac{1}{4}\right) =$$

$$= 3 \cdot E_{kin}(\text{n})$$

$$\Rightarrow E_{kin}(\text{n}) = \frac{12{,}3\ \text{MeV}}{3} = 4{,}1\ \text{MeV}$$

$E_{kin}(\text{He4}) = 12{,}3\ \text{MeV} - 2 \cdot E_{kin}(\text{n}) = (12{,}3 - 2 \cdot 4{,}1)\ \text{MeV} = 4{,}1\ \text{MeV}$

123. Anwendung von Impuls- und Energiesatz

a) ${}^{7}_{3}\text{Li} + {}^{1}_{1}\text{H} \rightarrow 2\,{}^{4}_{2}\text{He}$ oder ${}^{7}_{3}\text{Li}\,(\text{p},\alpha)\,{}^{4}_{2}\text{He}$

b) $Q = [m_A\,(\text{Li7}) + m_A\,(\text{H1}) - 2 \cdot m_A\,(\text{He4})] \cdot c^2 =$
$= [7{,}016005\ \text{u} + 1{,}00782522\ \text{u} - 2 \cdot 4{,}0026036\ \text{u}] \cdot c^2 =$
$= 0{,}018623\ \text{u} \cdot c^2 = 17{,}35\ \text{MeV}$

c) Kinetische Energie eines α-Teilchens:

$Q = 2 \cdot E_{kin}\,(\text{He4}) - E_{kin}\,(\text{Li7}) - E_{kin}\,(\text{H1}) \Rightarrow$

$E_{kin}\,(\text{He4}) = \frac{1}{2} \cdot (Q + E_{kin}\,(\text{Li7}) + E_{kin}\,(\text{H1})) =$
$= \frac{1}{2} \cdot (17{,}35 + 0{,}04)\ \text{MeV} = 8{,}695\ \text{MeV}$

Impulsbeträge des α-Teilchens und des Protons:

$E_{kin}\,(\text{He4}) = \frac{p_\alpha^2}{2 \cdot m_\alpha} \Rightarrow p_\alpha = \sqrt{2 \cdot m_\alpha \cdot E_{kin}\,(\text{He4})} =$
$= \sqrt{2 \cdot 6{,}6 \cdot 10^{-27}\ \text{kg} \cdot 8{,}7 \cdot 10^{6} \cdot 1{,}6 \cdot 10^{-19}\ \text{J}} =$
$= 1{,}4 \cdot 10^{-19}\ \text{N} \cdot \text{s}$

$E_{kin}\,(\text{H1}) = \frac{p_p^2}{2 \cdot m_p} \Rightarrow p_p = \sqrt{2 \cdot m_p \cdot E_{kin}\,(\text{H1})} =$
$= \sqrt{2 \cdot 1{,}67 \cdot 10^{-27}\ \text{kg} \cdot 4 \cdot 10^{4} \cdot 1{,}6 \cdot 10^{-19}\ \text{J}} =$
$= 4{,}6 \cdot 10^{-21}\ \text{N} \cdot \text{s}$

$\cos\alpha = \frac{0{,}5 \cdot p_p}{p_\alpha} = \frac{0{,}5 \cdot 4{,}6 \cdot 10^{-21}\ \text{N} \cdot \text{s}}{1{,}4 \cdot 10^{-19}\ \text{N} \cdot \text{s}} =$
$= 1{,}6 \cdot 10^{-2} \Rightarrow \alpha = 89{,}06°$

Die Bahnspuren schließen also den Winkel $2 \cdot 89{,}06° = 178{,}1°$ ein.

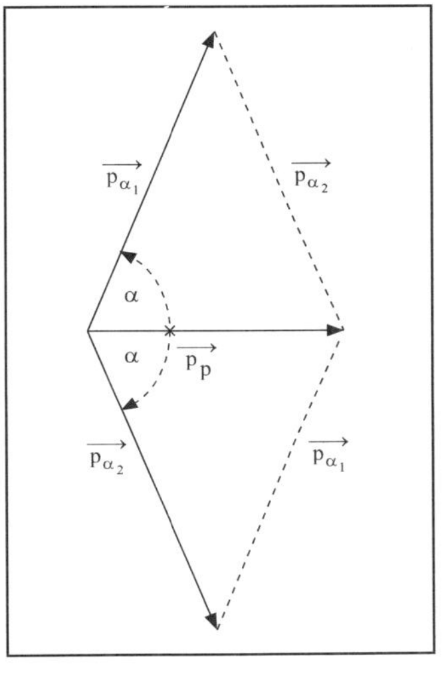

124. Kernreaktion mit angeregtem Endkern

a) Impulsdiagramm:

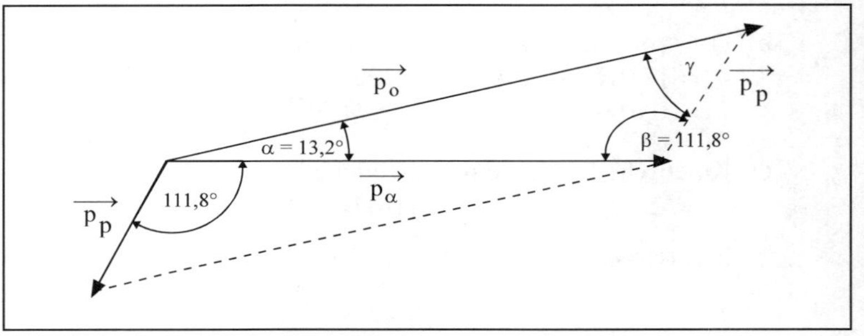

$$E_\alpha = \frac{p_\alpha^2}{2 \cdot m_\alpha} \Rightarrow p_\alpha = \sqrt{2 \cdot m_\alpha \cdot E_\alpha} =$$

$$= \sqrt{2 \cdot 6,64 \cdot 10^{-27}\,\text{kg} \cdot 3,9 \cdot 10^6 \cdot 1,6 \cdot 10^{-19}\,\text{J}} =$$
$$= 9,1 \cdot 10^{-20}\,\text{N} \cdot \text{s}$$

Sinussatz:

$$\frac{p_O}{p_\alpha} = \frac{\sin\beta}{\sin\gamma} \Rightarrow p_O = \frac{\sin\beta}{\sin\gamma} \cdot p_\alpha = \frac{\sin 111,8°}{\sin 55°} \cdot 9,1 \cdot 10^{-20}\,\text{N} \cdot \text{s} =$$
$$= 1,03 \cdot 10^{-19}\,\text{N} \cdot \text{s}$$

$$\frac{p_p}{p_\alpha} = \frac{\sin\alpha}{\sin\gamma} \Rightarrow p_p = \frac{\sin\alpha}{\sin\gamma} \cdot p_\alpha = \frac{\sin 13,2°}{\sin 55°} \cdot 9,1 \cdot 10^{-20}\,\text{N} \cdot \text{s} = 2,54 \cdot 10^{-20}\,\text{N} \cdot \text{s}$$

$$E_{kin}(\text{H1}) + E_{kin}(\text{O17}) = \frac{p_p^2}{2 \cdot m_p} + \frac{p_O^2}{2 \cdot m_O} =$$

$$= \frac{(2,54 \cdot 10^{-20}\,\text{N} \cdot \text{s})^2}{2 \cdot 1,67 \cdot 10^{-27}\,\text{kg}} + \frac{(1,03 \cdot 10^{-19}\,\text{N} \cdot \text{s})^2}{2 \cdot 2,82 \cdot 10^{-26}\,\text{kg}} = 3,8 \cdot 10^{-13}\,\text{J} = 2,38\,\text{MeV}$$

b) $Q = [m_A(\text{N14}) + m_A(\text{He4}) - m_A(\text{O17}) - m_A(\text{H1})]\,c^2$

$$= (14,0030744\,\text{u} + 4,0026036\,\text{u} - 16,9991334\,\text{u} - 1,00782522\,\text{u}) \cdot c^2 =$$
$$= -0,0012806\,\text{u} \cdot c^2 = -1,19\,\text{MeV}$$

$$Q = E_{kin}(\text{H1}) + E_{kin}(\text{O17}) - E_{kin}(\text{N14}) - E_{kin}(\text{He4})$$

$$\underset{Q=-1,19\,\text{MeV}}{\overset{E_{kin}(\text{N14})=0}{\Longrightarrow}} \quad E_{kin}(\text{H1}) + E_{kin}(\text{O17}) = Q + E_{kin}(\text{He4}) =$$

$$= -1,19\,\text{MeV} + 3,9\,\text{MeV} = 2,71\,\text{MeV}$$

c) a: E_{kin} (Reaktionsprodukte) = 2,38 MeV
b: E_{kin} (Reaktionsprodukte) = 2,71 MeV
$\Big\}\ \Delta E = 0{,}33\ \text{MeV}$

Bei Teilaufgabe b wurde so gerechnet, als ob sich der Sauerstoff im Grundzustand befände. Wegen $\Delta E \neq 0$ befindet sich O17 unmittelbar nach der Reaktion 0,33 MeV über dem Grundzustand in einem angeregten Zustand.

125. Reaktion mit frei werdendem γ-Quant

Vorbemerkung:
Da die Ruheenergie des Photons 0 ist, rechnet man die γ-Quanten-Energie beim Q-Wert zu den kinetischen Energien.

a) $^1_1\text{H} + ^1_0\text{n} \rightarrow ^2_1\text{D} + \gamma$ oder $^1_1\text{H}\,(\text{n},\gamma)\,^2_1\text{H}$

b)
$$\left.\begin{array}{l} Q = \left[m_A(\text{H1}) + m(\text{n}) - m_A(\text{H2})\right] \cdot c^2 \\ Q = E_{kin}(\text{H2}) + E_\gamma - E_{kin}(\text{H1}) - E_{kin}(\text{n}) \end{array}\right\} \underset{E_{kin}(\text{n})=0}{\overset{E_{kin}(\text{H1})=0}{\Longrightarrow}}$$

$$[m_A(\text{H1}) + m(\text{n}) - m_A(\text{H2})] \cdot c^2 = E_{kin}(\text{H2}) + E_\gamma \Rightarrow$$

$$m(\text{n}) = \frac{E_{kin}(\text{H2}) + E_\gamma}{c^2} + m_A(\text{H2}) - m_A(\text{H1}) \quad (1)$$

Da die kinetische Energie der Ausgangsnukleonen jeweils 0 ist, sind auch ihre Einzelimpulse und damit ihr Gesamtimpuls 0. Nach dem Impulssatz ist dann die Impulssumme der Reaktionsprodukte ebenfalls 0.

$$\left.\begin{array}{l} \overrightarrow{p_d} + \overrightarrow{p_\gamma} = 0 \Rightarrow p_d = -p_\gamma \\ E_\gamma = h \cdot f = c \cdot \frac{h}{\lambda} = c \cdot p_\gamma \Rightarrow p_\gamma = \frac{E_\gamma}{c} \end{array}\right\} \Rightarrow$$

$$\left.\begin{array}{l} \Rightarrow p_d = -\frac{E_\gamma}{c} \\ E_{kin}(\text{H2}) = \frac{p_d^{\,2}}{2 \cdot m_d} \end{array}\right\} \Rightarrow E_{kin}(\text{H2}) = \frac{E_\gamma^{\,2}}{2 \cdot m_d \cdot c^2} \quad (2)$$

$$(1)\ \&\ (2): m(\text{n}) \cdot c^2 = \frac{E_\gamma^{\,2}}{2 \cdot m_d \cdot c^2} + E_\gamma + m(\text{H2}) \cdot c^2 - m(\text{H1}) \cdot c^2 =$$

$$= \frac{(2{,}23\ \text{MeV})^2}{2 \cdot 1876{,}116\ \text{MeV}} + 2{,}23\ \text{MeV} + 1876{,}116\ \text{MeV} - 938{,}779\ \text{MeV} =$$

$$= 939{,}568\ \text{MeV} \Rightarrow m(\text{n}) = 1{,}008672\ \text{u}.$$

126. Kernphotoeffekt

a) $^{2}_{1}H + \gamma \rightarrow {}^{1}_{1}H + {}^{1}_{0}n$ oder $^{2}_{1}H(\gamma, n)\,{}^{1}_{1}H$

b)
$$Q = [m_A(H2) - m_A(H1) - m(n)] \cdot c^2 =$$
$$= [2{,}0141022\,u - 1{,}00782522\,u - 1{,}008665\,u] \cdot c^2 =$$
$$= -0{,}002388\,u \cdot c^2 =$$
$$= -2{,}22\,MeV$$
$$Q = E_{kin}(H1) + E_{kin}(n) - E_{kin}(H2) - E_\gamma \quad \left.\right\} \; E_{kin}(H2) = 0 \Rightarrow$$
$$\Rightarrow E_{kin}(H1) + E_{kin}(n) = -2{,}22\,MeV + E_\gamma =$$
$$= (-2{,}22 + 2{,}45)\,MeV = 0{,}23\,MeV$$

c) Berechnung der Impulsbeträge:
$$p_\gamma = \frac{E_\gamma}{c} = \frac{2{,}45 \cdot 10^6 \cdot 1{,}6 \cdot 10^{-19}\,J}{3 \cdot 10^8\,\frac{m}{s}} = 1{,}31 \cdot 10^{-21}\,N \cdot s$$
Wegen $E_{kin} = \frac{p^2}{2 \cdot m} \Rightarrow p = \sqrt{2 \cdot m \cdot E_{kin}}$ und
$$E_{kin}(H1) = E_{kin}(n) = \frac{0{,}23\,MeV}{2} = 0{,}115\,MeV \text{ folgt.}$$
$$p_p = p_n = \sqrt{2 \cdot 1{,}67 \cdot 10^{-27}\,kg \cdot 0{,}115 \cdot 10^6 \cdot 1{,}6 \cdot 10^{-19}\,J} =$$
$$= 7{,}84 \cdot 10^{-21}\,N \cdot s$$
$$\cos\alpha = \frac{\frac{p_\gamma}{2}}{p_n} = \frac{p_\gamma}{2 \cdot p_n} =$$
$$= \frac{1{,}31 \cdot 10^{-21}\,N \cdot s}{2 \cdot 7{,}84 \cdot 10^{-21}\,N \cdot s}$$
$$= 0{,}084 \Rightarrow \alpha = 85{,}2°$$

Die Bahnen von Proton und Neutron schließen einen Winkel von 170,4° ein.

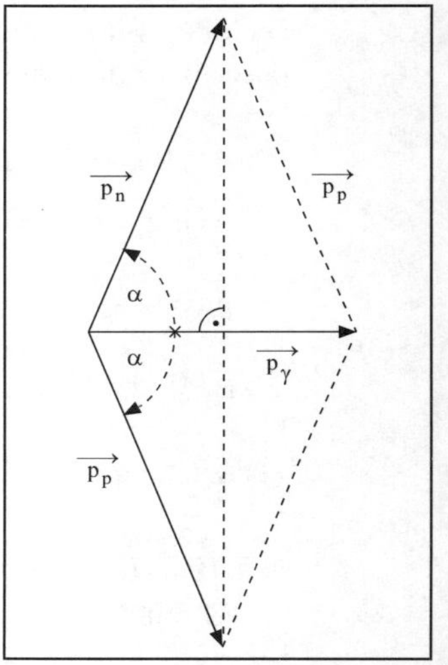

127. Grundbegriffe

Die Radioaktivität von Kernen, die in der Natur nicht vorkommen, sondern künstlich durch Beschuss mit geeigneten Teilchen hergestellt worden sind, heißt **künstliche Radioaktivität**. So kommt der β^+-Strahler P30, wegen seiner kleinen Halbwertszeit von 2,5 min in der Natur nicht vor. Er wurde künstlich hergestellt, indem das stabile, in der Natur vorkommende Al27 mit α-Teilchen beschossen wurde. Dieses „Radioaktivmachen" durch Beschuss mit Neutronen, Protonen, α-Teilchen, Deuteronen, γ-Quanten usw. bezeichnet man als Aktivierung.

128. Strahlung der künstlichen Radioaktivität

a) Künstlich radioaktive Kerne wandeln sich durch Emission von α-, β^--, β^+-Teilchen oder durch EC-Prozesse in stabile Kerne um. Häufig sind diese Umwandlungen von γ-Quanten-Emissionen begleitet. α-Zerfälle sind jedoch sehr selten.
Der Unterschied der künstlichen gegenüber der natürlichen Radioaktivität äußert sich also dadurch, dass β^+- oder EC-Umwandlungen bei der natürlichen Radioaktivität nicht zu beobachten sind.

b) β^--Umwandlung: Im Kern wandelt sich ein Neutron in ein Proton um. Dabei wird ein Elektron und ein Antineutrino emittiert:

$$ {}^1_0\mathrm{n} \rightarrow {}^1_1\mathrm{p} + {}^{0}_{-1}\mathrm{e}^- + {}^0_0\overline{\nu} $$

β^+-Umwandlung: Im Kern wandelt sich ein Proton in ein Neutron um. Dabei wird ein Positron und ein Neutrino emittiert.

$$ {}^1_1\mathrm{p} \rightarrow {}^1_0\mathrm{n} + {}^0_1\mathrm{e}^+ + {}^0_0\nu $$

EC-Umwandlung: Der Kern fängt aus der Elektronenhülle ein Elektron ein und wandelt ein Proton in ein Neutron um. Dabei wird ein Neutrino emittiert.

$$ {}^1_1\mathrm{p} + {}^{0}_{-1}\mathrm{e}^- \rightarrow {}^1_0\mathrm{n} + {}^0_0\nu $$

129. Konkurrenz von β^--, β^+- und EC-Umwandlung

Da α-Zerfall, Protonen- oder Neutronenemissionen für künstlich radioaktive Nuklide recht selten vorkommen, genügt es, sich mit der Konkurrenz der β^+-, β^-- und EC-Umwandlung auseinanderzusetzen.
Liegt ein Kern oberhalb der Stabilitätslinie, so hat er einen relativen Protonenüberschuss, den er entweder durch eine β^+- oder eine EC-Umwandlung abbauen kann. Welcher dieser beiden Prozesse auftritt, hängt von der Größe der Kernladung und von seinem Energiezustand ab. Schwere Kerne mit großer Ladung zeigen aufgrund der großen elektrostatischen Kraft fast ausschließlich EC (= electron capture = Elektroneneinfang). Bei Kernen mit niedriger Kernladungszahl treten beide Prozesse nebeneinander auf.

Graphisch kann man die bisherigen Aussagen wie in nebenstehendem Diagramm veranschaulichen. Liegt der Kern unterhalb der Stabilitätslinie, so hat er relativen Neutronenüberschuss, den er durch einen β^--Zerfall abbauen kann.

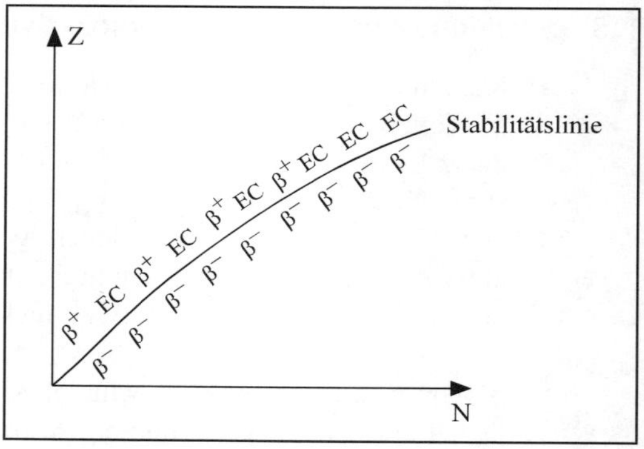

Hinweis:
Obige Überlegungen können nur als grobe Abschätzung dienen und sind mit Vorsicht zu genießen. So gibt es z. B. Radionuklide, bei denen sowohl β^+- als auch EC- als auch β^--Umwandlung zu beobachten ist, z. B. Cu64.

130. EC-Umwandlung und Röntgenstrahlung

a) Bei einer EC-Umwandlung fängt der Kern ein Elektron aus der Hülle ein. Im Allgemeinen stammt dieses Elektron aus der kernnächsten K-Schale, in wenigen Fällen kann es aber auch aus der L-Schale kommen. Die so in der K- oder der L-Schale entstandenen Lücken werden von Elektronen höherer Schalen aufgefüllt. Dabei entstehen charakteristische Röntgenquanten.

b) Für die Berechnung der Wellenlänge der Röntgenstrahlung ist nicht der Kern Cl36, Z = 17, sondern der durch die EC-Umwandlung entstandene Kern S36, Z = 16, relevant!! (Vorsicht! Falle, in die oft getappt wird!) Das S-Atom hat eine voll besetzte K- und L-Schale und eine teilweise besetzte M-Schale. Da Löcher realistischerweise nur in der K-Schale, höchstens noch in der L-Schale entstehen, sind also die K_α, K_β und die L_α-Linien von S zu erwarten. Die Berechnung der zugehörigen Wellenlängen ist mit dem Moseley-Gesetz möglich:

$$\frac{1}{\lambda_{K_\alpha}} = R\cdot(Z-1)^2\cdot\left(\frac{1}{1^2}-\frac{1}{2^2}\right) = \frac{3}{4}\cdot R\cdot(Z-1)^2 \Rightarrow$$

$$\Rightarrow \lambda_{K_\alpha} = \frac{4}{3\cdot R\cdot(Z-1)^2} = \frac{4}{3\cdot 1{,}1\cdot 10^7\,\text{m}^{-1}\cdot(16-1)^2} = 5{,}4\cdot 10^{-10}\ \text{m}$$

$$\frac{1}{\lambda_{K_\beta}} = R\cdot(Z-1{,}8)^2\cdot\left(\frac{1}{1^2}-\frac{1}{3^2}\right) = \frac{8}{9}\cdot R\cdot(Z-1{,}8)^2 \Rightarrow$$

$$\Rightarrow \lambda_{K_\beta} = \frac{9}{8\cdot R\cdot(Z-1{,}8)^2} = \frac{9}{8\cdot 1{,}1\cdot 10^7\,\text{m}^{-1}\cdot(16-1{,}8)^2} = 5{,}1\cdot 10^{-10}\ \text{m}$$

$$\frac{1}{\lambda_{L_\alpha}} = R\cdot(Z-7{,}4)^2\cdot\left(\frac{1}{2^2}-\frac{1}{3^2}\right) = \frac{5}{36}\cdot R\cdot(Z-7{,}4)^2 \Rightarrow$$

$$\Rightarrow \lambda_{L_\alpha} = \frac{36}{5\cdot R\cdot(Z-7{,}4)^2} = \frac{36}{5\cdot 1{,}1\cdot 10^7\,\text{m}^{-1}\cdot(16-7{,}4)^2} = 8{,}8\cdot 10^{-9}\ \text{m}$$

Am wahrscheinlichsten ist die $5{,}4\cdot 10^{-10}$ m-Linie zu beobachten.

c) Es kann vorkommen, dass das bei der Auffüllung der Elektronenlücke in der K- oder L-Schale entstandene Röntgenquant nicht abgestrahlt wird, sondern die Freisetzung eines Elektrons aus einer äußeren Schale, also quasi einen inneratomaren Photoeffekt bewirkt.

Hinweis:
Der in Teilaufgabe c beschriebene Vorgang wird auch als Auger-Effekt (sprich: oschee-Effekt) bezeichnet.

131. Aktivierungskurve

a) Wenn pro Zeiteinheit genau so viele Kerne durch den radioaktiven Zerfall verloren gehen wie durch Aktivierung in der gleichen Zeit nachgeliefert werden, ist N_S erreicht.

b) ΔN_{akt} bezeichne die Zahl der im Zeitintervall Δt durch Aktivierung erzeugten Radionuklide, N_Z die Zahl der in der gleichen Zeit durch den radioaktiven Zerfall verloren gegangenen Kerne. Für den Zuwachs ΔN_A an aktivierten Kernen während Δt gilt dann:

$$\left.\begin{array}{l}\Delta N_A = |\Delta N_{akt}| - |\Delta N_Z| \\ \Delta N_{akt} \sim \Delta t \Rightarrow \Delta N_{akt} = k \cdot \Delta t \\ \Delta N_Z = -\lambda \cdot N_A \cdot \Delta t \quad \text{(vgl. Aufgabe 80)}\end{array}\right\} \Rightarrow$$

$$\Rightarrow \Delta N_A = k \cdot \Delta t - \lambda \cdot N_A \cdot \Delta t = (k - \lambda \cdot N_A) \cdot \Delta t$$

c)

$$\left.\begin{array}{l}\frac{\Delta N_A}{\Delta t} = k - \lambda \cdot N_A \Rightarrow \dot{N}_A = k - \lambda \cdot N_A \\ \text{Substitution: } z(t) := k - \lambda \cdot N_A(t) \Rightarrow \dot{z} = -\lambda \cdot \dot{N}_A \Rightarrow \dot{N}_A = -\frac{\dot{z}}{\lambda}\end{array}\right\} \Rightarrow$$

$$\Rightarrow -\frac{\dot{z}}{\lambda} = z \Rightarrow \frac{\dot{z}}{z} = -\lambda \Rightarrow (\ln z)^{\cdot} = -\lambda \Rightarrow \ln z = -\lambda \cdot t + C$$

$$\Rightarrow z = e^{-\lambda \cdot t + C} = e^C \cdot e^{-\lambda \cdot t}$$

$$\left.\begin{array}{l}\text{Resubstitution: } k - \lambda \cdot N_A = e^C \cdot e^{-\lambda \cdot t} \Rightarrow N_A = \frac{1}{\lambda} \cdot (k - e^C \cdot e^{-\lambda \cdot t}) \\ \left.\begin{array}{l}\text{Am Anfang sind noch keine Kerne aktiviert: } N_A(0) = 0 \\ N_A(0) = \frac{1}{\lambda} \cdot (k - e^C)\end{array}\right\} \Rightarrow e^C = k\end{array}\right\} \Rightarrow$$

$$\left.\begin{array}{l}\Rightarrow N_A = \frac{1}{\lambda} \cdot (k - k \cdot e^{-\lambda \cdot t}) = \frac{k}{\lambda} \cdot (1 - e^{-\lambda \cdot t}) \\ \left.\begin{array}{l}\lim\limits_{t \to \infty} N_A(t) = N_S \\ \lim\limits_{t \to \infty} N_A(t) = \lim\limits_{t \to \infty} \frac{k}{\lambda} \cdot (1 - e^{-\lambda \cdot t}) = \frac{k}{\lambda}\end{array}\right\} \Rightarrow \frac{k}{\lambda} = N_S\end{array}\right\} \Rightarrow \quad \Rightarrow$$

$$\Rightarrow N_A(t) = N_S \cdot (1 - e^{-\lambda \cdot t})$$

d) $0{,}97 = \frac{N_A}{N_S} = 1 - e^{-\lambda \cdot t} \Rightarrow e^{-\lambda \cdot t} = 0{,}03 \Rightarrow -\lambda \cdot t = \ln 0{,}03 \Rightarrow$

$$\Rightarrow t = -\frac{\ln 0{,}03}{\lambda} = -\frac{\ln 0{,}03}{\ln 2} T = 5{,}06 \cdot T$$

Nach ca. 5 Halbwertszeiten sind von der maximal verfügbaren Zahl an aktivierten Kernen ca. 97 % vorhanden.

Hinweis:
Die in Teilaufgabe c angesprochene Differentialgleichung für Einschaltvorgänge in R-L-Kreisen bzw. deren Lösung finden Sie in Band 94308 (Elektrisches und magnetisches Feld) in den Aufgaben 165 bzw. 166.

132. Aktivierung von Silber

a) $^{107}_{47}Ag + ^{1}_{0}n \rightarrow ^{108}_{47}Ag + \gamma$ oder $^{107}_{47}Ag\ (n,\gamma)\ ^{108}_{47}Ag$

$^{109}_{47}Ag + ^{1}_{0}n \rightarrow ^{110}_{47}Ag + \gamma$ oder $^{109}_{47}Ag\ (n,\gamma)\ ^{110}_{47}Ag$

$^{108}_{47}Ag \rightarrow ^{108}_{48}Cd + ^{0}_{-1}e^{-} + ^{0}_{0}\overline{\nu}$

$^{110}_{47}Ag \rightarrow ^{110}_{48}Cd + ^{0}_{-1}e^{-} + ^{0}_{0}\overline{\nu}$

b)

t/min	0	0,5	1,0	1,5	2,0	3,0	4,0	5,0	6,0	7,0	8,0	9,0	10,0
ln A	7,2	6,63	6,17	5,82	5,55	5,16	4,84	4,54	4,25	3,97	3,69	3,40	3,09

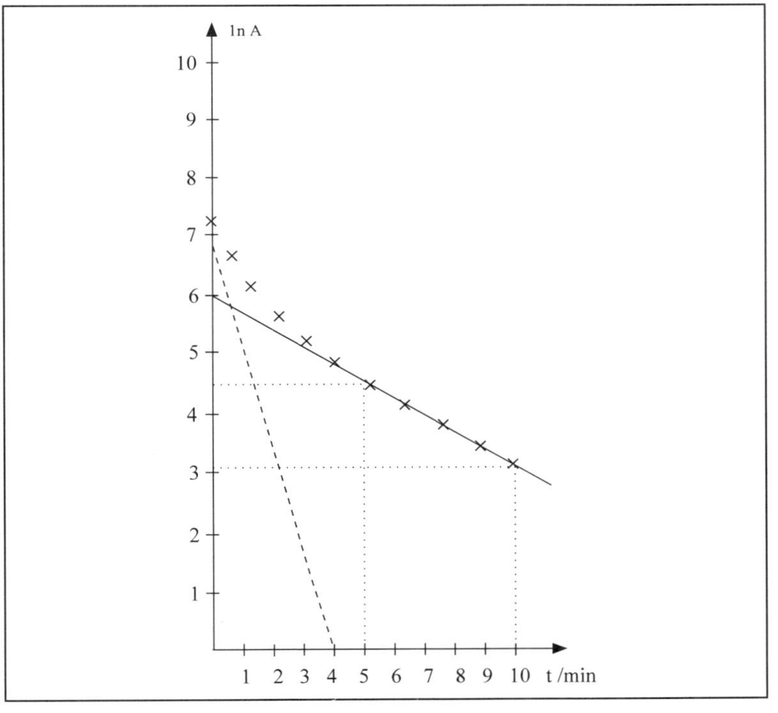

Die Halbwertszeit des kurzlebigen Isotops Ag 110 lässt sich diesem Diagramm nicht entnehmen, da die zu $T_{Ag\,110} = 25\text{ s}$ gehörige gestrichelte Gerade nicht hinreichend genau eingezeichnet werden kann.

Für genügend großes t wird der Verlauf der Kurve praktisch nur mehr vom längerlebigen Ag 108 bestimmt, so dass man $\lambda_{Ag\ 108}$ aus der Steigung der zugehörigenGeraden findet.

$$\lambda_{Ag\ 108} = \frac{4{,}54 - 3{,}09}{5\,\text{min}} = 0{,}29\frac{1}{\text{min}} \Rightarrow$$

$$\Rightarrow T_{Ag\ 108} = \frac{\ln 2}{\lambda_{Ag\ 108}} = \frac{\ln 2}{0{,}29}\,\text{min} = 2{,}4\ \text{min}$$

c) Bezeichnen N_A^{108} (t) bzw. N_A^{110} (t) die Zahlen der nach der Aktivierungszeit t zur Verfügung stehenden Ag 108 bzw. Ag 110 Kerne, so gilt wegen $N_A(t) = N_S \cdot (1 - e^{-\lambda \cdot t})$ (vgl. Aufgabe 131), der Wirkungsquerschnitte für den Neutroneneinfang und unter der Näherung, dass beide Silberisotope gleich häufig vorkommen:

$$\frac{N_A^{110}(t)}{N_A^{108}(t)} = \frac{110 \cdot 10^{-24}}{44 \cdot 10^{-24}} \cdot \frac{(1 - e^{-\lambda_{110} \cdot t})}{(1 - e^{-\lambda_{108} \cdot t})} = 2{,}5 \cdot \frac{\left(1 - e^{-\frac{\ln 2}{25\,s} \cdot 60\,s}\right)}{\left(1 - e^{-\frac{\ln 2}{144\,s} \cdot 60\,s}\right)} = 8{,}1$$

Nach 1 Minute gibt es also ca. 8mal mehr Ag 110 Kerne als Ag 108 Kerne. Kürzere Aktivierungsdauer ermöglicht daher die Messung von $T_{Ag\ 110}$.

Hinweis:
Da bei gleicher Ausgangsmenge die Aktivität von Ag 110 wegen der kürzeren Halbwertszeit 5,76mal größer ist als die von Ag 108, beläuft sich der Gesamteffekt der kürzeren Aktivierung auf eine insgesamt 46,7mal größere Aktivität des Ag 110 Isotops.

133. γ-Zerfall

a) γ-Strahlung entsteht beim Übergang von Atomkernen aus einem angeregten Zustand in den Grundzustand oder in einen weniger angeregten Zustand. Dabei ist die Energie der γ-Quanten gleich der Energiedifferenz des Anfangs- und Endniveaus des Kerns.

b) Die γ-Quantenemission angeregter Kerne entspricht der Lichtemission angeregter Atome.

Hinweis:
Da Kerne nur ganz bestimmte diskrete Energieniveaus besitzen, ist das γ-Emissionsspektrum eines Kerns ein diskretes Linienspektrum.

134. Energieniveauschema eines γ-Zerfalls

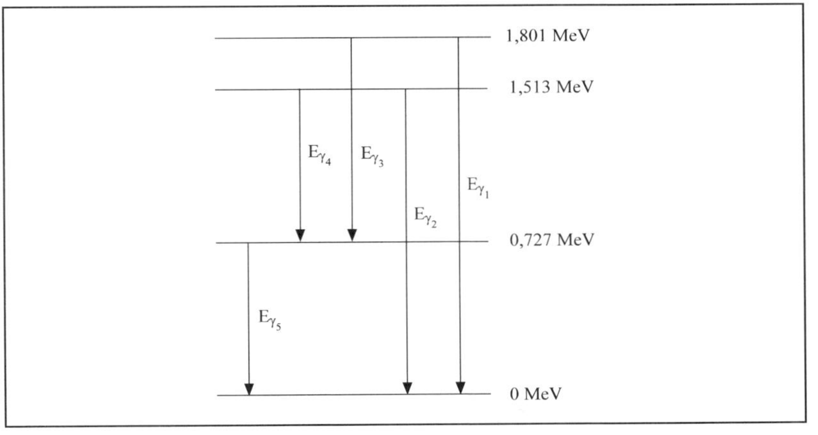

Durch Probieren gemäß des ritzschen Kombinationsprinzips findet man

$E_{\gamma 5} + E_{\gamma 3} = E_{\gamma 1}$ und $E_{\gamma 5} + E_{\gamma 4} = E_{\gamma 2}$

als einzig mögliche Summen, die zu vorgegebenen Energien führen.

Das höchste Energieniveau liegt also bei 1,801 MeV, das nächste bei 1,513 MeV.

Wegen $E_{\gamma 1} - E_{\gamma 2} = (E_{\gamma 5} + E_{\gamma 3}) - (E_{\gamma 5} + E_{\gamma 4}) = E_{\gamma 3} - E_{\gamma 4}$ erfolgt der zu $E_{\gamma 3}$ gehörende Übergang vom höchsten Niveau ins Niveau $E_{\gamma 1} - E_{\gamma 3} = E_{\gamma 5}$. Das letzte noch fehlende Niveau liegt also bei 0,727 MeV.

135. Rückstoßeffekt bei γ-Emissionen

a) Da K* den Impuls $p_K{}^* = 0$ besitzt, ist auch der Gesamtimpuls des Systems K | γ Null:

$p'_{ges} = p_K + p_\gamma = 0 \Rightarrow p_K = -p_\gamma$

$$\left.\begin{aligned} E_{kin} &= \frac{p_K{}^2}{2 \cdot m_K} \\ p_K &= -p_\gamma = -\frac{E_\gamma}{c} \end{aligned}\right\} \Rightarrow E_{kin} = \frac{E_\gamma{}^2}{2 \cdot m_K \cdot c^2} = \frac{E_\gamma{}^2}{2 \cdot E_0}$$

b) Wegen $\Delta E = E_{kin} + E_\gamma$ nimmt der Kern dem Photon einen Teil der Energie in Form von kinetischer Rückstoßenergie weg.

c) $\Delta E = E_{kin} + E_\gamma \overset{a}{=} \frac{E_\gamma^{\ 2}}{2 \cdot E_0} + E_\gamma \Rightarrow E_\gamma^{\ 2} + 2 \cdot E_0 \cdot E_\gamma - 2 \cdot E_0 \cdot \Delta E = 0$

$\Rightarrow E_\gamma = \frac{-2 \cdot E_0 \pm \sqrt{4 \cdot E_0^{\ 2} + 8 \cdot E_0 \cdot \Delta E}}{2} = -E_0 \pm \sqrt{E_0^{\ 2} + 2 \cdot E_0 \cdot \Delta E}$

Da negative Energien hier sinnlos sind, bleibt:

$$\left.\begin{array}{l} E_\gamma = -E_0 + \sqrt{E_0^{\ 2} + 2 \cdot E_0 \cdot \Delta E} \\ E_0 = 23{,}985045\ u \cdot c^2 = 22342{,}1078\ \text{MeV} \\ \Delta E = 2{,}76\ \text{MeV} \end{array}\right\} \Rightarrow$$

$\Rightarrow E_\gamma = -22342{,}1078\ \text{MeV} +$

$+\sqrt{(22342{,}1078)^2 + 2 \cdot 22342{,}1078 \cdot 2{,}7600}\ \text{MeV}$

$= 2{,}7598\ \text{MeV}$

d) Bei der Absorption verlöre das γ-Quant einen Teil seiner Energie als Rückstoßenergie an den absorbierenden Kern. Deshalb und wegen des bereits bei der Emission erlittenen Energieverlustes reicht seine Energie nicht mehr für eine Anregung um den Betrag ΔE aus.

e) Das γ-Quant muss zusätzlich zur Anrgungsenergie ΔE noch die Rückstoßenergie E_{kin} des Kerns mitbringen:

$E_\gamma = \Delta E + E_{kin} = \Delta E + \frac{E_\gamma^{\ 2}}{2 \cdot E_0} \Rightarrow E_\gamma^{\ 2} - 2 \cdot E_0 \cdot E_\gamma + 2 \cdot \Delta E \cdot E_0 = 0$

$\Rightarrow E_\gamma = \frac{2 \cdot E_0 \pm \sqrt{4 \cdot E_0^{\ 2} - 8 \cdot \Delta E \cdot E_0}}{2} = E_0 \pm \sqrt{E_0^{\ 2} - 2 \cdot E_0 \cdot \Delta E}$

Sinnvoll ist nur $E_\gamma = E_0 - \sqrt{E_0^{\ 2} - 2 \cdot E_0 \cdot \Delta E} =$

$= 22342{,}1078\ \text{MeV} - \sqrt{22342{,}1078^2 - 2 \cdot 22342{,}1078 \cdot 2{,}7600}\ \text{MeV} =$

$= 2{,}7602\ \text{MeV}$

136. Mößbauer-Effekt

a) Der Rückstoßeffekt aus Aufgabe 135 lässt sich nach Mößbauer dadurch unschädlich machen, dass man dem γ-Quant Gelegenheit gibt, den Rückstoß nicht auf einen einzigen Kern, sondern auf das gesamte Kristallgitter zu übertragen. Die große Masse des Kristallgitters verhindert prakisch eine Übertragung von kinetischer Energie aufgrund der Stoßgesetze (Ball-gegen-die-Wand-Effekt) und ermöglicht so Resonanzabsorption. Die Kühlung des Gitters ist zur Herabsetzung des thermischen Dopplereffekts notwendig.

b) Bei der Entfernung tritt wegen des Dopplereffekts eine Frequenzverschiebung bei den γ-Quanten auf, so dass ihre Energie für Resonanzabsorption wieder zu klein ist. Es reichen hierfür schon Geschwindigkeiten von $0{,}9\,\frac{\text{cm}}{\text{s}}$.

137. Isomerie

Unter kernphysikalischer Isomerie versteht man die Tatsache, dass bei ein und demselben radioaktiven Isotop unterschiedlich lange Halbwertszeiten auftreten. Die Ursache hierfür ist, dass der Zerfall aus energetisch verschieden angeregten Zuständen desselben Atomkerns stattfindet. So zerfällt z. B. Co60 unter Aussendung von β^--Teilchen und γ-Quanten mit der Halbwertszeit 10,7 min in das Ni60 oder mit der Halbwertszeit von 5,3 a in das Ni60.

138. Erklärung des α-Zerfalls

a) Nach der Emission „spürt" das α-Teilchen die Coulombkraft des Kerns $^{219}_{86}\text{Rn}$, vorher befindet es sich im Potentialtopf.
Kernradius von Rn219:

$$
\begin{aligned}
r_K &= r_0 \cdot \sqrt[3]{A} \\
&= 1{,}4 \cdot 10^{-15}\,\text{m} \cdot \sqrt[3]{219} \\
&= 8{,}4 \cdot 10^{-15}\,\text{m}
\end{aligned}
$$

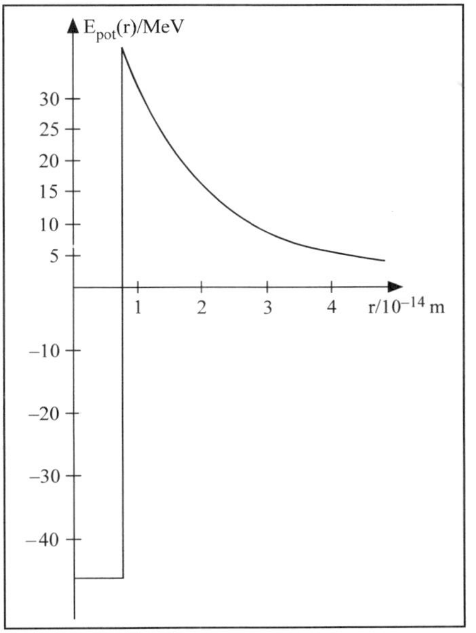

FS. S. 40 / 2.5. $E_{pot}(r) = \frac{86 \cdot e \cdot 2 \cdot e}{4 \cdot \pi \cdot \varepsilon_0 \cdot r} = \frac{172 \cdot (1{,}6 \cdot 10^{-19})^2\, C^2}{4 \cdot \pi \cdot 8{,}85 \cdot 10^{-12}\, C \cdot V^{-1} \cdot m^{-1}} \cdot \frac{1}{r}$

$= 3{,}96 \cdot 10^{-26}\, \frac{J}{m} \cdot \frac{1}{r} = 2{,}5 \cdot 10^{-7}\, \frac{eV}{m} \cdot \frac{1}{r}$

$E_{pot}(r_K) = 2{,}5 \cdot 10^{-7}\, \frac{eV}{m} \cdot \frac{1}{8{,}4 \cdot 10^{-15}\, m} = 29{,}8\ MeV$

b) Klassische Erklärung: Das α-Teilchen sammelt im Kerntopf durch die bei seinem Zusammenbau frei werdende Bindungsenergie so viel Energie an, dass es bis zum Rand des Topfes gehoben wird. Von dort kann es dann durch die Coulombkraft abgestoßen werden. Da sich seine potentielle Energie $E(r_K) = 29{,}8$ MeV im Unendlichen vollständig in kinetische Energie umgewandelt hat, besäße das α-Teilchen in großer Entfernung vom Kern dann die kinetische Energie $E_{kin} = 29{,}8$ MeV.

c) Die von der klassischen Physik vorhergesagten kinetischen Energien der α-Teilchen (bei Ra223 z. B. 29,8 MeV) sind stets wesentlich größer als die experimentell bestimmten (bei Ra223 z. B. 5,5 MeV).

d)

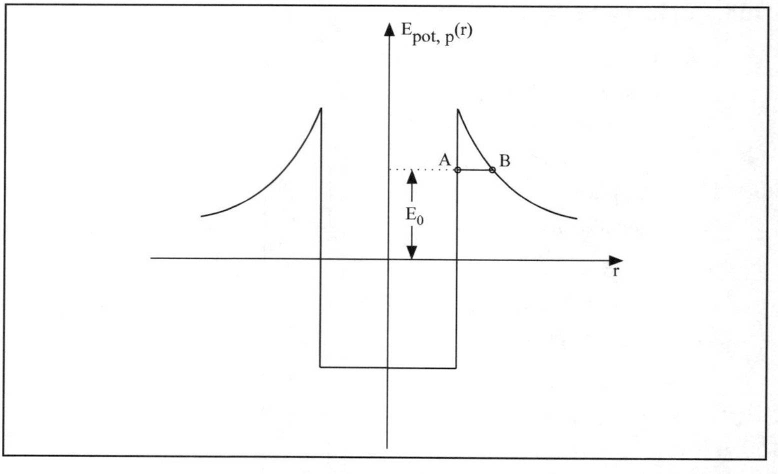

Besitzt ein α-Teilchen im Kern die Gesamtenergie $E_0 > 0$, so kann es nach dem quantenmechanischen Tunneleffekt mit einer bestimmten, von 0 verschiedenen Wahrscheinlichkeit das nach der klassischen Physik verbotene Gebiet zwischen A und B durchsetzen. Die Wahrscheinlichkeit ist dabei umso größer, je kleiner $\overline{AB}$ ist.

Quantenmechanisch stellen also α-Teilchen mit kinetischen Energien, die erheblich kleiner als die Höhe des Potentialwalles sind, kein Problem dar. Letztendlich wird der Tunneleffekt durch die heisenbergsche Unschärferelation (HUR) ermöglicht. Alle Größen, deren Produkt die Dimension einer Wirkung (Energie · Zeit) haben, unterliegen der HUR. So auch Energie und Zeit:

Wegen $\Delta E \cdot \Delta t \geq \frac{h}{2 \cdot \pi} \Rightarrow \Delta E \geq \frac{h}{2 \cdot \pi \cdot \Delta t}$ hat das α-Teilchen während der Zeit Δt, die es zum Durchsetzen des Potentialwalles bräuchte, keinen scharf definierten Energiewert; seine Energie liegt also im Intervall $]\, E_0 - \frac{h}{2 \cdot \pi \cdot \Delta t}, E_0 + \frac{h}{2 \cdot \pi \cdot \Delta t}\, [$. Kurzfristig könnte das α-Teilchen also durchaus auch größere Energien als E_0 besitzen (Heisenberg-Kredit) und somit den Potentialwall überwinden. Je kürzer $\overline{AB}$, desto kleiner ist Δt und desto größer ΔE und desto wahrscheinlicher ein Überwinden des Potentialwalles.

139. Gesetz von Geiger Nutall

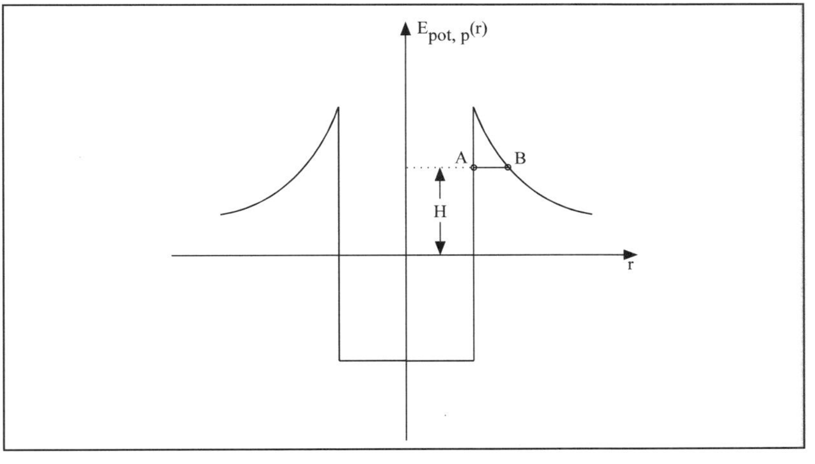

Je größer die kinetische Energie der emittierten α-Teilchen ist, desto größer ist die Höhe H, in der sich das α-Teilchen nach seiner Bildung im Kern über dem Nullniveau befunden haben muss. Je größer aber H, desto kürzer ist die „Tunnelstrecke" $\overline{AB}$, desto wahrscheinlicher ist die Emission des α-Teilchens und desto kleiner ist die Halbwertszeit des α-Strahlers.

Hinweise:

1. Die quantitative Formulierung des Gesetzes von Geiger-Nutall lautet: $\ln \lambda = a + b \cdot \ln E_{kin}$. Dabei sind λ die Zerfallskonstante des α-Strahlers, E_{kin} die kinetische Energie der emittierten α-Teilchen und a, b Konstanten, die nur davon abhängen, welcher Zerfallsreihe der α-Strahler angehört.
2. Das Geiger-Nutall-Gesetz ermöglicht die Messung der Halbwertszeit T eines α-Strahlers aus der Reichweite der α-Teilchen: Da für die Reichweite R von α-Teilchen in Luft

   $$R = 9{,}67 \cdot 10^{-24} \frac{s^3}{m^2} \cdot v^3$$

   gilt, kann man aus R die Geschwindigkeit v und damit E_{kin} der α-Teilchen ermitteln. Die Formel von Geiger-Nutall ermöglicht dann die Berechnung der Zerfallskonstanten λ und damit über $T = \frac{\ln 2}{\lambda}$ die Bestimmung der Halbwertszeit.

140. Energetische Voraussetzungen für den α-Zerfall

a) Wegen ${}^{A}_{Z}X_1 \xrightarrow{\alpha} {}^{A-4}_{Z-2}X_2 + {}^{4}_{2}He$ muss

$$\frac{Q}{c^2} = m_A\left({}^{A}_{Z}X_1\right) - m_A\left({}^{A-4}_{Z-2}X_2\right) - m_A\left({}^{4}_{2}He\right) > 0 \text{ erfüllt sein.}$$

b) $(Z_1)\quad {}^{223}_{88}Ra \rightarrow {}^{219}_{86}Rn + {}^{4}_{2}He$

$$Q_1 = [223{,}018526\,u - 219{,}0092475\,u - 4{,}0026036\,u] \cdot c^2 =$$
$$= 0{,}0066749\,u \cdot c^2 = 6{,}22\,MeV > 0$$

$(Z_2)\quad {}^{203}_{81}Tl \rightarrow {}^{199}_{79}Au + {}^{4}_{2}He$

$$Q_2 = [202{,}9723478\,u - 198{,}9687611\,u - 4{,}0026036\,u] \cdot c^2 =$$
$$= 0{,}0009831\,u \cdot c^2 = 0{,}92\,MeV > 0$$

$(Z_3)\quad {}^{13}_{6}C \rightarrow {}^{9}_{4}Be + {}^{4}_{2}He$

$$Q_3 = [13{,}0033543\,u - 9{,}0121858\,u - 4{,}0026036\,u] \cdot c^2 =$$
$$= -0{,}0114351\,u \cdot c^2 = -10{,}65\,MeV < 0$$

(Z_3) ist endotherm und daher unmöglich. (Z_2) und (Z_1) sind exotherm. Wegen des rund 7-mal kleineren Q-Wertes des Zerfalls Z_2 ist dieser aber wesentlich unwahrscheinlicher als Z_1. Tatsächlich weist die Nuklidkarte C13 und Tl203 als stabil aus, während Ra223 ein natürlicher α-Strahler ist.

141. Kinematik des α-Zerfalls

Da vor dem Zerfall der Gesamtimpuls 0 war, gilt für die Impulsbeträge p_α und p_B des α-Teilchens und des Tochterkerns nach dem Impulssatz:

$$p_\alpha = -p_B$$

$$\left.\begin{aligned} &E_{kin,B} = \frac{p_B^2}{2\cdot m_B} = \frac{p_\alpha^2}{2\cdot m_B},\ E_{kin,\alpha} = \frac{p_\alpha^2}{2\cdot m_\alpha} \\ &E_{kin,A} = 0 \Rightarrow Q = E_{kin,\alpha} + E_{kin,B} \end{aligned}\right\} \Rightarrow$$

$$\Rightarrow Q = \frac{p_\alpha^2}{2\cdot m_\alpha} + \frac{p_\alpha^2}{2\cdot m_B} = \frac{p_\alpha^2}{2\cdot m_\alpha}\cdot\left(1+\frac{m_\alpha}{m_B}\right) = E_{kin,\alpha}\cdot\left(\frac{m_B + m_\alpha}{m_B}\right) \Rightarrow$$

$$\Rightarrow E_{kin,\alpha} = \frac{m_B}{m_B + m_\alpha}\cdot Q$$

Hinweis:
Ist B nach dem Zerfall mit der Energie E_B angeregt, so gilt: $Q = E_{kin,\alpha} + E_{kin,B} + E_B$ und daher $E_{kin,\alpha} = \frac{m_B}{m_B + m_\alpha}\cdot(Q - E_B)$. $\frac{m_B}{m_B + m_\alpha}\cdot Q$ ist also die Maximalenergie, die das α-Teilchen erhalten kann.

142. Warum gerade He4-Kerne?

α-aktive Nuklide sind instabil, weil sie „zuviel" Nukleonen besitzen. Sie versuchen durch Aussendung „möglichst vieler" Nukleonen in einen stabileren Zustand zu gelangen.
Da ein α-Teilchen im Vergleich zu ${}^2_1H$, ${}^3_1H$, ${}^3_2He$ eine extrem hohe Bindungsenergie pro Nukleon aufweist, wird durch seinen Zusammenbau im Kern pro Nukleon wesentlich mehr Energie frei als bei ${}^2_1H$, ${}^3_1H$, ${}^3_2He$. Es kann im Topf also höher gehoben werden als leichtere Teilchen oder einzelne Nukleonen und durch Tunneln den Kern mit wesentlich größerer Wahrscheinlichkeit verlassen als leichtere Teilchen.
Nach diesen Überlegungen könnte man vermuten, dass der Austritt von Teilchen, die schwerer als α-Teilchen sind, energetisch noch günstiger wäre. Für noch schwerere, stabile Teilchen wächst aber die Höhe des Coulombwalles, so dass ein Tunneln um so unwahrscheinlicher wird, je schwerer das Teilchen ist.

Hinweis:
Als Zahlenbeispiel für das Anwachsen des Coulombwalles wird seine Höhe für das α-Teilchen mit der für Li (Z = 3), Be (Z = 4), B (Z = 5), C (Z = 6) und N (Z = 7) verglichen. Der Mutterkern ist dabei $^{238}_{90}$Th.

$$\frac{E_{pot,Li}(r)}{E_{pot,\alpha}(r)} = \frac{\frac{(90-3)\cdot e\cdot 3\cdot e}{4\cdot\pi\cdot\varepsilon_0\cdot r}}{\frac{(90-2)\cdot 2\cdot e}{4\cdot\pi\cdot\varepsilon_0\cdot r}} = \frac{87\cdot 3}{88\cdot 2} = 1{,}48$$

(Der kleine Unterschied in den Kernradien wurde dabei allerdings vernachlässigt.)
Analog ergeben sich die anderen Werte:

Emittiertes Teilchen	Li	Be	B	C	N
Wie viel Mal höher als beim α-Teilchen ist der Coulombwall?	1,48	1,95	2,41	2,86	3,30

143. Zerfallsschema eines α-Zerfalls

a) $^{212}_{83}\text{Bi} \rightarrow {}^{208}_{81}\text{Tl} + {}^{4}_{2}\text{He}$

$$Q = [m_A(\text{Bi212}) - m_A(\text{Tl208}) - m_A(\text{He4})]\cdot c^2 =$$
$$= [211{,}9912861\ u - 207{,}9820193\ u - 4{,}0026036\ u]\cdot c^2 =$$
$$= 0{,}0066632\ u\cdot c^2 = 6{,}21\ \text{MeV}$$

b) Nach Aufgabe 141 gilt:

$$E_{kin,\alpha} = \frac{m_B}{m_B + m_\alpha}\cdot Q = \frac{208}{208+4}\cdot 6{,}21\ \text{MeV} = 6{,}09\ \text{MeV}$$

c) Wegen des Rückstoßeffekts entspricht der kinetischen Energie von 6,04 MeV eine Energiedifferenz E von

$$E = \frac{m_B + m_\alpha}{m_B}\cdot E_{kin,\alpha} =$$
$$= \frac{208+4}{208}\cdot 6{,}04\ \text{MeV} =$$
$$= 6{,}16\ \text{MeV}$$

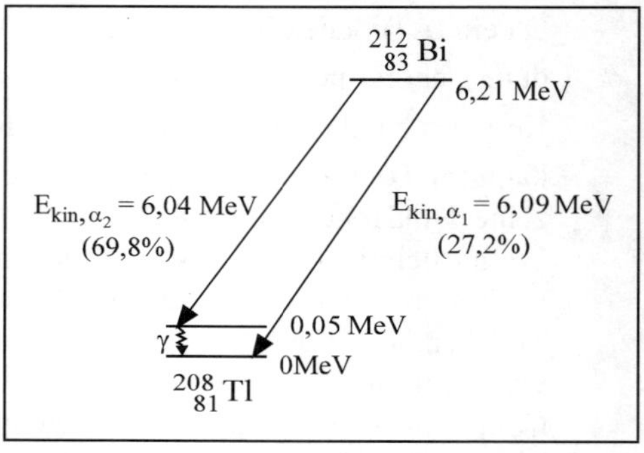

Damit erhält man oben stehendes Energieniveauschema.

d) Beim α-Zerfall des Bi212 entsteht mit 69,8 % Wahrscheinlichkeit ein angeregter Zustand des Tl208. Beim Übergang des Tl-Kerns aus diesem angeregten Zustand in den Grundzustand wird ein γ-Quant der Energie

$E_\gamma = 0{,}05$ MeV emittiert.

Berechnung der zugehörigen Wellenlänge:

$$E_\gamma = \frac{h \cdot c}{\lambda} \Rightarrow \lambda = \frac{h \cdot c}{E_\gamma} = \frac{6{,}63 \cdot 10^{-34}\,\mathrm{J \cdot s} \cdot 3 \cdot 10^{8}\,\frac{\mathrm{m}}{\mathrm{s}}}{0{,}05 \cdot 10^{6} \cdot 1{,}6 \cdot 10^{-19}\,\mathrm{J}} = 2{,}5 \cdot 10^{-11}\,\mathrm{m}$$

e) Es wäre möglich, dass sich $^{212}_{83}$Bi in einem angeregten Zustand befindet und die Übergänge dann wie in nebenstehender Abb. ablaufen.

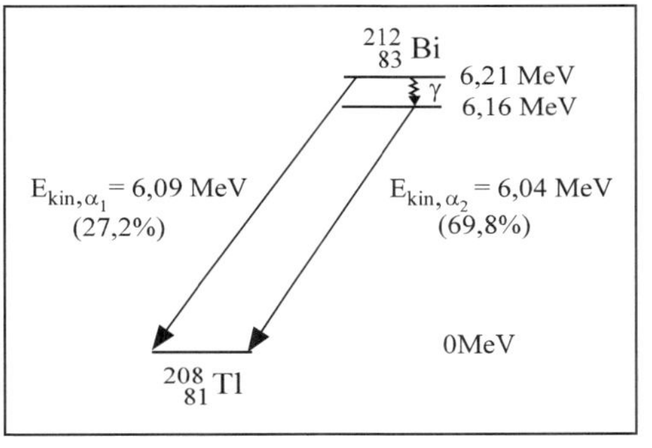

144. Energiespektrum beim β^--Zerfall

a)
$$F_{Lorentz} = F_{Zentral} \Leftrightarrow B \cdot e \cdot v = \frac{m \cdot v^2}{r} \Leftrightarrow B \cdot e \cdot r = m \cdot v \Leftrightarrow B \cdot e \cdot r = p$$

FS. 64 / 2.3.4: $E^2 - p^2 \cdot c^2 = E_0{}^2 \Leftrightarrow E = \sqrt{E_0{}^2 + p^2 \cdot c^2} \Rightarrow$

$$E_{kin} = E - E_0 = \sqrt{E_0{}^2 + p^2 \cdot c^2} - E_0$$

$$\Rightarrow E_{kin} = \sqrt{E_0{}^2 + (B \cdot e \cdot r \cdot c)^2} - E_0$$

b₁)

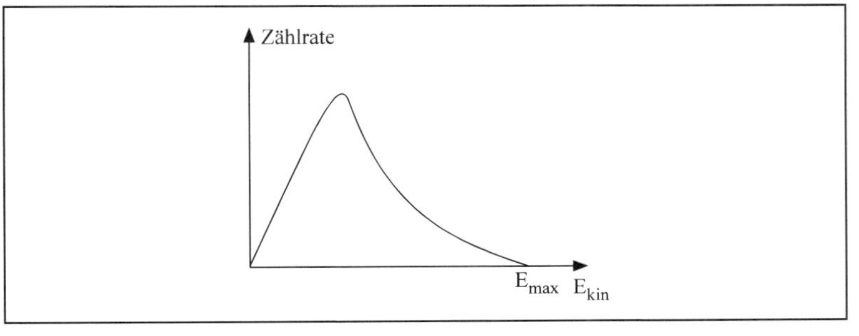

b$_2$) Merkmale:

- Das Energiespektrum ist kontinuierlich und nicht diskret.
- Es beginnt bei $E_{kin} = 0$ und erstreckt sich bis zu einer scharf definierten oberen Grenzenergie E_{max}.
- Die am häufigsten vorkommende β^--Energie beträgt
  - ca. $\frac{1}{3}$ der Maximalenergie, wenn die β^--Teilchen von einem schweren Kern emittiert wurden.
  - ca. $\frac{1}{2}$ der Maximalenergie, wenn die β^--Teilchen von einem leichten Kern emittiert wurden.

145. Energiespektrum beim α-Zerfall

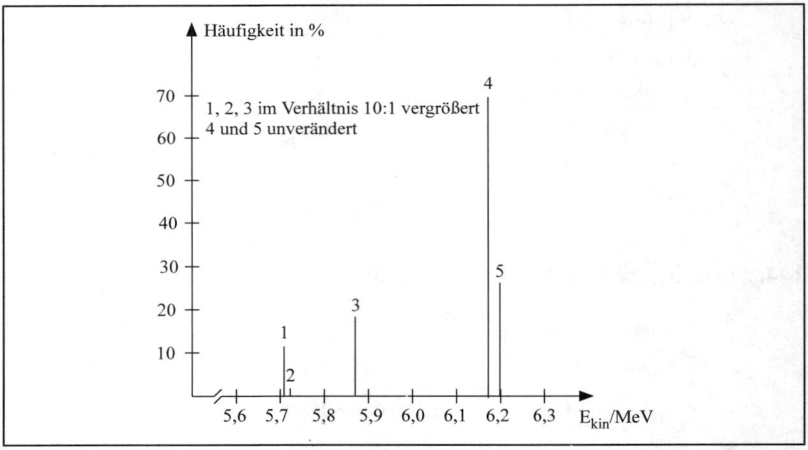

α-Energiespektren sind diskrete Linienspektren, während β^--Energiespektren kontinuierlich sind.

146. Probleme mit dem β^--Spektrum

a) Alle Beobachtungen zeigen, dass der Kern Energien nur in ganz bestimmten diskreten Portionen aufnimmt oder abgibt, keinesfalls aber kontinuierlich. So ist auch für den β^--Zerfall davon auszugehen, dass der Kern nur eine ganz bestimmte diskrete Energie, nämlich E_{max} abgibt. Alle Elektronen mit $E_{kin} < E_{max}$ werfen nun die Frage auf, wo die Restenergie $\Delta E = E_{max} - E_{kin}$ geblieben ist. Da sie vom Kern nicht in Form kinetischer Rückstoßenergie weggetragen worden sein kann (vgl. Teilaufgabe c) und außer Kern und Elektron keine weiteren Teilchen vorhanden sind, verletzt ihr ungeklärtes Verschwinden den Energieerhaltungssatz.

b) Bei der Emission von 2 Elektronen müsste sich die Kernladungszahl bei einer β^--Umwandlung um 2 Einheiten erhöhen. Da stets aber nur die Erhöhung um eine Einheit beobachtet wurde, ist die 2-Elektronen-Hypothese unhaltbar.

c) Analog zur Herleitung in Aufgabe 141 gilt für die kinetische Rückstoßenergie des beim β^--Zerfall entstandenen Tochterkerns (Index T)

$$E_{kin} = \frac{m_{\beta^-}}{m_{\beta^-} + m_T} \cdot Q$$

Die kinetische Rückstoßenergie kann also nicht beliebige Werte annehmen, sondern nur einen ganz bestimmten. Überdies ist dieser Wert wegen $m_T \gg m_{\beta^-}$ fast Null.

d) Es wurde beobachtet, dass das β^--Teilchen und der Tochterkern T nicht in entgegengesetzter Richtung auseinanderfliegen (also einen von Null verschiedenen Gesamtimpuls besitzen), obwohl der Mutterkern vor dem Zerfall praktisch als ruhend vorausgesetzt werden konnte (also den Impuls Null besaß).

e) Pauli postulierte, dass beim β^--Zerfall außer dem Elektron noch ein zweites Teilchen, das Antineutrino ausgeschleudert werden muss. Bezeichnet E_{max} die beim β^--Zerfall frei werdende Energie und E_{kin} die kinetische Energie eines beobachteten Elektrons, so übernimmt das Antineutrino die Restenergie $E_{max} - E_{kin}$ und rettet damit den Energiesatz.
Außerdem fliegt das Antineutrino stets so weg, dass die Vektorsumme der Impulsvektoren des Tochterkerns, des Elektrons und des Antineutrinos Null ergibt. Damit rettet dann Antineutrino auch den Impulssatz.

f) β^--Umwandlung: $^1_0\text{n} \rightarrow {}^1_1\text{p} + {}^{\ 0}_{-1}\text{e}^- + {}^0_0\overline{\nu}$ (im Kern)
β^+-Umwandlung: $^1_1\text{p} \rightarrow {}^1_0\text{n} + {}^0_1\text{e}^+ + {}^0_0\nu$ (im Kern)
EC-Umwandlung: $^1_1\text{p} + {}^{\ 0}_{-1}\text{e}^- \rightarrow {}^1_0\text{n} + {}^0_0\nu$ (im Kern)
(ν: Neutrino, $\overline{\nu}$: Antineutrino)

147. Eigenschaften des Neutrinos

- Das Neutrino besitzt wahrscheinlich die Ruhemasse 0, auf alle Fälle aber eine wesentlich kleinere Ruhemasse als die des Elektrons.
- Das Neutrino ist ungeladen.
- Das Neutrino bewegt sich wahrscheinlich mit Lichtgeschwindigkeit.
- Das Neutrino besitzt eine äußerste schwache Wechselwirkung mit Materie und daher ein äußerst großes Durchdringungsvermögen.

148. Energetische Voraussetzung für eine β^--, β^+-, EC-Umwandlung

a) $m_A({}^A_Z X)$ bzw. $m_N({}^A_Z X)$ bezeichne die Atom- bzw. Nuklidmasse eines Nuklids X der Ordnungszahl Z und der Massenzahl A.

β^--Umwandlung: $\quad {}^A_Z X_1 \rightarrow {}_{Z+1}^{\;\;A}X_2 + {}^{\;\,0}_{-1}e^- + {}^0_0\overline{\nu}$

Nuklidmassen: $\quad m_N({}^A_Z X_1) - m_N({}_{Z+1}^{\;\;A}X_2) - m({}^{\;\,0}_{-1}e^-) = \frac{Q}{c^2} \overset{!}{>} 0$

Atommassen: $\quad m_A({}^A_Z X_1) - m_A({}_{Z+1}^{\;\;A}X_2) = \frac{Q}{c^2} \overset{!}{>} 0$

β^+-Umwandlung: $\quad {}^A_Z X_1 \rightarrow {}_{Z-1}^{\;\;A}X_2 + {}^{\;\,0}_{+1}e^+ + {}^0_0\nu$

Nuklidmassen: $\quad m_N({}^A_Z X_1) - m_N({}_{Z-1}^{\;\;A}X_2) - m({}^{\;\,0}_{+1}e^+) = \frac{Q}{c^2} \overset{!}{>} 0$

Atommassen: $\quad m_A({}^A_Z X_1) - m_A({}_{Z-1}^{\;\;A}X_2) - m({}^{\;\,0}_{-1}e^-) - m({}^{\;\,0}_{+1}e^+)$

$\quad = \frac{Q}{c^2} \overset{!}{>} 0$

EC-Umwandlung: $\quad {}^A_Z X_1 + {}^{\;\,0}_{-1}e^- \rightarrow {}_{Z-1}^{\;\;A}X_2 + {}^0_0\nu$

Nuklidmassen: $\quad m_N({}^A_Z X_1) - m({}^{\;\,0}_{-1}e^-) - m_N({}_{Z-1}^{\;\;A}X_2) = \frac{Q}{c^2} \overset{!}{>} 0$

Atommassen: $\quad m_A({}^A_Z X_1) - m_A({}_{Z-1}^{\;\;A}X_2) = \frac{Q}{c^2} \overset{!}{>} 0$

b) Berechnet man mit Hilfe der Ergebnisse von Teilaufgabe a unter Verwendung der Atommassen die Differenz der Q-Werte bei EC- und β^+-Umwandlung, so erhält man:

$$Q_{EC} - Q_{\beta^+} =$$
$$= \left\{ \left[\left(m_A({}^{A}_{Z}X_1) - m_A({}_{Z-1}^{\;\;\,A}X_2) \right) \right] - \right.$$
$$\left. - \left[\left(m_A({}^{A}_{Z}X_1) - m_A({}_{Z-1}^{\;\;\,A}X_2) - m({}^{\;\,0}_{-1}e^-) - m({}^{\;\,0}_{+1}e^+) \right) \right] \right\} \cdot c^2$$
$$= m({}^{\;\,0}_{-1}e^-) \cdot c^2 + m({}^{\;\,0}_{+1}e^+) \cdot c^2 =$$
$$= 0{,}511 \text{ MeV} + 0{,}511 \text{ MeV} = 1{,}022 \text{ MeV}$$
$$\Rightarrow \; Q_{EC} = Q_{\beta^+} + 1{,}022 \text{ MeV}$$

c) Die K-Schale ist bei leichten Kernen wegen der kleineren Kernladungszahl vom Kern weiter entfernt als bei schweren Kernen mit großer Kernladungszahl. Daher ist der Einfang eines Elektrons aus der K-Schale bei leichten Kernen relativ unwahrscheinlich.

d) α-Zerfall scheidet wegen der kleinen Massenzahl von vornherein aus. Mit den angegebenen Atommassen lässt sich dies auch rechnerisch zeigen:

$$Q_\alpha = \left[m_A({}^{39}_{18}Ar) - m_A({}^{35}_{16}S) - m_A({}^{4}_{2}He) \right] \cdot c^2 =$$
$$= [38{,}964316 \text{ u} - 34{,}969033 \text{ u} - 4{,}0026036 \text{ u}] \cdot c^2 =$$
$$= -0{,}0073206 \text{ u} \cdot c^2 = -6{,}82 \text{ MeV}$$
$$Q_{EC} = \left[m_A({}^{39}_{18}Ar) - m_A({}^{39}_{17}Cl) \right] \cdot c^2 =$$
$$= [38{,}964316 \text{ u} - 38{,}968006 \text{ u}] \cdot c^2 =$$
$$= -0{,}00369 \text{ u} \cdot c^2 = -3{,}44 \text{ MeV}$$
$$Q_{\beta^+} \overset{b)}{=} Q_{EC} - 1{,}022 \text{ MeV} = -3{,}44 \text{ MeV} - 1{,}022 \text{ MeV} = -4{,}46 \text{ MeV}$$
$$Q_{\beta^-} = \left[m_A({}^{39}_{18}Ar) - m_A({}^{39}_{19}K) \right] \cdot c^2 =$$
$$= [38{,}964316 \text{ u} - 38{,}963709 \text{ u}] \cdot c^2 =$$
$$0{,}000607 \text{ u} \cdot c^2 = 0{,}57 \text{ MeV}$$

Nur β^--Zerfall ist also energetisch möglich! Tatsächlich weist die Nuklidkarte ${}^{39}_{18}Ar$ nur als β^--Strahler mit der Halbwertszeit 269a aus.

149. Zerfallsschema eines β^--Zerfalls

a) $^{60}_{27}Co \rightarrow {}^{60}_{28}Ni + {}^{0}_{-1}e^- + {}^{0}_{0}\overline{\nu}$

$$\frac{Q}{c^2} = m_A({}^{60}_{27}Co) - m_A({}^{60}_{28}Ni) =$$
$$= 59{,}933810\ u - 59{,}930779\ u = 0{,}003031\ u$$
$$\Rightarrow Q = 2{,}82\ MeV$$

b) Da Co 60 im Grundzustand war, müssen zunächst die beiden β^--Zerfälle erfolgt sein. Damit hat man 2 Niveaus von Ni 60, die 0,32 MeV und 1,49 MeV unterhalb des Grundniveaus von Co 60 liegen. Außerdem liegt der Grundzustand von Ni 60 2,82 MeV unter dem des Co 60.

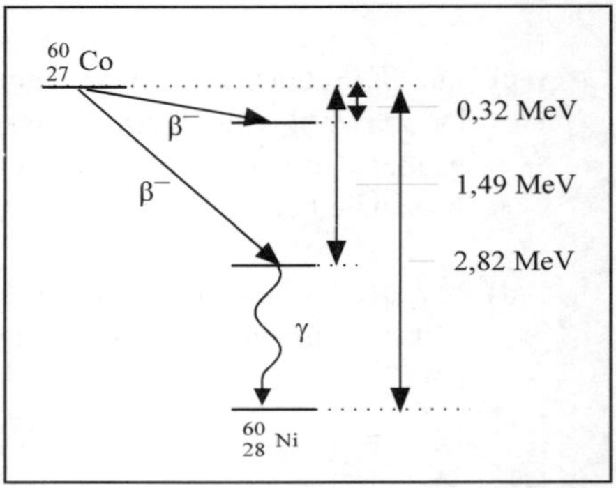

Wegen 2,82 – 1,49 = 1,33 wird das 1,33 MeV-γ-Quant beim Übergang des Ni 60-Kerns vom 1. angeregten in den Grundzustand emittiert.

c) Nach obigem Schema beträgt die Energie des zweiten γ-Quants
2,82 MeV – 0,32 MeV = 2,50 MeV oder
1,49 MeV – 0,32 MeV = 1,17 MeV.
Da es weniger Energie als 1,33 MeV besitzt, hat es die Energie 1,17 MeV.

d) Das emittierte β^--Teilchen erhält maximal die Energie
$E_{max} = \frac{m_T}{m_T + m_{\beta^-}} \cdot Q$ (vgl. Aufgabe 141), wobei m_T die Masse des Tochterkerns ist. Da $m_T \gg m_{\beta^-}$, gilt $\frac{m_T}{m_T + m_{\beta^-}} \approx 1$ und somit $E_{max} \approx Q$. Der Rückstoß spielt also wegen der geringen Masse des Elektrons keine Rolle.

150. Paarbildung

Ein γ-Quant hinreichend großer Energie E_γ kann sich in unmittelbarer Nähe eines Atomkerns, aber auch eines leichteren Teilchens, z. B. eines Elektrons, in ein Elektron und ein Positron umwandeln: $\gamma \rightarrow e^+ + e^-$. Dieser Prozess ist prinzipiell wegen der einsteinsche Äquivalenz zwischen Energie und Masse möglich und wird Paarbildung genannt.
Folgerungen aus dem Energieerhaltungssatz: Paarbildung ist allenfalls dann möglich, wenn $E_\gamma > 2 \cdot m_0 \cdot c^2 = 2 \cdot 0{,}511$ MeV $= 1{,}022$ MeV, wenn also die γ-Quantenenergie mindestens der Summe der Ruheenergie des Elektrons und des Positrons ist.

Folgerungen aus dem Impulserhaltungssatz: Rechnungen zeigen, dass das Elektron und das Positron nicht in der Lage sind, den vom γ-Quant mitgebrachten Impuls $p_\gamma = \frac{E_\gamma}{c}$ vollständig zu übernehmen. Daher benötigt man ein Hilfsteilchen, z. B. einen Atomkern, das den überschüssigen Impuls aufnimmt.

Hinweis:
Elementare, aber lästige Rechnungen mit dem Impuls- und Energieerhaltungssatz zeigen, dass die Mindestenergie E_{min} des γ-Quants durch

$$E_{min} = 2 \cdot m_0 \cdot c^2 \cdot \left(1 + \frac{m_0}{M_0}\right)$$

gegeben ist. Dabei ist M_0 die Ruhemasse des Hilfsteilchens und m_0 die Ruhemasse des Elektrons. Ist das Hilfsteilchen ein Kern, so gilt wegen $m_0 \ll M_0$: $E_{min} \approx 2 \cdot m_0 \cdot c^2$; ist es aber ein Elektron, so ergibt sich $E_{min} = 4 \cdot m_0 \cdot c^2$.

151. Zahlenbeispiele zur Paarbildung

a) Die 3-Finger-Regel der rechten Hand zeigt, dass Bahn 1 zum Positron gehört.

b) Da die Radien der Kreisbahnen und die Ruhemassen von Positron und Elektron gleich sind, besitzen beide Teilchen gleiche Geschwindigkeit und gleiche Energie.

$$\left.\begin{array}{l} F_{Lorentz} = F_{Zentral} \Leftrightarrow B \cdot e \cdot v = \frac{m \cdot v^2}{r} \Leftrightarrow B \cdot e \cdot r = m \cdot v \Leftrightarrow B \cdot e \cdot r = p \\ \text{FS. 64 / 2.3.4:} \quad E^2 - c^2 \cdot p^2 = {E_0}^2 \Leftrightarrow E = \sqrt{{E_0}^2 + c^2 \cdot p^2} \end{array}\right\}$$

$$\Rightarrow E = \sqrt{{E_0}^2 + (B \cdot e \cdot r \cdot c)^2}$$

c) E, E_0, p sollen die relativistische, die Ruheenergie, den Impulsbetrag des Elektrons oder Positrons bezeichnen.

Energiesatz: $E_\gamma = 2 \cdot E \Rightarrow E = \frac{E_\gamma}{2} = \frac{2{,}620\ \text{MeV}}{2} = 1{,}310\ \text{MeV}$

Impulsberechnung: FS. S. 64/2.3.4: $E^2 - c^2 \cdot p^2 = E_0{}^2 \Rightarrow$

$\Rightarrow p = \frac{1}{c} \cdot \sqrt{E^2 - E_0{}^2}$

$p = \frac{1}{3 \cdot 10^8\ \text{ms}^{-1}} \cdot \sqrt{(1{,}31 \cdot 10^6 \cdot 1{,}6 \cdot 10^{-19})^2 - (0{,}511 \cdot 10^6 \cdot 1{,}6 \cdot 10^{-19})^2}\ \text{J}$

$= 6{,}433 \cdot 10^{-22}\ \text{N} \cdot \text{s}$

$p_\gamma = \frac{E_\gamma}{c} = \frac{2{,}620 \cdot 10^6 \cdot 1{,}6 \cdot 10^{-19}\ \text{J}}{3 \cdot 10^8\ \text{ms}^{-1}} = 1{,}397 \cdot 10^{-21}\ \text{N} \cdot \text{s}$

Impuls vorher =

$= p_\gamma = 1{,}397 \cdot 10^{-21}\ \text{N} \cdot \text{s} \neq 1{,}287 \cdot 10^{-21}\ \text{N} \cdot \text{s} = 2 \cdot p =$

= Impuls nachher.

d) p_T bezeichne den Impulsbetrag des Hilfsteilchens:

$p_T = p_\gamma - 2 \cdot p = 1{,}397 \cdot 10^{-21}\ \text{N} \cdot \text{s} - 1{,}287 \cdot 10^{-22}\ \text{N} \cdot \text{s} =$

$= 1{,}1 \cdot 10^{-21}\ \text{N} \cdot \text{s}$

e) $E_{kin} = \frac{p_T{}^2}{2 \cdot m} = \frac{(1{,}1 \cdot 10^{-22}\ \text{N} \cdot \text{s})^2}{2 \cdot 14 \cdot 1{,}66 \cdot 10^{-27}\ \text{kg}} = 2{,}60 \cdot 10^{-19}\ \text{J} = 1{,}6\ \text{eV}$

Diese kinetische Energie des Rückstoßkerns ist im Vergleich zu den Energien der anderen beteiligten Teilchen, die alle im MeV-Bereich liegen, vernachlässigbar klein.

152. Paarvernichtung

a) Beim Zusammenstoß eines Elektrons und eines Positrons ist Paarvernichtung möglich. Dabei werden die Teilchen in ein oder mehrere γ-Quanten umgewandelt. Eine Einphotonen-Paarvernichtung ist nur in der Nähe eines dritten Teilchens möglich. Am häufigsten ist die Zweiphotonen-Paarvernichtung, aber auch Dreiphotonen-Paarvernichtung ist nachgewiesen. Diese Prozesse sind prinzipiell wieder wegen der einsteinschen Äquivalenz zwischen Masse und Energie möglich.

b) Im Schwerpunktsystem ist der Gesamtimpuls des Positrons und Elektrons vor der Paarvernichtung Null. Entsteht nur ein Photon der Energie E_γ, so ist der Gesamtimpuls nach der Paarvernichtung im Schwerpunktsystem $p_\gamma = \frac{E_\gamma}{c} \neq 0$. Nur die Existenz eines Hilfsteilchens, das im Schwerpunktsystem den Impuls $p_T = -p_\gamma$ trägt, rettet den Impulssatz.

c) vorher nachher

```
o ——>        o        <~~~~~o        o~~~~~>
e+           e−          γ2              γ1
```

Impulssatz:

$$p_{e^+} = p_{\gamma_1} - p_{\gamma_2} \Rightarrow$$

$$p_{e^+} \cdot c = p_{\gamma_1} \cdot c - p_{\gamma_2} \cdot c \Rightarrow$$

$$\left.\begin{aligned} &\Rightarrow p_{e^+} \cdot c = E_{\gamma_1} - E_{\gamma_2} \\ &p_{e^+} \cdot c = \sqrt{E_{e^+}{}^2 - E_0{}^2} = \sqrt{(E_{kin,e^+} + E_0)^2 - E_0{}^2} = \\ &\qquad = \sqrt{(E_0 + E_0)^2 - E_0{}^2} = E_0 \cdot \sqrt{3} \end{aligned}\right\} \Rightarrow$$

$$\Rightarrow E_{\gamma_1} - E_{\gamma_2} = E_0 \cdot \sqrt{3} \quad (A)$$

$$\left.\begin{aligned} &\text{Energiesatz: } E_{e^+} + E_0 = E_{\gamma_1} + E_{\gamma_2} \\ &E_{e^+} + E_0 = E_{kin,e^+} + E_0 + E_0 = E_0 + E_0 + E_0 = 3 \cdot E_0 \end{aligned}\right\} \Rightarrow$$

$$\Rightarrow 3 \cdot E_0 = E_{\gamma_1} + E_{\gamma_2} \quad (B)$$

$$(A) + (B): 2 \cdot E_{\gamma_1} = \left(3 + \sqrt{3}\right) \cdot E_0 \Rightarrow E_{\gamma_1} = \frac{3 + \sqrt{3}}{2} \cdot 0{,}511\,\text{MeV} =$$
$$= 1{,}21\,\text{MeV}$$

$$(B) - (A): 2 \cdot E_{\gamma_2} = \left(3 - \sqrt{3}\right) \cdot E_0 \Rightarrow E_{\gamma_2} = \frac{3 - \sqrt{3}}{2} \cdot 0{,}511\,\text{MeV} =$$
$$= 0{,}32\,\text{MeV}$$

Hinweis:
Nicht bei jeder Paarvernichtung entstehen Photonen, sondern nur die Teilchen, die für die jeweilige Wechselwirkung verantwortlich sind. Bei $n + \bar{n}$ entstehen z. B. π-Mesonen, da sie für die starke Wechselwirkung zwischen Nukleonen verantwortlich sind.

153. Begriffsbestimmung

Bei einer **angeregten Kernspaltung** zerfällt ein Kern durch eine Kernreaktion, z. B. mit einem Neutron, in fast allen Fällen in zwei größere Kernbruchstücke, anstatt wie bei sonstigen Kernreaktionen nur einzelne Nukleonen oder Alphateilchen zu emittieren.

Hinweise:

1. Bei der wesentlich seltener vorkommenden spontanen Kernspaltung spaltet der Kern ohne vorherige Absorption eines Teilchens.
2. Statt Kernspaltung sagt man auch Kernfission.

154. Vielfalt der Spaltprodukte

a) $${}^{235}_{92}U + {}^{1}_{0}n \longrightarrow {}^{236}_{92}U \longrightarrow {}^{138}_{53}J + {}^{95}_{39}Y + 3\,{}^{1}_{0}n$$

$${}^{138}_{53}J \xrightarrow{6{,}3\,s} {}^{138}_{54}Xe + {}^{0}_{-1}e^- + {}^{0}_{0}\bar{\nu}$$

$${}^{138}_{54}Xe \xrightarrow{14\,min} {}^{138}_{55}Cs + {}^{0}_{-1}e^- + {}^{0}_{0}\bar{\nu}$$

$${}^{138}_{55}Cs \xrightarrow{32\,min} {}^{138}_{56}Ba + {}^{0}_{-1}e^- + {}^{0}_{0}\bar{\nu}$$

$${}^{95}_{39}Y \xrightarrow{11\,min} {}^{95}_{40}Zr + {}^{0}_{-1}e^- + {}^{0}_{0}\bar{\nu}$$

$${}^{95}_{40}Zr \xrightarrow{64\,d} {}^{95}_{41}Nb + {}^{0}_{-1}e^- + {}^{0}_{0}\bar{\nu}$$

$${}^{95}_{41}Nb \xrightarrow{35\,d} {}^{95}_{42}Mo + {}^{0}_{-1}e^- + {}^{0}_{0}\bar{\nu}$$

b)

$${}^{90}_{39}Y \xrightarrow{64{,}4\,h} {}^{90}_{40}Zr + {}^{0}_{-1}e^- + {}^{0}_{0}\bar{\nu}$$

$${}^{90}_{38}Sr \xrightarrow{28\,a} {}^{90}_{39}Y + {}^{0}_{-1}e^- + {}^{0}_{0}\bar{\nu}$$

$${}^{90}_{37}Rb \xrightarrow{2{,}6\,min} {}^{90}_{38}Sr + {}^{0}_{-1}e^- + {}^{0}_{0}\bar{\nu}$$

$${}^{90}_{36}Kr \xrightarrow{32\,s} {}^{90}_{37}Rb + {}^{0}_{-1}e^- + {}^{0}_{0}\bar{\nu}$$

$${}^{143}_{59}Pr \xrightarrow{13{,}6\,d} {}^{143}_{60}Nd + {}^{0}_{-1}e^- + {}^{0}_{0}\bar{\nu}$$

$${}^{143}_{58}Ce \xrightarrow{33\,h} {}^{143}_{59}Pr + {}^{0}_{-1}e^- + {}^{0}_{0}\bar{\nu}$$

$${}^{143}_{57}La \xrightarrow{14\,min} {}^{143}_{58}Ce + {}^{0}_{-1}e^- + {}^{0}_{0}\bar{\nu}$$

$${}^{143}_{56}Ba \xrightarrow{20\,s} {}^{143}_{57}La + {}^{0}_{-1}e^- + {}^{0}_{0}\bar{\nu}$$

$${}^{235}_{92}U + {}^{1}_{0}n \longrightarrow {}^{236}_{92}U \longrightarrow {}^{143}_{56}Ba + {}^{90}_{36}Kr + 3\,{}^{1}_{0}n$$

c)

$$^{140}_{57}\mathrm{La} \xrightarrow{40{,}2\ \mathrm{h}} {}^{140}_{58}\mathrm{Ce} + {}^{0}_{-1}e^{-} + {}^{0}_{0}\bar{\nu}$$

$$^{140}_{56}\mathrm{Ba} \xrightarrow{12{,}8\ \mathrm{d}} {}^{140}_{57}\mathrm{La} + {}^{0}_{-1}e^{-} + {}^{0}_{0}\bar{\nu}$$

$$^{140}_{55}\mathrm{Cs} \xrightarrow{65\ \mathrm{s}} {}^{140}_{56}\mathrm{Ba} + {}^{0}_{-1}e^{-} + {}^{0}_{0}\bar{\nu}$$

$$^{235}_{92}\mathrm{U} + {}^{1}_{0}\mathrm{n} \longrightarrow {}^{236}_{92}\mathrm{U} \longrightarrow {}^{140}_{55}\mathrm{Cs} + 2\,{}^{1}_{0}\mathrm{n} + {}^{94}_{37}\mathrm{Rb}$$

$$^{94}_{37}\mathrm{Rb} \xrightarrow{3\ \mathrm{s}} {}^{94}_{38}\mathrm{Sr} + {}^{0}_{-1}e^{-} + {}^{0}_{0}\bar{\nu}$$

$$^{94}_{38}\mathrm{Sr} \xrightarrow{1{,}2\ \mathrm{min}} {}^{94}_{39}\mathrm{Y} + {}^{0}_{-1}e^{-} + {}^{0}_{0}\bar{\nu}$$

$$^{94}_{39}\mathrm{Y} \xrightarrow{19\ \mathrm{min}} {}^{94}_{40}\mathrm{Zr} + {}^{0}_{-1}e^{-} + {}^{0}_{0}\bar{\nu}$$

Hinweise:

1. Die bei den β^--Zerfällen angegebenen Halbwertszeiten gehören natürlich nicht zu der von Ihnen erwarteten Lösung. Sie wurden angegeben, um Ihnen eine Vorstellung über die Lebensdauer der bei einer Kernspaltung entstehenden radioaktiven Folgekerne zu geben.

2. Folgende Graphik zeigt die relative Häufigkeit der bei der Spaltung von U235 durch langsame Neutronen auftretenden Spaltprodukte in Abhängigkeit von ihrer Massenzahl. Beachten Sie den logarithmischen Maßstab auf der y-Achse!

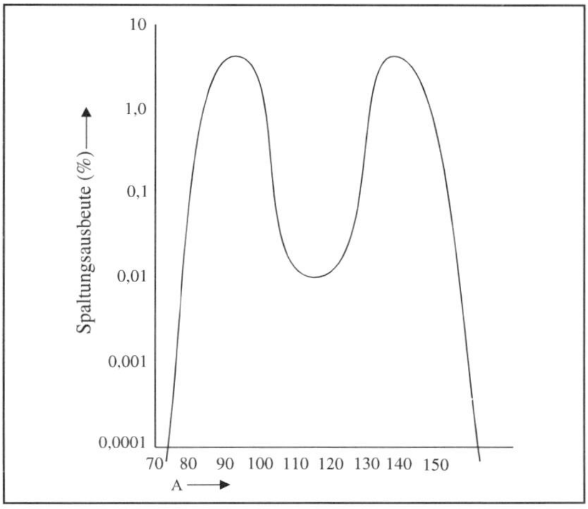

155. Modellvorstellung zur Kernspaltung

a) Das die Kernspaltung anregende Neutron dringt in den U235-Kern ein; es bildet sich kurzzeitig der Zwischenkern U236. Die durch den Einbau des Neutrons frei werdende Bindungsenergie und die eventuell vom Neutron im Schwerpunktsystem mitgebrachte kinetische Energie versetzen den U236-Kern in Schwingungen. Bei ausreichend starker Verformung schnürt er sich ein. Da an dieser "Einschnürstelle" der Zusammenhalt nur durch die Kernkräfte einiger weniger Nukleonen bewirkt wird, können die längerreichweitigen, elektrostatischen Abstoßungskräfte zwischen den Protonen die Überhand gewinnen – es kommt zur Spaltung in einen $^{138}_{53}J$- und einen $^{95}_{39}Y$-Kern unter Emission von drei Neutronen.

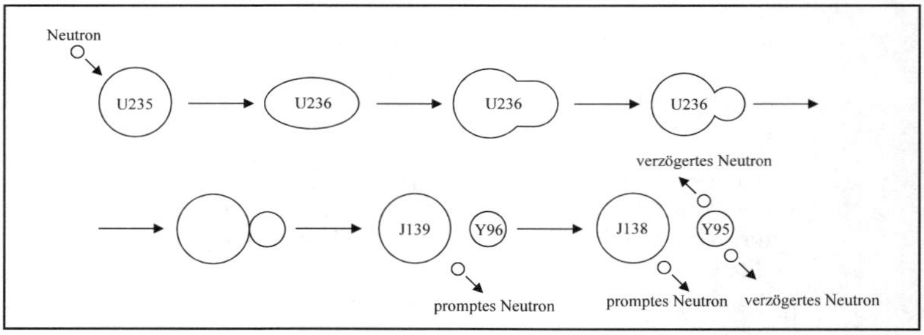

b) Der überwiegend größte Teil (ca. 85 %) der frei werdenden Energie tritt in Form kinetischer Energie der beiden Bruchkerne J138 und Y95 auf, die restlichen 15 % findet man als Anregungsenergien der Bruchstücke (die zur Emission von β^--Teilchen, γ-Quanten und Antineutrinos führt) und als kinetische Energie der Neutronen.

156. Spaltschwelle und Aktivierungsenergie

a) Berechnung des Q-Werts:

$$\begin{aligned}\frac{Q}{c^2} &= m_A(U236) - m_A(Kr90) - m_A(Ba143) - 3 \cdot m(n)\\ &= 236{,}04558\,u - 89{,}919603\,u - 142{,}92055\,u - 3 \cdot 1{,}008665\,u\\ &= 0{,}179432\,u > 0\end{aligned}$$

Die Reaktion ist also exotherm!

b)

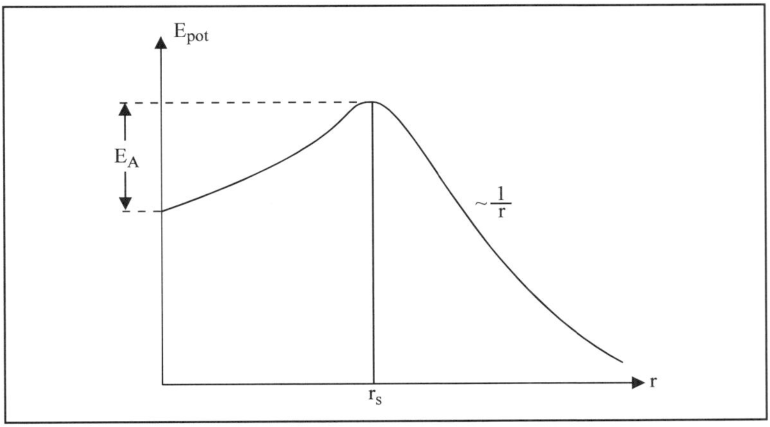

Für $r > r_s$ besitzen die Kerne nur die elektrische potentielle Energie

$$E_{pot}(r) = \frac{(36 \cdot e) \cdot (56 \cdot e)}{4 \cdot \pi \cdot \varepsilon_0 \cdot r} \sim \frac{1}{r}$$

da für $r > r_s$ nur die langreichweitigen Abstoßungskräfte der Protonen wirksam sind. Für $r < r_s$ wirken zusätzlich zur abstoßenden Coulombkraft die kurzreichweitigen, anziehenden Kernkräfte; es kommt zur Abnahme von E_{pot} für $0 < r < r_s$. Kr36 und Ba143 liegen in diesem Bereich nicht mehr als getrennte Kerne sondern als gemeinsamer Kern vor.

c) U236 spaltet dann in einem Kr90- und einen Ba143-Kern, wenn diese beiden Kerne "irgendwie" so weit voneinander getrennt worden sind, dass nur noch die abstoßende Kraft ihrer Protonen wirksam ist. Dafür ist aber nach dem Diagramm dem U236-Kern die Energie E_A zuzuführen. U236 ist also einfach deshalb relativ stabil, weil es im Grundzustand die für die Spaltung erforderliche Aktivierungsenergie E_A nicht besitzt.

d) Das vom U235-Kern absorbierte Neutron kann die Spaltung anregen, wenn die Summe aus seiner kinetischen Energie (im Schwerpunktsystem) und der durch seinen Einbau frei werdenden Bindungsenergie größer als E_A ist.

157. Energieabschätzungen

a) Berechnung des Q-Werts:

$$Q = \left[m_A(U235) + m(n) - m_A(Kr90) - m_A(Ba143) - 3 \cdot m(n)\right] \cdot c^2 =$$
$$= \left[m_A(U235) - m_A(Kr90) - m_A(Ba143) - 2 \cdot m(n)\right] \cdot c^2 =$$
$$= \left[235{,}04394\text{ u} - 89{,}919603\text{ u} - 142{,}92055\text{ u} - 2 \cdot 1{,}008665\text{ u}\right] \cdot c^2 =$$
$$= 0{,}186457\text{ u} \cdot c^2 = 173{,}7\text{ MeV}$$

b) Berechnung der Kernradien:

Ba143: $r_{Ba} = 1{,}4 \cdot 10^{-15}\text{ m} \cdot \sqrt[3]{143} = 7{,}3 \cdot 10^{-15}\text{ m}$

Kr90: $r_{Kr} = 1{,}4 \cdot 10^{-15}\text{ m} \cdot \sqrt[3]{90} = 6{,}3 \cdot 10^{-15}\text{ m}$

Unmittelbar nach der Spaltung, wenn die Schwerpunkte der beiden Kerne den Abstand $r_{Ba} + r_{Kr}$ haben, beträgt die elektrische potentielle Energie E_{pot} der Kerne

$$E_{pot} = \frac{(36 \cdot e) \cdot (56 \cdot e)}{4 \cdot \pi \cdot \varepsilon_0} \cdot \frac{1}{r_{Ba} + r_{Kr}} =$$
$$= \frac{(36 \cdot 1{,}6 \cdot 10^{-19}\text{ A} \cdot \text{s}) \cdot (56 \cdot 1{,}6 \cdot 10^{-19}\text{ A} \cdot \text{s})}{4 \cdot \pi \cdot 8{,}85 \cdot 10^{-12}\,\frac{\text{A} \cdot \text{s}}{\text{V} \cdot \text{m}} \cdot (7{,}3 + 6{,}3) \cdot 10^{-15}\text{ m}} =$$
$$= 3{,}4 \cdot 10^{-11}\text{ J} = 213{,}3\text{ MeV}$$

E_{pot} wandelt sich durch die Abstoßung in kinetische Energie der Bruchkerne um.

c) Berechnung der mittleren Bindungsenergie pro Nukleon:
Mit m_b wird die zur Bindungsenergie der Elektronenhülle äquivalente Masse bezeichnet. Für Ba und U ist m_b in der FS auf S. 89/T17 angegeben. Der für Kr verwendete Wert ist, da nicht anders möglich, durch lineare Interpolation aus den in der FS aufgeführten Werten gewonnen worden.

U235:

$$\left|\frac{B}{A}\right| = \frac{\left[92 \cdot m(p) + 143 \cdot m(n) - \left(m_A(U235) - 92 \cdot m(e^-) + m_b(U235)\right)\right] \cdot c^2}{235} =$$
$$= \frac{\left[92 \cdot 1{,}007277\,\text{u} + 143 \cdot 1{,}008665\,\text{u} - (235{,}04394 - 92 \cdot 5{,}4858 \cdot 10^{-4} + 645 \cdot 10^{-6})\,\text{u}\right] \cdot c^2}{235} =$$
$$= \frac{1{,}91\,\text{u} \cdot c^2}{235} = 7{,}6\text{ MeV}$$

Kr90:

$$\left|\frac{B}{A}\right| = \frac{[36\cdot m(p)+54\cdot m(n)-(m_A(Kr90)-36\cdot m(e^-)+m_b(Kr90))]\cdot c^2}{90} =$$

$$= \frac{[36\cdot 1{,}007277\,u+54\cdot 1{,}008665\,u-(89{,}919603-36\cdot 5{,}4858\cdot 10^{-4}+72{,}7\cdot 10^{-6})\,u]\cdot c^2}{90} =$$

$$= \frac{0{,}83\,u\cdot c^2}{90} = 8{,}6\ \text{MeV}$$

Ba143:

$$\left|\frac{B}{A}\right| = \frac{[56\cdot m(p)+87\cdot m(n)-(m_A(Ba143)-56\cdot m(e^-)+m_b(Ba143))]\cdot c^2}{143} =$$

$$= \frac{[56\cdot 1{,}007277\,u+87\cdot 1{,}008665\,u-(142{,}92055-56\cdot 5{,}4858\cdot 10^{-4}+203\cdot 10^{-6})\,u]\cdot c^2}{143} =$$

$$= \frac{1{,}27\,u\cdot c^2}{143} = 8{,}3\ \text{MeV}$$

Da vor der Reaktion 235 Nukleonen, nach der Reaktion aber 90 bzw. 143 Nukleonen gebunden sind, wird bei der Spaltung die Energie

$$143\cdot 8{,}3\ \text{MeV} + 90\cdot 8{,}6\ \text{MeV} - 235\cdot 7{,}6\ \text{MeV} = 174{,}9\ \text{MeV}$$

frei.

158. Spaltneutronen

a) Bei schweren Kernen ist der relative Anteil der Neutronen an der Zahl der Nukleonen größer als bei mittelschweren (vgl. Aufgabe 10). Wird also ein schwerer Kern in zwei mittelschwere Kerne gespalten, so wird der Neutronenüberschuss der Bruchkerne durch Freisetzung mehrerer einzelner Neutronen abgebaut.

b) Prompte Neutronen heißen die Neutronen, die unmittelbar nach der Spaltung freigesetzt werden. Von den im Mittel bei der Spaltung von U235 2,5 frei werdenden Neutronen sind z. B. 99,25 % prompt. Ein geringer Teil von Neutronen, bei U235 ca. 0,75 % werden 0,1 s bis 100 s nach der Spaltung dadurch freigesetzt, dass die Spaltprodukte Neutronenüberschuss durch Neutronenemission mit messbaren Halbwertszeiten loswerden. Diese Neutronen heißen verzögerte Neutronen. Nur die verzögerten Neutronen ermöglichen überhaupt die Steuerung eines Kernreaktors (vgl. Aufgabe 163).

159. Spaltstoffe

Als Spaltstoffe für die technische Nutzung kommen nur sehr schwere Kerne (vgl. Aufgabe 25) in Frage, bei deren Spaltung genügend viele, weitere Spaltungen anregende Neutronen (vgl. Aufgaben 160 und 102) frei werden. Diese Bedingungen erfüllen sowohl U235 als auch U238, die beide im Mittel pro Spaltung 2 bis 3 schnelle Neutronen liefern.
Da die Energie E_A (vgl. Aufgabe 156) zur Anregung der Kernspaltung bei U238 (mit $E_A = 7{,}0$ MeV) erheblich größer ist als die beim Einbau des Neutrons frei werdende Bindungsenergie E_B ($E_B = 5{,}5$ MeV), ist nur ein schnelles Neutron, das die Energiedifferenz $E_A - E_B$ ($E_A - E_B = 1{,}5$ MeV im Schwerpunktsystem) in Form kinetischer Energie mitbringt, zur Spaltung von U238 in der Lage. Je mehr kinetische Energie aber ein Neutron besitzt, desto unwahrscheinlicher wird sein Einfang durch den U238-Kern. Außerdem sinkt die kinetische Energie schneller Neutronen durch Stöße mit U238-Kernen, bei denen sie nicht eingefangen werden, relativ rasch unter den Wert $E_A - E_B$ ($E_A - E_B = 1{,}5$ MeV), so dass sie nicht mehr zur Spaltung von U238-Kernen in der Lage sind.
Bei U235 dagegen ist die Aktivierungsenergie E_A ($E_A = 6{,}5$ MeV) kleiner als die beim Neutroneneinbau frei werdende Bindungsenergie E_B ($E_B = 6{,}8$ MeV). U235 lässt sich daher mit thermischen Neutronen spalten. Die oben genannten Nachteile schneller Neutronen (geringe Einfangswahrscheinlichkeit, nach wenigen Stößen unfähig zur Spaltungsanregung) treten bei Verwendung von U235 als Spaltstoff nicht auf.

Hinweise:

1. Die in Klammer gesetzten Zahlen gehören nicht zum aktiven Wissen eines Leistungskurskollegiaten.
2. Die Unterschiede in der frei werdenden Bindungsenergie beim Neutroneneinbau zwischen einem U235- und einem U238-Kern lassen sich dadurch erklären, dass sich der relativ instabile gu-Kern U235 (der relativ stabile gg-Kern U238) in den relativ stabilen gg-Kern U236 (in den relativ instabilen gu-Kern U239) umwandelt.
3. Auch ${}^{239}_{94}\mathrm{Pu}$, ${}^{241}_{94}\mathrm{Pu}$, ${}^{233}_{92}\mathrm{U}$ sind schwere gu-Kerne und eignen sich als Spaltstoffe, ${}^{232}_{90}\mathrm{Th}$ oder ${}^{240}_{94}\mathrm{Pu}$ dagegen als gg-Kerne nicht.

160. Kettenreaktion

a) Bei der Spaltung von U235 werden im Mittel 2,5 schnelle Neutronen frei. Jedes dieser Neutronen ist nun prinzipiell in der Lage seinerseits einen U235-Kern zu spalten und dabei im Mittel wieder 2,5 schnelle Neutronen freizusetzen usw. Dadurch steigert sich die Zahl der Neutronen und die Zahl der gespaltenen Kerne lawinenartig, man spricht von einer Kettenreaktion.
Wegen der geringen Wechselwirkung der Neutronen mit Materie können diese bei zu kleinem Volumen des Spaltmaterials in den Außenraum entweichen, bevor sie mit einem U235-Kern reagiert haben, und gehen der geplanten Lawine verloren. In kleinen Volumina kommt eine Kettenreaktion also nicht zustande.
Da die Oberfläche einer Kugel (und damit die Neutronenverluste durch die Oberfläche) mit r^2 wächst, während das Volumen (und damit die Zahl der Kerne, d. h. der potenziellen Neutronenquellen) mit r^3 zunimmt, gehen die Oberflächenverluste mit wachsendem Kugelradius bei einem kugelförmigen Spaltmaterial relativ gesehen zurück. Ab einem bestimmten Kugelradius kann sich also eine einmal gestartete Kettenreaktion aufrechterhalten. Die kleinste Masse, für die dies zutrifft, nennt man kritische Masse.

b) Ein System, in dem die Kettenreaktion kontrollierbar, d. h. von außen her steuerbar abläuft, heißt Kernreaktor.

Hinweis:
Eine Kugel reinen U235 vom Radius 8,5 cm ist kritisch!

161. Moderation

a) Eine Substanz, die Neutronen hoher Energie auf geringere Energie abbremst, heißt Moderator.

b) Ein Moderator muss
- ein möglichst geringes Atomgewicht haben, da die beim Neutronenstoß übertragene Energie um so größer ist und damit die Abbremsung des Neutrons um so schneller erfolgt, je leichter der Moderatorkern ist (vgl. Aufgabe 105) und
- eine möglichst geringe Einfangswahrscheinlichkeit für Neutronen besitzen, da es andernfalls zu einem Abbruch der Kettenreaktion kommen kann.

c) Stellt man die Wahrscheinlichkeit für die Einfangsreaktion

$$^{238}_{92}U + ^{1}_{0}n \longrightarrow ^{239}_{92}U$$

in Abhängigkeit von der kinetischen Energie des Neutrons graphisch dar, so erhält man folgendes Diagramm:

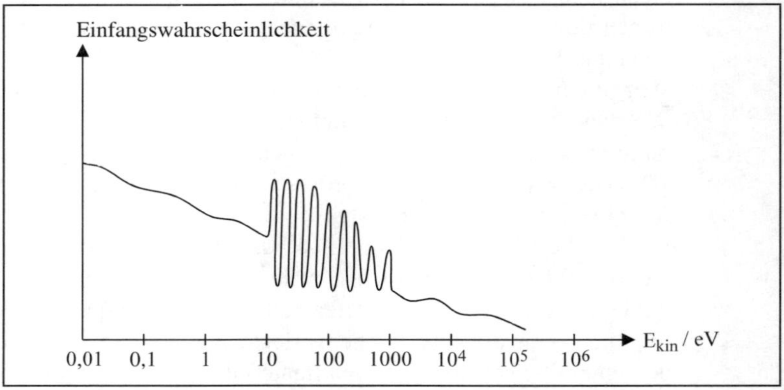

Hiernach gibt es zwischen 10 eV bis 1000 eV eine Vielzahl ausgeprägter Maxima. Neutronen der zugehörigen Energien werden also mit großer Wahrscheinlichkeit eingefangen, ohne zur Kernspaltung zu führen (vgl. Aufgabe 159). Die Werte von E_{kin}, für die die Einfangswahrscheinlichkeit relative Maxima besitzt, werden als Resonanzstellen bezeichnet.

d) Die bei der Urankernspaltung frei werdenden, die Kettenreaktion tragenden Spaltneutronen haben im Mittel kinetische Energien in der Größenordnung MeV. U235 (nur dieses Uranisotop eignet sich als Spaltstoff; vgl. Aufgabe 159) wird aber von langsamen Neutronen ($E_{kin} = 0{,}01$ eV) mit weit größerer Wahrscheinlichkeit (ca. 1000mal größer) gespalten als von schnellen Neutronen ($E_{kin} = 1$ MeV). Daher versucht man im Kernreaktor die bei der Spaltung entstehenden Neutronen durch Moderatoren abzubremsen. Die Kerne des Spaltmaterials selbst sind dafür nicht geeignet, weil wegen des großen Massenunterschieds zwischen Neutron und Urankern zur Abbremsung eine Vielzahl von Stößen erforderlich ist, die Neutronen sich daher relativ lange in dem "gefährlichen" Energiebereich befinden, in dem sie durch Resonanzeinfang durch U238 verloren gehen, ohne gespalten zu haben.

Hinweis:
In Uran-Reaktoren sind praktisch nur die Uranisotope U235 und U238 vorhanden (vgl. Aufgabe 162).

162. Zur Auslegung eines Uran-Reaktors

a) In einem homogenen Reaktor wird der Moderator mit dem Spaltmaterial vermischt, in einem heterogenen Reaktor wird er in großen Teilen zwischen das Spaltmaterial gegeben.

b) Von den genannten Moderatoren bremst leichtes Wasser, also ${}^{1}_{1}H_2O$, schnelle Neutronen am schnellsten auf thermische Geschwindigkeiten ab; Grafit, also ${}^{12}_{6}C$, am langsamsten. Schweres Wasser, also ${}^{2}_{1}H_2O$, erweist sich hinsichtlich der Abbremseigenschaften nur knapp schlechter als leichtes Wasser, aber deutlich besser als Grafit.
Hinsichtlich des Einfangs langsamerer Neutronen hat leichtes Wasser die schlechtesten Eigenschaften. Es absorbiert thermische Neutronen ca. 400mal besser als schweres Wasser und ca. 60mal besser als Grafit.

c) Aufgrund der relativ hohen Neutronenabsorption durch leichtes Wasser wird ein heterogener Leichtwasserreaktor mit Natururan (ca. 0,7 % U235 und ca. 99,3 % U238) als Brennstoff nicht kritisch. Will man leichtes Wasser als Moderator verwenden, so muss man den U235 Anteil am Brennstoff von 0,7 % auf ca. 2 bzw. 3 % erhöhen.
Benützt man schweres Wasser oder Grafit als Moderator, so kann bei einem heterogenen Reaktor Natururan als Brennstoff verwendet werden, wenn man Neutronenverluste nach außen durch einen den Reaktorkern umgebenden Reflektor möglichst weit herabsetzt.
Verwendet man angereichertes Uran in einem Schwerwasser- oder grafitmoderierten Reaktor als Brennstoff, so kann der Reaktor wesentlich kompakter gebaut werden.

Hinweis:
Beachten Sie die Zwickmühle, in der man sich bei der Reaktorplanung befindet:
In relativ billigem Natururan lässt sich mit praktisch kostenlosem, normalem Wasser keine Kettenreaktion erzeugen. Gibt man dem wassermoderiertem Reaktor aus Sicherheitsgründen (vgl. Aufgabe 163 und 166) gegenüber dem graphitmoderierten Reaktor den Vorzug, so muss man relativ billiges Natururan mit sehr teuerem schweren Wasser moderieren oder durch sehr teuere Isotopentrennung angereichertes Uran mit sehr billigem normalem Wasser moderieren.

163. Steuerung und Regelung der Kettenreaktion

a) Ein Reaktor ist so ausgelegt, dass sowohl die prompten als auch die verzögerten Spaltneutronen (vgl. Aufgabe 158) die Kettenreaktion aufrecht erhalten und dass sie ohne verzögerte Spaltneutronen zusammenbrechen würde. Daher ist es trotz des Zeitaufwandes für das mechanische Ein- und Ausführen von stark neutronenabsorbierenden Stäben (z. B. aus Borcarbid B_4C oder Cadmium) in den Brennstoff, dank der verzögerten Spaltneutronen möglich, die Kettenreaktion aus- und einzuschalten (Steuerung) bzw. so einzustellen, daß eine gewünschte Energieabgabe erfolgt (Regelung).

b) Ein Brennelement besteht aus mehreren, entsprechend folgender Skizze, parallel zueinander, in quadratischer Gitteranordnung angebrachten Brennstoffstäben und einer kleineren Anzahl von Regelstäben, die parallel zu den Brennstoffstäben in das Brennelement ein- oder ausgeführt werden können. Ein Brennstoffstab ist ein verschweißtes Hüllrohr aus einer Edelmetallegierung, in das eine Brennstoffsäule aus gesinterten UO_2-Tabletten eingefüllt ist. Die Regelstäbe bestehen aus einer neutronenabsorbierenden Substanz und ermöglichen je nach Eindringtiefe, wie in Teilaufgabe a beschrieben, die Regelung der Kettenreaktion (Fremdsteuerung). Brennstoff- und Regelstäbe sind in einem wassermoderierten Reaktor von Wasser umgeben. Das Wasser übernimmt dabei sowohl die Rolle des Moderators als auch des Kühlmittels. Dies ermöglicht in gewissem Umfang die Eigensteuerung des Reaktors: Nimmt nämlich mit steigender Spaltrate in den Brennstoffstäben die Temperatur des Wassers zu, so sinkt seine Dichte. Dadurch stehen pro Volumeneinheit weniger Moderatorkerne zur Verfügung, so dass die Neutronen nicht mehr so effektiv gebremst werden und die Spaltrate wieder abnimmt.

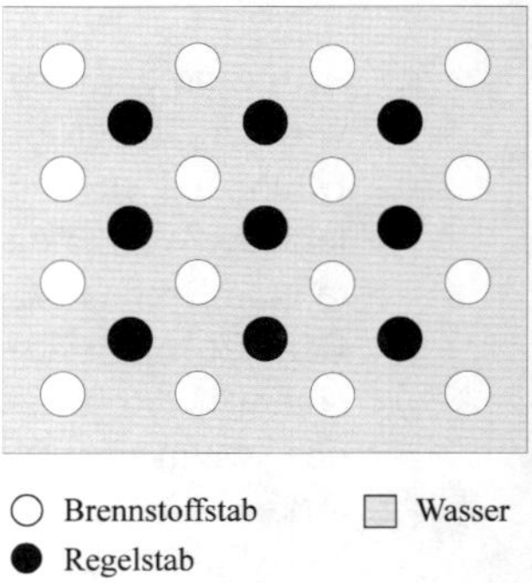

Draufsicht auf ein Brennelement

Hinweis:
Beachten Sie, dass die in Teilaufgabe b beschriebene Eigensteuerung bei einem graphitmoderierten Reaktor nicht möglich ist! Dies stellt ein Sicherheitsrisiko dar (vgl. Aufgabe 165 und 166).

164. Prinzipieller Aufbau eines wassermoderierten Reaktors

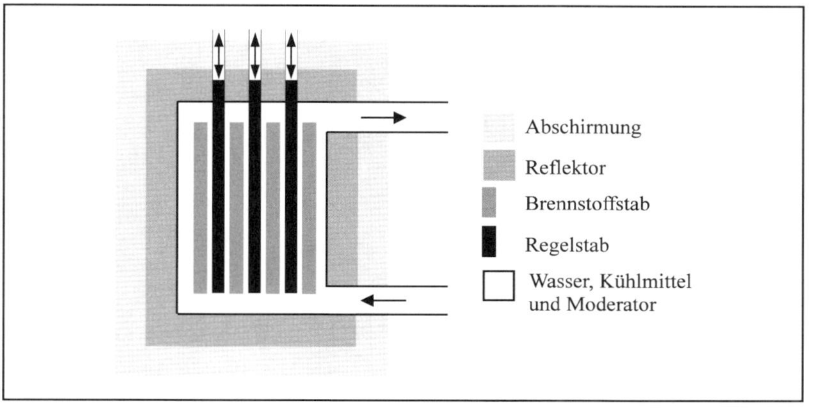

Die wesentlichen Bestandteile eines wassermoderierten Reaktors sind:

1. **Brenn- oder Spaltstoff:** Durch Spaltung seiner Kerne wird Energie frei. In einem wassermoderierten Reaktor ist der Spaltstoff in Form von Brennstoffstäben im Wasser eingebettet.

2. **Moderator und Kühlung:** Dieses Wasser wirkt als Moderator, indem es die Spaltneutronen möglichst schnell und möglichst ohne Absorption auf niedere Geschwindigkeiten abbremst. Gleichzeitig fungiert es aber auch als Kühlmittel, in dem es die bei der Spaltung frei werdende Energie in Form von Wärme aufnimmt und, von Umwälzpumpen angetrieben, aus dem Reaktor abführt.

3. **Reflektor:** Den aus Moderator und Brennstoffstäben bestehenden Reaktorkern umgibt ein aus Moderatormaterial bestehender Neutronenreflektor, der die Aufgabe hat, möglichst viele aus dem Reaktorkern entweichende Neutronen zurückzustreuen.

4. **Regelstäbe:** Die aus neutronenabsorbierendem Material bestehenden Stäbe können durch Herausziehen oder Hineinschieben in den Reaktorkern den Neutronenfluss und damit die Kettenreaktion regeln.

5. **Strahlenabschirmung:** Reaktorkern und Reflektor werden zum Schutz der Außenwelt vor entweichenden Neutronen und γ-Strahlung mit geeignetem Absorbermaterial umgeben.

165. Bauprinzip von Druck- und Siedewasser-Reaktoren

a)

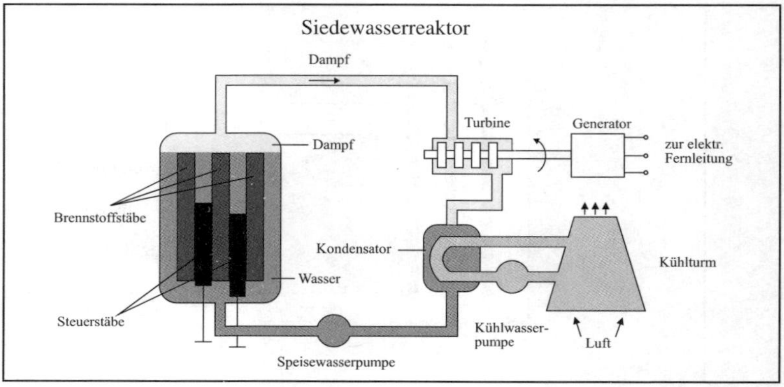

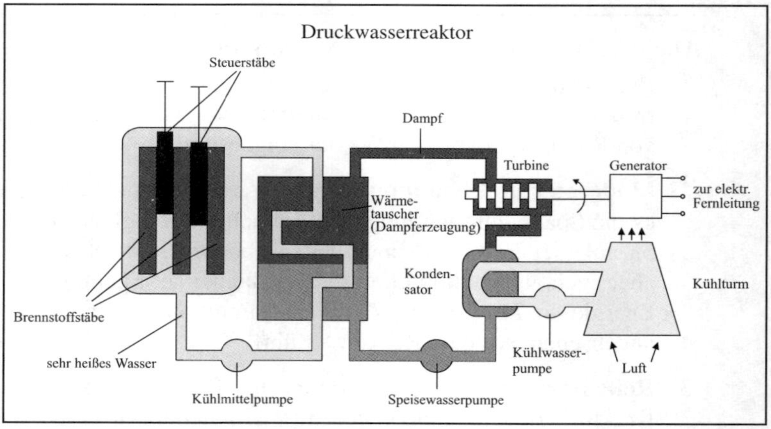

b) Bei beiden Reaktortypen wird normales Wasser als Kühlmittel und Moderator verwendet, das die Brennstoff- und die Steuerstäbe ständig umspült. Dies ist im Gegensatz zu graphitmoderierten und wassergekühlten Reaktoren (z. B. Tschernobylreaktor) ein Vorteil, da bei einem Störfall, der zu einem Kühlmittelverlust führt, auch der Moderator fehlt und damit die Kettenreaktion nicht mehr effektiv moderiert werden kann.

Der **Siedewasserreaktor** hat nur einen Kühlkreislauf. Die bei der Kernspaltung frei werdende Energie wird dazu benützt, Wasser im Reaktorkern in Dampf überzuführen, der dann direkt der Turbine zugeführt wird. Die wesentlichen Nachteile dieses Reaktortyps sind:

- Die Steuerung der Kettenreaktion mit den Regelstäben muss wegen des sich im Reaktordruckgefäß oben sammelnden Dampfes von unten her erfolgen. Bei einer notwendigen Schnellabschaltung können die Regelstäbe also nicht "von allein" in den Reaktorkern fallen.
- Bei Schäden an den Brennelementen kann radioaktives Material über den Dampf in die Turbine gelangen.
- Die Brennstäbe brennen von oben nach unten nicht gleichmäßig ab (Wasser-Dampf-Gemisch!)

Der **Druckwasserreaktor** besitzt zwei Kühlkreisläufe. Im Primärkreislauf befindet sich nur flüssiges Wasser, das aufgrund des hohen Druckes auch bei Temperaturen von ca. 300 °C noch nicht im gasförmigen Zustand vorliegt. Dies ist ein Vorteil, da Flüssigkeiten Wärme wesentlich besser leiten als Gase. Dieses heiße Wasser erzeugt in einem Wärmetauscher in einem zweiten Kreislauf Dampf, der dann der Turbine zugeführt wird. Dampf und Turbine werden also im Gegensatz zum Siedewasserreaktor nicht radioaktiv kontaminiert (Vorteil bei Wartungsarbeiten). Außerdem kann die Steuerung der Kettenreaktion von oben her erfolgen, die Regelstäbe können bei einer Schnellabschaltung "von allein" in den Reaktorkern fallen.

Hinweis für bayerische Leser/innen:

1997 befinden sich in Bayern folgende Kernkraftwerke in Betrieb:

- Kernkraftwerk Isar 1 in Ohu bei Landshut: Siedewasserreaktor mit einer Bruttoleistung von 907 MW
- Kernkraftwerk Isar 2 in Ohu bei Landshut: Druckwasserreaktor mit einer Bruttoleistung von 1370 MW
- KRB-B in Gundremmingen: Siedewasserreaktor mit einer Bruttoleistung von 1300 MW
- KRB-C in Gundremmingen: Siedewasserreaktor mit einer Bruttoleistung von 1308 MW
- KKG Grafenrheinfeld: Druckwasserreaktor mit einer Bruttoleistung von 1300 MW

166. Die wesentlichen Sicherheitseinrichtungen bei deutschen Leichtwasserreaktoren

- **Dichtverschweißte Metallumhüllungen** der Brennstoffstäbe sollen das Entweichen von Spaltprodukten in den primären Kühlkreislauf verhindern.
- Die Brennelemente befinden sich zusammen mit dem Kühlmittel im **Reaktordruckbehälter**, der aus ca. 14 cm dicken Spezialstahl gefertigt ist und alle durch Druck und Temperatur bedingten Gefahrenmöglichkeiten entgegenwirken soll.
- Der Reaktordruckbehälter, alle Einrichtungen für den Austausch von abgebrannten Brennelementen (Kran, Lagerbecken usw.), allgemein alle Teile des Reaktors, die eine Strahlengefahr darstellen, befinden sich innerhalb des **Sicherheitsbehälters**. Das ist ein Stahlbehälter mit einer einige cm dicken Wand, der so ausgelegt ist, dass er im Fall eines Lecks im Reaktordruckbehälter den entstehenden Druck aushält und Radionuklide von der Umwelt zurückhält (viele Ostblock-Reaktoren haben dieses Containment nicht!).
- Der Sicherheitsbehälter befindet sich innerhalb einer weiteren **Hülle aus Stahlbeton**, die je nach Baujahr des Reaktors Wandstärken zwischen 50 cm und 200 cm besitzt. Sie soll den Reaktor vor äußeren Gefahren wie z. B. Flugzeugabstürzen schützen.
- Im Raum zwischen Sicherheitsbehälter und Betonhülle besteht permanent ein **Unterdruck**, um das Entweichen von radioaktiven Gasen zu verhindern.
- Alle für den sicheren Reaktorbetrieb elementar wichtigen Einrichtungen (z. B. Hauptkühlmittelpumpe) unterliegen dem sicherheitsphilosophischen Prinzip der **Redundanz** und der **Diversifikation**. Sie sind also jeweils mehrfach und nicht bauartgleich vorhanden.

Hinweise:

Trotz dieser Sicherheitsvorkehrungen haben sich in Kernkraftwerken in der Vergangenheit zahlreiche Pannen mit unterschiedlichem Gefährdungspotential für die Umwelt ereignet. Die beiden spektakulärsten sind:

1. Fast-GAU im Jahr 1978 im Kernkraftwerk Three-Mile-Island bei Harrisburg, USA, bei dem es aufgrund einer kaum vorstellbaren Verkettung von menschlichen und technischen Fehlern fast zur Kernschmelze gekommen wäre und relativ große Mengen an Radioaktivität in die Umwelt gelangten.

Die menschlichen Fehler bestanden darin, dass bei Wartungsarbeiten vergessen worden war, Ventile für die Noteinspeisung von Kühlwasser im Sekundärkreislauf zu öffnen und dass nach Eintreten des Störfalls wegen zu hohen Wasserstands im Druckhalter die durch die Automatik eingeschalteten Hochdruckeinspeisepumpen vom Bedienungspersonal ausgeschaltet wurden. Die technischen Fehler bestanden in einer Störung bei den Pumpen des Sekundärkreislaufs und in der Tatsache, dass sich ein automatisch geöffnetes Abblaseventil nicht wieder schloss.

2. GAU im Jahr 1986 im Ukrainischen Kernkraftwerk Tschernobyl, bei dem es infolge von menschlichem Versagen und Konstruktionsfehlern zur Kernschmelze mit anschließender Freisetzung von sehr großen Mengen an Radioaktivität kam. Der Konstruktionsfehler bestand im Wesentlichen darin, dass der Reaktor mit Graphit moderiert und mit Wasser gekühlt wurde. Wegen dieser Trennung von Moderator und Kühlmittel zeigen die Reaktoren vom Typ Tschernobyl ein besonderes Störverhalten und bei zu geringer Leistung eine Neigung zur Instabilität (vgl. Aufgabe 163). Außerdem fehlte beim Tschernobyl-Reaktor der Sicherheitsbehälter.

167. Wiederaufarbeitung

a) Während des Aufenthalts eines Brennelements im Reaktorkern sinkt erstens wegen der gewünschten Kernspaltung der U235-Anteil in den Brennstoffstäben, nimmt zweitens die Anzahl unerwünschter neutronenabsorbierender Spaltprodukte, sog. Neutronengifte, in den Brennstoffstäben zu, nimmt drittens die mechanische Stabilität der Hüllrohre der Brennstoffstäbe ab. Da die beiden erstgenannten Tatsachen die Kettenreaktion bedrohen, die letztgenannte aber die Gefahr der Freisetzung radioaktiver Spaltprodukte in sich birgt, werden Brennelemente nach ca. 3 Jahren durch neue ersetzt.

b) In einem "abgebrannten" Brennelement" befindet sich neben den Neutronengiften noch ein bemerkenswert hoher Anteil von noch nicht gespaltenen U235-Kernen und von Pu239-Kernen (vgl. Hinweis 1), die wie U235-Kerne durch thermische Neutronen spaltbar sind.
Unter Wiederaufarbeitung versteht man einen Prozess, bei dem in einem ersten mechanischen Schritt die Brennstäbe mechanisch zerkleinert und in einem zweiten chemischen Schritt die wertvollen Spaltstoffe U235 und Pu239 von den Neutronengiften getrennt werden, um bei der Fertigung neuer Brennstoffstäbe wieder Verwendung zu finden.

c) Für eine Wiederaufarbeitung spricht, dass dadurch der Uranbedarf verringert wird.
Dagegen sprechen:
- die hohen Kosten einer Wiederaufarbeitungsanlage. Die direkte Endlagerung abgebrannter Brennelemente ohne Wiederaufarbeitung ist erheblich billiger;
- dass bei der Wiederaufarbeitung, auch bei störungsfreiem Betrieb der Anlage, wesentlich größere Mengen Radioaktivität an die Umwelt abgegeben werden als bei einem Kernkraftwerk;
- dass der Betrieb einer Wiederaufarbeitungsanlage nicht risikolos ist (hochgiftiges Plutonium wird frei gesetzt, ungewollte Kettenreaktionen sind in Wiederaufarbeitungsanlagen schon aufgetreten);
- dass bei der Wiederaufarbeitung in großen Mengen Plutonium anfällt, das für die Herstellung von Kernwaffen verwendet werden kann.

Hinweise:
1. Pu239 wird auf folgendem Weg aus dem "wertlosen" U238 erbrütet:

$$ {}^{1}_{0}n + {}^{238}_{92}U \longrightarrow {}^{239}_{92}U $$
$$ \xrightarrow[23{,}5\ \text{min}]{\beta^-} {}^{239}_{93}Np + {}^{0}_{-1}e^- + {}^{0}_{0}\bar{\nu} $$
$$ \xrightarrow[2{,}36\ \text{d}]{\beta^-} {}^{239}_{94}Pu + {}^{0}_{-1}e^- + {}^{0}_{0}\bar{\nu} $$

2. In Europa gibt es 1997 im Betrieb befindliche Wiederaufarbeitungsanlagen nur in
   - Sellafield alias Windscale, Großbritannien (Kapazität 400 t Uran pro Jahr)
   - Thorp, Großbritannien (Kapazität 1200 t Uran pro Jahr)
   - La Hague, Frankreich (mehrere Anlagen, Gesamtkapazität ca. 2000 t Uran pro Jahr)
   - Mol, Belgien (Kapazität ca. 80 t Uran pro Jahr)

168. Endlagerung

a) Im radioaktiven Abfall befinden sich unter anderem auch Radionuklide mit z. T. außerordentlich langen Halbwertszeiten, die überdies eine äußerst hohe Radiotoxizität besitzen können. (Nichtaufgearbeitete Brennelemente enthalten z. B. Pu239, das eine Halbwertszeit von 24 000 Jahren besitzt.) Das Hauptproblem bei der Endlagerung dieser Abfälle besteht daher darin, die darin enthaltenen Radionuklide über sehr lange Zeiträume von der belebten Welt, der Biosphäre, sicher fernzuhalten, bis die Aktivität durch den radioaktiven Zerfall auf ein unbedenkliches Maß gesunken ist.

b) Das Problem der Endlagerung ist weltweit nicht gelöst! In Deutschland wurden lediglich schwach- und mittelaktive Abfälle versuchsweise in Salzstöcken eingelagert (ehemaliges Salzbergwerk Asse II bei Braunschweig). Salzstöcke sind Salzablagerungen, die sich vor ca. 100 Millionen Jahren gebildet und sich seitdem kaum verändert haben. Für die Endlagerung hochaktiver Abfälle eignet sich aber auch Asse II nicht!

Hinweis:

Aus den obengenannten Gründen wird der Betrieb und die Entsorgung von Kernkraftwerken manchmal mit einem Flugzeug verglichen, das gebaut worden und gestartet ist, bei dem man jetzt aber, wo es sich in der Luft befindet, feststellt, dass man vergessen hat, eine Landeeinrichtung einzubauen.

169. Technische Kernfusion

a)
$$Q_1 = [m_A\,(H2) + m_A\,(H3) - m_A\,(He4) - m\,(n)] \cdot c^2 =$$
$$= (2{,}0141022 + 3{,}0160494 - 4{,}0026036 - 1{,}008665)\ u \cdot c^2$$
$$= 0{,}018883\ u \cdot c^2 = 17{,}59\ \text{MeV}$$
$$Q_2 = [2 \cdot m_A\,(H2) - m_A\,(H3) - m_A\,(H1)] \cdot c^2 =$$
$$= (2 \cdot 2{,}0141022 - 3{,}0160494 - 1{,}00782522)\ u \cdot c^2 =$$
$$= 0{,}0043298\ u \cdot c^2 = 4{,}03\ \text{MeV}$$
$$Q_3 = [2 \cdot m_A\,(H2) - m_A\,(He3) - m\,(n)] \cdot c^2 =$$
$$= (2 \cdot 2{,}0141022 - 3{,}0160299 - 1{,}008665)\ u \cdot c^2 =$$
$$= 0{,}0035095\ u \cdot c^2 = 3{,}27\ \text{MeV}$$

b) Das Deuteron muss gegen die abstoßende elektrische Coulombkraft des Triton anlaufen. In sehr großer Entfernung muss seine kinetische Energie daher mindestens gleich der potenziellen Energie sein, die es besitzt, wenn es das Triton berührt.

Kernradius von H2: $r_D = 1{,}4 \cdot 10^{-15}\ \text{m} \cdot \sqrt[3]{2} = 1{,}8 \cdot 10^{-15}\ \text{m}$

Kernradius von H3: $r_T = 1{,}4 \cdot 10^{-15}\ \text{m} \cdot \sqrt[3]{3} = 2{,}0 \cdot 10^{-15}\ \text{m}$

$$E_{pot} = \frac{1}{4 \cdot \pi \cdot \varepsilon_0} \cdot \frac{e \cdot e}{r_D + r_T} =$$
$$= \frac{(1{,}6 \cdot 10^{-19}\ \text{C})^2}{4 \cdot \pi \cdot 8{,}85 \cdot 10^{-12} \frac{\text{C}}{\text{V} \cdot \text{m}} \cdot (1{,}8 + 2{,}0) \cdot 10^{-15}\ \text{m}} =$$
$$= 6{,}1 \cdot 10^{-14}\ \text{J} = 0{,}38\ \text{MeV}$$

c) $P \overset{a)}{=} \frac{10^9 \cdot 17{,}6\,\text{MeV}}{1\,\text{s}} = \frac{10^9 \cdot 17{,}6 \cdot 10^6 \cdot 1{,}6 \cdot 10^{-19}\,\text{J}}{1\,\text{s}} = 2{,}8 \cdot 10^{-3}\,\text{W}$

Also nicht einmal 3 Milliwatt.

d) $\frac{3}{2} \cdot k \cdot T = \overline{E_{kin}} \overset{!}{=} 0{,}38\,\text{MeV} \Rightarrow T = \frac{0{,}38\,\text{MeV} \cdot 2}{3 \cdot k} =$

$$= \frac{0{,}38 \cdot 10^6 \cdot 1{,}6 \cdot 10^{-19}\,\text{J} \cdot 2}{3 \cdot 1{,}38 \cdot 10^{-23}\,\frac{\text{J}}{\text{K}}} = 2{,}94 \cdot 10^9\,\text{K}$$

e) Da 1 kmol Deuterium die Masse 2,014 kg besitzt, befinden sich in 1 kg Deuterium $N = \frac{6{,}022 \cdot 10^{26}}{2{,}014} = 2{,}99 \cdot 10^{26}$ Deuteriumatome.

Bei ihrer Fusion mit $2{,}99 \cdot 10^{26}$ Tritiumkernen werden nach Teilaufgabe a

$2{,}99 \cdot 10^{26} \cdot 17{,}59 \cdot 10^6\,\text{eV} = 5{,}25 \cdot 10^{33}\,\text{eV} =$
$= 5{,}25 \cdot 10^{33} \cdot 4{,}45 \cdot 10^{-26}\,\text{kWh} = 2{,}34 \cdot 10^8\,\text{kWh}$ frei.

f) Fusion und Neutronenerzeugung: ${}^2_1\text{H} + {}^3_1\text{H} \rightarrow {}^4_2\text{He} + {}^1_0\text{n}$

Erbrüten von Tritium aus Lithium: ${}^6_3\text{Li} + {}^1_0\text{n} \rightarrow {}^4_2\text{He} + {}^3_1\text{H}$

g_1) Für größere Leistungen müssten in einem Fusionsreaktor die zur Fusion vorgesehenen Teilchen bei Temperaturen in der Größenordnung 10^9 K längere Zeit eingeschlossen werden. Die hieraus resultierenden Hauptprobleme bestehen darin,

- Vorrichtungen zu finden, die die Teilchen bei so hohen Temperaturen für längere Zeit zusammenhalten.
- so hohe Temperaturen so lange zu erzeugen, dass der Fusionsprozess in Gang kommt.

g_2) Vorteile der Kernfusion:

- Der Ausgangsstoff Deuterium ist in unbegrenzter Menge im Wasser vorhanden; das seltenere Tritium ließe sich relativ einfach erbrüten.
- Außer Tritium entstehen keine radioaktiven Stoffe (von der Aktivierung der verwendeten Materialien durch die bei R_1 freigesetzten Neutronen abgesehen).

170. Energieproduktion in Sternen

a) $Q_1 = [m_A\,(C12) + m_A\,(H1) - m_A\,(N13)] \cdot c^2$

$Q_2 = [m_A\,(N13) - m_A\,(C13) - 2 \cdot m_e] \cdot c^2$

$Q_3 = [m_A\,(C13) + m_A\,(H1) - m_A\,(N14)] \cdot c^2$

$Q_4 = [m_A\,(N14) + m_A\,(H1) - m_A\,(O15)] \cdot c^2$

$Q_5 = [m_A\,(O15) - m_A\,(N15) - 2 \cdot m_e] \cdot c^2$

$Q_6 = [m_A\,(N15) + m_A\,(H1) - m_A\,(C12) - m_A\,(He4)] \cdot c^2$

$$\Rightarrow Q_{ges} = \sum_{i=1}^{6} Q_i = [4 \cdot m_A\,(H1) - m_A\,(He4) - 4 \cdot m_e] \cdot c^2 =$$
$$= [4 \cdot 1{,}00782522\text{ u} - 4{,}0026036\text{ u}] \cdot c^2 - 4 \cdot 0{,}511\text{ MeV} =$$
$$= 0{,}0287\text{ u} \cdot c^2 - 2{,}044\text{ MeV} = 26{,}733\text{ MeV} - 2{,}044\text{ MeV} =$$
$$= 24{,}69\text{ MeV}$$

b) Von β^+-Zerfällen unterbrochen, lagern sich nacheinander 4 Protonen an den C12-Kern an, der am Schluss des Zyklus die 4 angelagerten Protonen als He4-Kern abgibt und unverändert wieder als C12-Kern für einen neuen Zyklus zur Verfügung steht. C12 ermöglicht also die Fusion von 4 Protonen zu einem He4-Kern ohne sich dabei zu verändern. Katalysatoren in der Chemie ermöglichen oder beschleunigen Reaktionen, ohne sich dabei zu „verändern".

c) $$\overline{E_{kin}} = \frac{3}{2} \cdot k \cdot T = 1{,}5 \cdot 1{,}38 \cdot 10^{-23}\,\frac{J}{K} \cdot 1{,}4 \cdot 10^7\text{ K} =$$
$$= 2{,}9 \cdot 10^{-16}\text{ J} = 1{,}8\text{ keV}$$

d) Kernradius von C12: $r_C = 1{,}4 \cdot 10^{-15}\text{ m} \cdot \sqrt[3]{12} = 3{,}2 \cdot 10^{-15}\text{ m}$

Kernradius von H1: $r_H = 1{,}4 \cdot 10^{-15}\text{ m}$

Vgl. Aufgabe 169b: $E_{kin} = E_{pot}\,(r_C + r_H) = \dfrac{6 \cdot e \cdot e}{4 \cdot \pi \cdot \varepsilon_0 \cdot (r_C + r_H)} =$

$$= \frac{6 \cdot (1{,}6 \cdot 10^{-19}\text{ C})^2}{4 \cdot \pi \cdot 8{,}85 \cdot 10^{-12}\,\frac{C}{V \cdot m} \cdot (3{,}2 + 1{,}4) \cdot 10^{-15}\text{ m}} =$$

$$= 3{,}0 \cdot 10^{-13}\text{ J} = 1900\text{ keV}$$

e) Die Geschwindigkeit der Ionen im Sonneninneren ist nicht einheitlich, sondern unterliegt einer maxwellschen Geschwindigkeitsverteilung. Hiernach besitzt aber immer ein kleiner Bruchteil der Ionen eine Geschwindigkeit, die die mittlere thermische Geschwindigkeit weit übertrifft („Maxwellschwanz"!). Wegen der riesigen Sonnenmasse reicht dieser Bruchteil, dass Fusionsprozesse zustande kommen.

f) FS. S. 80/6.1: Erdbahnradius $r_E = 1{,}5 \cdot 10^{11}$ m

Da eine Kugel vom Radius r_E eine Oberfläche O,

$O = 4 \cdot \pi \cdot r_E{}^2 = 4 \cdot \pi \cdot (1{,}5 \cdot 10^{11}\ \text{m})^2 = 2{,}8 \cdot 10^{23}\ \text{m}^2$

besitzt, gibt die Sonne pro Sekunde die Energie

$E = 1{,}4 \cdot 10^3\ \text{J} \cdot 2{,}8 \cdot 10^{23} = 3{,}9 \cdot 10^{26}\ \text{J}$ ab.

Nach $E = m \cdot c^2$ entspricht dieser Energie eine Masse von

$$m = \frac{E}{c^2} = \frac{3{,}9 \cdot 10^{26}\ \text{J}}{(3 \cdot 10^8\ \frac{\text{m}}{\text{s}})^2} = 4{,}3 \cdot 10^9\ \text{kg}.$$

Die Sonne verliert also pro Sekunde ca. 4 Millionen Tonnen Masse.

g) Sonnenmasse FS. S. 80/6.2: $m_\odot = 2 \cdot 10^{30}\ \text{kg} \Rightarrow$

Gesamtmasse des Heliums: $M_{He} = 0{,}05 \cdot 2 \cdot 10^{30}\ \text{kg} = 10^{29}\ \text{kg}$.

Anzahl N_{He} aller He-Kerne in der Sonne:

$$N_{He} = \frac{M_{He}}{m_{He}} = \frac{1 \cdot 10^{29}\ \text{kg}}{6{,}6 \cdot 10^{-27}\ \text{kg}} = 1{,}5 \cdot 10^{55}$$

Da bei der Fusion eines Heliumkerns nach Teilaufgabe a ca. 25 MeV Energie frei werden, hat die Sonne seit ihrer Geburt

$$E_{ges} = 1{,}5 \cdot 10^{55} \cdot 25\ \text{MeV} = 1{,}5 \cdot 10^{55} \cdot 25 \cdot 10^6 \cdot 1{,}6 \cdot 10^{-19}\ \text{J} = \\ = 6 \cdot 10^{43}\ \text{J}$$

abgestrahlt.

Da sie nach Teilaufgabe f pro Sekunde ca. $3{,}9 \cdot 10^{26}$ J abstrahlt, hat sie

$$t = \frac{6 \cdot 10^{43}\ \text{J}}{3{,}9 \cdot 10^{26}\ \text{J}}\ \text{s} = 1{,}5 \cdot 10^{17}\ \text{s} = \frac{1{,}5 \cdot 10^{17}}{60 \cdot 60 \cdot 24 \cdot 365}\ \text{a} = 4{,}8 \cdot 10^9\ \text{a}$$

„gelebt".

171. Der "Zoo" der Elementarteilchen

(1) Die leichtesten Elementarteilchen bilden die Gruppe der **Leptonen**; zu ihr gehören Elektron, Positron, Neutrino und Antineutrino.

(2) Mittelschwere Teilchen bilden die Gruppe der **Mesonen**. Im Unterricht wurden bisher noch keine zu dieser Gruppe gehörenden Teilchen erwähnt.

(3) Schwere Teilchen bilden die Gruppe der **Baryonen**, die wieder in zwei Untergruppen unterteilt ist, die Nukleonen und die Hyperonen.
Zu den Nukleonen gehören nur das Proton und das Neutron, alle schwereren Teilchen zählt man zu den Hyperonen.
Mesonen und Baryonen zusammen bilden die Gruppe der **Hadronen**.

(4) Das Photon nimmt eine Sonderstellung ein und kann keiner der genannten Gruppen zugeordnet werden.

172. Kräfte zwischen den Elementarteilchen

Zwischen Elementarteilchen können vier verschiedene Kraftarten wirken:
- die starke Wechselwirkung
- die elektromagnetische Wechselwirkung
- die schwache Wechselwirkung
- die Gravitationswechselwirkung.

Elektromagnetische und Gravitationswechselwirkung haben unendliche Reichweite, die Reichweite der starken Wechselwirkung beträgt ca. 10^{-15} m, die der schwachen Wechselwirkung ca. 10^{-17} m.
Nimmt man die starke Wechselwirkung als Bezugsgröße, so verhalten sich die Stärken dieser Kräfte, ihre eingangs angegebene Aufzählungsfolge einhaltend, etwa wie $1 : 10^{-2} : 10^{-12} : 10^{-29}$.
Alle Hadronen unterliegen der starken Wechselwirkung und alle geladenen Teilchen der elektromagnetischen Wechselwirkung.
Die schwache Wechselwirkung wirkt zwischen den Leptonen untereinander oder zwischen Leptonen und Hadronen.
Die Gravitationswechselwirkung wirkt zwischen allen Teilchen, die eine Masse besitzen.

Hinweis:
Bitte vergegenwärtigen Sie sich, wie diese vier Fundamentalkräfte den gesamten Aufbau des Mikro- und des Makrokosmos steuern:
Mikrokosmos: Die starke Wechselwirkung hält die Protonen und die Neutronen im Atomkern zusammen. Die elektromagnetische Wechselwirkung bindet die Elektronen und die Kerne aufgrund ihrer Ladungen in Form von Atomen aneinander. Da die elektromagnetische Wechselwirkung aber langreichweitig ist, vermag sie Atome in Form von Molekülen zu binden und unter diesen Molekülen weitere Bindungen zu vermitteln. Der Übergang zum Makrokosmos ist dadurch möglich.
Aufgrund ihrer Masse werden Atome und Moleküle über sehr große Entfernungen von der Gravitationswechselwirkung in Form von Planeten, Sternen, Galaxien und Galaxienhaufen in riesigen makroskopischen Strukturen zusammengehalten.
Die schwache Wechselwirkung tritt nur bei bestimmten Kernzerfallsarten in Erscheinung; der Betazerfall wird z. B. von ihr gesteuert.

173. Kräfte sind Wechselwirkungen

In der modernen Physik wird die Kraft, die zwei Elementarteilchen aufeinander ausüben, durch den Austausch eines für die jeweilige Fundamentalkraft charakteristischen Austauschteilchens erklärt. Der Begriff "Wechselwirkung" ist daher zutreffender als der Begriff "Kraft". So wird die starke Wechselwirkung durch Pionen, die elektromagnetische Wechselwirkung durch Photonen, die schwache Wechselwirkung durch Weakonen (W^+, W^-, Z^0-Teilchen) und die Gravitationswechselwirkung durch Gravitonen vermittelt. Bis heute wurden mit Ausnahme des Gravitons alle anderen Austauschteilchen bereits experimentell nachgewiesen.

Hinweis:
Ein großes Ziel der theoretischen Physiker besteht darin, eine vereinheitlichte Theorie der vier Fundamentalkräfte aufzustellen. Die vier Fundamentalkräfte stellen sich im Rahmen dieser Theorie dann jeweils nur als Spezialfall (der bei bestimmten energetischen Randbedingungen eintritt) einer übergeordneten Universalkraft dar.
Von diesem Ziel ist man heute aber noch weit entfernt. Vor allem die Gravitationswechselwirkung bereitet bei diesen Bemühungen große Schwierigkeiten.
Stellen Sie eine stimmige Theorie der Gravitation auf und Sie sind auf einen Schlag weltberühmt! Newton mit seiner phänomenologischen Formel für die Gravitationskraft und Einstein mit seiner allgemeinen Relativitätstheorie haben bereits Vorarbeiten geleistet!

174. Quarkmodell

Quarks waren zunächst hypothetische Teilchen, die zur Erklärung der Hadronenvielfalt postuliert wurden. Im Quarkmodell gibt es insgesamt folgende sechs Quarks:

up-quark (Symbol: u), down-quark (Symbol: d), strange- oder sideways-quark (Symbol: s), charm-quark (Symbol: c), top- oder truth-quark (Symbol: t) und bottom- oder beauty-quark (Symbol: b). Zu jedem dieser 6 Quarks gibt es jeweils noch ein entsprechendes Antiquark. Die Quarks tragen positive oder negative Ladungen, deren Betrag nur $\frac{1}{3}$ oder $\frac{2}{3}$ der Elementarladung ausmacht. Quarks können über sogenannte Gluonen miteinander wechselwirken.

Mit diesem Quarkmodell gelingt es nun zu zeigen, dass alle Mesonen und alle Baryonen aus Quarks zusammengesetzt, also strukturiert sind. So besteht z. B. das Proton aus einem d- und zwei u-quarks, das Neutron aus einem u- und zwei d-quarks. Mesonen sind z. B. aus jeweils 2 Quarks aufgebaut.

Hinweis:
Die Existenz einiger Quarks wurde zunächst indirekt durch die Streuung hochenergetischer (20 GeV) Elektronen an Protonen bestätigt. Der experimentelle Nachweis des letzten noch fehlenden Quarks, des top-quarks, wurde am 2. März 1995 bekannt gegeben.

175. Die Urbausteine der Materie

Die bis heute durchgeführten Streuversuche mit Leptonen legen nahe, dass es sich bei den 6 Leptonen und ihren Antiteilchen um punktförmige, also strukturlose Teilchen handelt. Auch die 6 Quarks und ihre Antiquarks werden als strukturlos angesehen. Leptonen und Quarks sind aus heutiger Sicht also nicht mehr aus kleineren Teilchen aufgebaut. Da alle Elementarteilchen entweder zu den Leptonen oder den Hadronen gehören und alle Hadronen aus Quarks aufgebaut sind, scheint es, als ob mit den Leptonen und den Quarks wirklich die Urbausteine der Materie gefunden worden wären.

Stichwortverzeichnis

Die angegebenen Zahlen sind die Nummern der Fragen bzw. Antworten.

Ihre Meinung ist uns wichtig!

Ihre Anregungen sind uns immer willkommen. Bitte informieren Sie uns mit diesem Schein über Ihre Verbesserungsvorschläge!

Titel-Nr.	Seite	Vorschlag

Bitte hier abtrennen

Die echten Hilfen zum Lernen ... **STARK**

Zutreffendes bitte ankreuzen!

Die Absenderin/der Absender ist:

- ☐ Lehrer/in in den Klassenstufen: ____
- ☐ Fachbetreuer/in
  Fächer: ____
- ☐ Seminarlehrer/in
  Fächer: ____
- ☐ Regierungsfachberater/in
  Fächer: ____
- ☐ Oberstufenbetreuer/in
- ☐ Schulleiter/in
- ☐ Referendar/in, Termin 2. Staatsexamen: ____
- ☐ Leiter/in Lehrerbibliothek
- ☐ Leiter/in Schülerbibliothek
- ☐ Sekretariat
- ☐ Eltern
- ☐ Schüler/in, Klasse: ____
- ☐ Sonstiges: ____

Unterrichtsfächer: (Bei Lehrkräften!)

Bitte ausfüllen und im frankierten Umschlag an uns einsenden. Für Fensterkuverts geeignet.

14-V1T

STARK Verlag
Postfach 1852
85318 Freising

Kennen Sie Ihre Kundennummer?
Bitte hier eintragen.

Absender (Bitte in Druckbuchstaben!)

Name/Vorname

Straße/Nr.

PLZ/Ort

Telefon privat

Geburtsjahr

E-Mail-Adresse

Schule/Schulstempel (Bitte immer angeben!)

(Bitte blättern Sie um)